开放式创新下技术标准化模式与联盟专利管理

王珊珊 著

国家自然科学基金面上项目（71673069）
国家自然科学基金青年项目（71203047） 资助
浙江省哲学社会科学规划重点课题（22NDJC024Z）

科学出版社
北 京

内 容 简 介

本书基于开放式创新范式下技术标准化的活动特点和我国技术标准化强国战略的现实需要，分析开放式创新下技术标准化的变革趋势，揭示技术标准化的过程和网络演化机理，构建开放式创新下的技术标准化模式及其选择模型，提出技术标准化的评价维度并设计标准化政策；以产业联盟标准化模式为重点，设计一套技术标准下的产业联盟专利管理方法，包括联盟专利运作管理模式与战略制定、专利许可与收益分配、专利冲突与风险管理。

本书可为从事技术标准化战略规划、知识产权政策制定、标准化管理、专利管理和产业联盟管理的决策者、管理者和专业人士提供参考，也可用于知识产权管理方向的科研、教学与培训。

图书在版编目（CIP）数据

开放式创新下技术标准化模式与联盟专利管理 / 王珊珊著. —北京：科学出版社，2022.2
ISBN 978-7-03-067372-5

Ⅰ. ①开⋯ Ⅱ. ①王⋯ Ⅲ. ①技术标准–组织管理–研究 ②专利–组织管理–研究 Ⅳ. ①G307 ②G306

中国版本图书馆 CIP 数据核字（2020）第 253730 号

责任编辑：邓 娴 / 责任校对：贾娜娜
责任印制：张 伟 / 封面设计：无极书装

科学出版社 出版
北京东黄城根北街 16 号
邮政编码：100717
http://www.sciencep.com

北京建宏印刷有限公司 印刷
科学出版社发行 各地新华书店经销

*

2022 年 2 月第 一 版　开本：720×1000　1/16
2023 年 1 月第二次印刷　印张：13 1/4
字数：265 000
定价：136.00 元
（如有印装质量问题，我社负责调换）

作者简介

王珊珊，1980年生，博士/博士后，浙江财经大学工商管理学院教授、博士生导师，浙江省高校高水平创新团队"转型升级和绿色管理创新团队"和浙江省"八八战略"研究院主要成员。主要学术兼职：中国管理科学与工程学会理事、中国技术经济学会技术孵化与创新生态分会理事、中国企业管理研究会新兴技术未来分析与管理专业委员会理事。

研究方向为创新管理，主持国家自然科学基金、教育部人文社会科学项目、省哲学社会科学项目、省自然科学基金等科研项目15项，发表学术论文70余篇，获得省部级科研奖励14项（教育部高校人文社会科学三等奖，省哲学社会科学一等奖、二等奖、三等奖，省科技进步二等奖、三等奖），部分成果被省级政府部门采用，并获得省级领导批示。

前　言

随着技术标准竞争成为全球科技竞争的焦点，无论是发达国家还是发展中国家，技术标准化活动都日益频繁，全球技术标准竞争愈演愈烈，这种现象在信息产业尤为普遍，如以微软 OOXML（office open XML，开放文档格式）国际标准为焦点的各大文档格式标准、各国的 RFID（radio frequency identification，射频识别）标准、全球 3G 各大标准及向 4G、5G 的演进等。我国通过实施技术标准化战略，在自主标准建设上已经取得一定成效，产生了 TD-SCDMA（time division-synchronous code division multiple access，时分同步码分多址）、中文办公软件文档格式规范 UOF（uniform office document format）、闪联、WAPI（wireless LAN authentication and privacy infrastructure，无线局域网鉴别与保密基础结构）等重要领域的技术标准，但是在其标准化过程中也存在诸多问题。根据《国家标准化体系建设发展规划（2016-2020 年）》，要使"中国标准"国际影响力和贡献力大幅提升，使我国迈入世界标准强国行列，必须做到标准体系更加健全、标准化效益充分显现、标准国际化水平大幅提升、标准化基础不断夯实。2021 年中共中央国务院印发的《国家标准化发展纲要》确定了我国标准化工作 2025 年和 2035 年发展目标，提出要立足新发展阶段、贯彻新发展理念、构建新发展格局，优化标准化治理结构，增强标准化治理效能，提升标准国际化水平，加快构建推动高质量发展的标准体系，助力高技术创新，促进高水平开放，引领高质量发展。当前我国已迈入标准化发展的高端化和国际化新阶段，标准与高质量专利的紧密结合和有效运用已成为新格局下标准化发展的必然选择。

进入 21 世纪以来，随着全球化进程的进一步加快、高科技竞争的日益激烈及世界政治经济格局的改变，技术创新的复杂性和市场的不确定性使开放式创新成为必然。然而，强调开放的创新范式也使全球技术标准化的运作载体、标准主导力量及标准竞争格局不断发生变化，从而对我国自主技术标准化活动产生深刻影响并提出了严峻的挑战。在开放式创新范式下，我国要发展自主标准并在全球标准竞争中赢得竞争优势，就必须深刻地认识开放式创新下的技术标准化变革趋势、深层次机理及模式特点，尤其是要重视产业联盟这种重要的技术标准化模式及其标准下的专利管理，建立科学的标准化模式管理、政策体系和产业联盟标准专利管理机制，才能加快提升自主技术标准化水平并实现技术赶超。

本书从联盟载体、专利标志、演化路径、政府作用、全球标准竞争格局等方面揭示了开放式创新下的技术标准化变革趋势；分析了技术标准与专利运用的关系，并提出了技术标准化路径；从技术标准形成、产业化和市场化三个维度划分了技术标准化过程并分析各阶段性特点，揭示了技术标准化的网络属性及演化机理；凝练并设计了开放式创新下的四种技术标准化模式——主导企业、企业联盟、产业联盟和标准化组织，构建了技术标准化模式选择模型，以我国干细胞产业为例设计了干细胞产业技术标准化模式与策略；从产业和产业联盟视角，提出技术标准化能力的构成维度、评价指标与量化规则，分析其技术标准化中的政府功能作用及对政府政策的需求；对我国技术标准化政策进行了优化设计，分别提出标准形成、产业化和市场化三个阶段的政策要点，重点设计了基于技术标准导向的科技计划支持与管理策略。由于产业联盟是最为重要的一种技术标准化模式，以产业联盟为对象，分析其创新特点及技术标准下的专利协同影响因素，设计了产业联盟专利管理架构。从三个层面设计了一套系统的产业联盟专利管理方法与策略：一是联盟专利运作管理模式与战略制定，包括专利合作组织模式与创新任务模块化管理、专利运作管理模式、专利开发方法、专利战略分析与制定方法、专利战略及其选择模型；二是专利许可与收益分配，包括专利价值评估与筛选、专利许可方案、伙伴贡献度评价、专利收益分配方法；三是专利冲突与风险管理，包括专利冲突可拓模型与解决策略生成方法、专利冲突防范策略、专利风险评价、专利风险控制策略。本书有利于把握开放式创新下的技术标准化活动规律和深层次机理，为标准化相关主体的标准化模式选择与运行提供决策依据，并为建立健全技术标准化政策和管理体系提供参考，尤其是为产业联盟技术标准化的专利活动提供管理方法支持，这对于建立和丰富我国技术标准化战略管理方法体系有一定的参考价值，对于提高我国自主技术标准化水平与绩效具有实际意义。

本书是在国家自然科学基金面上项目（71673069）、国家自然科学基金青年项目（71203047）和浙江省哲学社会科学规划重点课题（22NDJC024Z）资助下取得的成果；本书还得到浙江省高校高水平创新团队"转型升级和绿色管理创新团队"和浙江省"八八战略"研究院的支持，在此一并表示感谢。

技术标准化管理是关系到一国产业创新发展和参与全球竞争的重要管理问题，技术标准化研究仍是当前理论和实践的前沿问题，由于作者水平有限，书中难免会有一些不足之处，敬请广大读者批评与指正。

作　者

2021 年 3 月

目　　录

第 1 章　开放式创新下的技术标准化特征与变革趋势 ················· 1
   1.1　开放式创新与技术标准化 ···································· 1
   1.2　典型技术标准的标准化过程与特点 ····························· 12
   1.3　开放式创新下的技术标准化变革趋势 ··························· 17
   1.4　技术标准化活动开放性增强的动因 ····························· 22

第 2 章　开放式创新下的技术标准化过程与机理 ······················· 24
   2.1　开放式创新下技术标准化利益相关者类型 ······················· 24
   2.2　开放式创新下的技术标准化路径 ······························· 25
   2.3　开放式创新下的技术标准化过程特点及影响因素 ················· 27
   2.4　开放式创新下的技术标准化机理 ······························· 32

第 3 章　开放式创新下的技术标准化模式及其选择 ····················· 38
   3.1　开放式创新下的技术标准化模式 ······························· 38
   3.2　技术标准化模式比较 ··· 44
   3.3　技术标准化模式选择 ··· 45
   3.4　不同技术标准化模式的产业适用性与政策启示 ··················· 48
   3.5　我国干细胞产业技术标准化模式设计 ··························· 48

第 4 章　技术标准化评价与政策 ····································· 56
   4.1　产业/产业联盟技术标准化能力构成与评价 ······················ 56
   4.2　产业/产业联盟技术标准化的政府作用与政策需求 ················ 62
   4.3　我国技术标准化政策体系优化 ································· 67
   4.4　基于技术标准的科技计划项目管理 ····························· 75

第 5 章　技术标准下的产业联盟专利协同及管理架构 ··················· 85
   5.1　产业联盟创新演化及合作博弈 ································· 85
   5.2　产业联盟与技术标准化的一致性与冲突 ························· 94

5.3　产业联盟技术标准化的优势···96
　　5.4　产业联盟专利协同影响因素···98
　　5.5　产业联盟专利管理架构··100

第6章　产业联盟专利管理模式与专利战略···104
　　6.1　产业联盟合作组织模式与创新任务模块化管理·····························104
　　6.2　产业联盟专利运作流程与管理模式··107
　　6.3　产业联盟应用TRIZ加速专利开发的方法·····································112
　　6.4　基于专利地图的产业联盟专利战略分析与制定方法·······················120
　　6.5　产业联盟专利战略···125
　　6.6　产业联盟专利战略的空间选择模型··130

第7章　产业联盟专利许可与收益分配方法···135
　　7.1　产业联盟专利价值评估与专利筛选··135
　　7.2　产业联盟专利许可方案··140
　　7.3　产业联盟伙伴贡献度评价···149
　　7.4　产业联盟专利收益分配方法··153

第8章　产业联盟专利冲突与风险管理方法···159
　　8.1　产业联盟专利冲突类型与解决思路··159
　　8.2　产业联盟专利冲突可拓模型与解决策略生成方法····························162
　　8.3　产业联盟专利冲突防范策略··173
　　8.4　产业联盟专利风险及其评价··176
　　8.5　产业联盟专利风险控制策略··186

参考文献···191

第1章 开放式创新下的技术标准化特征与变革趋势

1.1 开放式创新与技术标准化

1.1.1 开放式创新

Chesbrough（2003a）首次提出开放式创新范式，认为随着企业间合作、知识共享和知识转移的日渐频繁，创新范式将由封闭式创新向开放式创新转换。开放式创新是与封闭式创新相对的一个概念，传统的封闭式创新范式是一种内部的、强调线性推进的创新范式，难以适应知识经济时代企业发展的要求，特别是进入21世纪以来，技术创新的复杂性和市场的不确定性，使开放式创新成为必然（陈劲和陈钰芬，2006）。开放式创新普遍存在于各个行业，不仅创新程度高的高科技产业采用开放式创新做法，"高科技"之外的成熟产业或资本密集型产业也广泛采用（Chesbrough and Crowther，2006）。开放式创新范式使得技术创新行为、环境和效果呈现如下特点：第一，开放式创新使资源共享跨越了组织边界，使组织边界模糊化，强调组织内外多要素集成和多主体联动，在开放式创新范式下，创新成为一种全局性、全员参与的活动，开放创新体系将吸纳更多的创新要素，形成包括企业、高校、科研院所、政府、金融机构、行业协会等在内的由创新利益相关者构成的多主体创新模式（陈劲和陈钰芬，2006；Chesbrough，2003b）；第二，开放的创新环境使得发展中国家和后发企业拥有了通过技术学习集成全球优势因素提升创新能力的机会（朱朝晖，2009）；第三，企业可以从外部获取创新资源弥补内部不足，开放式创新通过影响企业合作伙伴的选择、外部创新源的识别和消化吸收能力及整合能力，对创新绩效产生影响（陈钰芬和陈劲，2009），使得创新体能够以最小的投入获取最大的创新产出，而且由开放式创新带来的往往是突破性创新，这与封闭式创新通常引致的渐进性创新相比具有更大的价值（袁健红和李慧华，2009）。

然而，采用开放式创新同样也面临着挑战。Lichtenthaler（2008）认为，开放式创新会产生外部技术开发困难、技术交易成本较高、选择合适的技术合作伙伴较难等诸多问题，因此企业应探索合理的商业模式和战略计划；陈劲和王鹏飞（2011）也认为，企业应"选择性"地开放式创新，根据创新过程中的不同需要不断调整和选择适当的开放对象。

总体而言，开放式创新几乎与所有不同的专利动机（专利保护、议价等）都有较强的正相关关系，开放式创新下的专利活动及其作用更为重要（Holgersson and Granstrand，2017）。开放式创新下，一个公司为了与不同的研发合作者共享专利，会采取不同的战略，并改善合作专利战略的可能路径（Agostini and Caviggioli，2015）。企业开放式创新范式与创新生态系统日益融合，推动了企业中心型开放式创新生态系统成为理论研究和产业发展的新趋势（韩少杰等，2020）。数字化时代已经到来，并对开放式创新产生了深刻的影响，因此数字化情境下的开放式创新也开始引起学者的关注（郭海和韩佳平，2019）。在开放式创新范式下，产业创新呈现出以下特点。

（1）创新资源整合程度逐步提高。知识经济和全球化引发了全球产业创新与竞争的新局面，很多情况下，竞争与合作行为同时存在，这使得创新扩散过程随时间的推移而复杂多变（王珊珊和王宏起，2012a）。企业需要判断竞争与合作的强度，从而准确地选择不同竞合情境下的最佳竞合行为（吴菲菲等，2019）。同行既可以为竞争对手，也可以联手共建产业创新链、共享产业创新资源。创新资源在跨产业、跨区域乃至全球范围内流动与配置，使产业在面临更激烈的全球竞争、面向更广阔的全球市场的同时，资源整合渠道和发展机会大大增加，各创新体之间的边界更加模糊，创新资源整合的广度和深度大幅提高。产业创新是一项全局性、全员参与的系统工程，开放式创新体系将吸纳更多创新要素，形成由企业、高校、科研院所、政府、金融机构、行业协会、技术标准组织甚至消费者等创新利益相关者构成的多主体参与创新模式，并形成企业联盟、产业联盟、技术标准工作组等多样化组织形式。例如，TD-SCDMA是具有我国自主知识产权的国际3G主流标准之一，为了发展TD-SCDMA技术标准，我国通过组建TD-SCDMA产业联盟有效地整合与协调通信产业创新资源，形成了基于技术标准的专利共享和共同创造的产学研用协同创新模式，加快了TD-SCDMA技术标准化进程；又如，数字音视频编解码技术标准（audio video standard，AVS）是我国具有自主知识产权的技术标准，依托AVS工作组，吸纳了华为、中国移动、中兴、英特尔、索尼、东芝、LG、北京大学、清华大学、香港科技大学、香港中文大学、中国科学院、新加坡国家科技研究局资讯通信研究院等国内外企业、高校和科研院所，它们共同致力于数字音视频编解码技术标准化工作。

（2）设计驱动创新的重要性日益突出。开放式创新使产业创新链下游的终端用户主导地位逐渐增强，从而使产业创新活动更多地表现为一种用户参与创新设计的活动。产业创新不再仅仅以传统的掌握全新技术为主，而是试图实现面向开放性社会文化环境和技术环境的设计资源与技术资源的有效整合，注重把握和创造潜在需求，强调通过设计创造新的产品功能与商业机会，用设计驱动创新使产业创新更加高效、持久和更具柔性（陈雪颂，2011）。以云计算产业为例，由于当代信息技术的发展正在从单一技术应用向多领域、多技术的综合集成转变，尤其在大数据背景下，基于消费者参与的产品设计的重要性甚至超过技术进步，谷歌、苹果、微软等跨国公司大力推出云服务，我国的阿里巴巴、百度、新浪等也纷纷涉足云服务领域。这些企业通过获取与整合海量数据，挖掘数据中蕴含的不同客户需求及消费行为模式，并通过用户体验、提供标准化和定制化服务，更好地满足用户需求。可见，设计驱动创新有利于产业获得更快发展和更大、更持久的商业价值。

（3）产业创新资源整合条件日渐完善。在开放式创新范式下，科技计划、科技园区、科技创新平台、知识产权制度等科技支撑体系日益完善，为产业创新资源整合提供了条件保障，尤其是平台机制为产业资源整合创造了良好条件。在各类平台中，以政府为主导建立的科技资源共享服务平台、以高校为主导建立的协同创新平台和以企业为主导的产业创新联盟日益成为产业资源整合的重要平台。

一是以政府为主导建立的科技资源共享服务平台为产业资源共享创造了便利条件。目前，中央和地方纷纷建立了提供公共服务的各级各类平台，包括国家和地方科技资源共享服务平台（如中国科技资源共享网、上海研发公共服务平台、重庆科技资源共享平台）以及面向行业的创新服务平台（如物联网公共服务平台、江苏软件产业公共服务平台、上海环保研发公共服务平台等）。这些平台在为产业资源共享提供公共服务的同时，要求加入平台的各类创新主体共同遵守平台机制，实现了资源需求方和供给方的有效对接与协作，加快了技术成果转化与产业化进程。

二是以高校为主导的协同创新中心和以企业为主导的产业创新联盟日益成为产学研深度合作的重要平台。教育部、财政部启动实施高等学校创新能力提升计划以来，全国各地高校已建立各级各类协同创新中心，围绕重点产业领域的关键科学和共性技术问题，开展科学研究、人才培养、战略研究和成果转化，为企业提供技术、人才和决策支持。由政府引导和支持，以行业领先企业为主导，联合行业其他企业、高校和科研院所共建产业创新联盟也成为产学研用结合、推进产业协同创新的重要模式。上述平台有利于打破信息不对称、信用风险等合作壁垒和避免重复研究等资源浪费，进而加速技术成果的公开、应用、转移与转化，为产业创新资源整合创造良好的条件。

从开放式创新活动的全过程来看,产业创新及其能力发展遵循"创新投入→资源整合→创新产出→创新扩散"的循环往复过程,如图 1-1 所示。

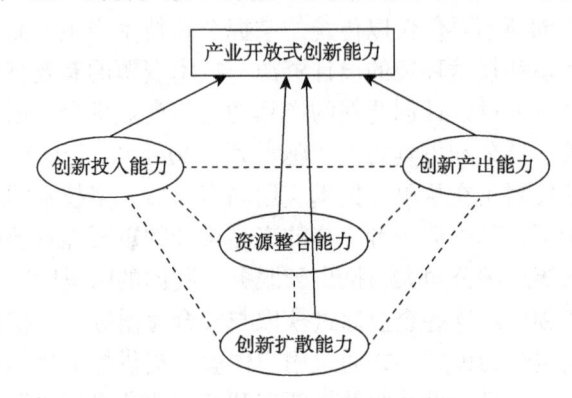

图 1-1 产业开放式创新能力构成

上述四个维度的能力共同构成了产业创新能力,它们之间是联动和协同发展的,其中,资源整合和创新扩散是最能体现开放式创新特征的两个重要维度。四个维度的关系如下:创新投入为创新产出提供资源基础,并通过资源整合提高创新产出的速度和层次,同时也在资源整合的过程中加快了创新扩散进程;创新产出一方面对创新投入提出了新的需求,另一方面又为持续的创新投入提供保障;创新扩散能力的提高有利于吸纳新的创新主体和要素加入产业创新过程,扩大资源整合范围,催生新的创新成果(王珊珊等,2014a)。

1.1.2 技术标准化

1. 技术标准的内涵与分类

Lea 和 Hall(2004)提出技术标准是记录一个或者多个问题的一种行之有效的解决方案,而这些问题是由人、目标(物)、事件的过程以及这三者之间相关联产生的,它是能够在一个或者多个领域单独或者重复使用的一种规范。按标准层级划分,技术标准分为国际标准、国家标准、区域标准、行业标准、地方标准和企业标准;按标准性质划分,国家标准、行业标准又可分为强制性标准和推荐性标准;按标准涉及内容划分,技术标准分为基础标准、试验标准、产品标准、方法标准、工艺/过程标准、接口标准等。

2. 技术标准与知识产权的关系

将专利纳入技术标准已成为必然趋势，在核心技术领域申请专利成为企业参与标准创立的重要手段，且标准涉及的主要专利权人倾向结成联盟（冯永琴和张米尔，2011）。然而，在标准对外许可时，其症结在于标准的公有性与专利权私有性之间的矛盾（刘利，2010）。因此，一方面，技术标准管理者要权衡共同标准的集体收益和相关专利主体的个体收益；另一方面，由于专利纳入技术标准产生的最核心问题就是专利权滥用，政府对该行为的规制尤为重要（盛立新和陈建新，2008）。

3. 技术标准化的作用

技术标准化是产业创新与发展的重要技术基础，同时先进的技术标准也能够推动技术进步的良性循环，形成良好的秩序（Viardot et al.，2016）。Koski 和 Kretschmer（2005）的研究表明：技术标准化加速 2G 的应用和扩散，尽管标准内的竞争引发的激烈价格竞争比标准间竞争要少。技术标准化在加速产业创新、推动技术进步和经济社会发展的同时，也会引发一定的技术锁定、垄断和市场竞争秩序危机，具有一定的负面效应。陶爱萍和张丹丹（2013）认为技术标准锁定对于技术创新具有"两面性"效应，在技术标准化的实施过程中应该最大化地实现正面效应。Acemoglu 等（2012）的研究发现：技术标准化既是经济增长的引擎，同时也可能成为经济增长的潜在障碍，经济增长是标准化率的倒 U 形函数。可见，技术标准化对竞争和经济社会发展具有双重作用，然而，从提升国家产业创新能力与竞争优势角度出发，技术标准化具有重要的战略意义。

4. 技术标准化过程及影响因素

技术标准化是一个有关技术标准形成与发展的复杂动态过程，Fomin 等（2003）整合 Simon 的人工科学即设计的科学理论（D）、Weick 的意义化概念（S）和 Latour 的社会—技术互动网络观点（N），提出了技术标准化的动态过程模型，并利用 D-S-N 模型解释了电信行业标准化过程的进展。还有学者从不同阶段及其互动关系出发，研究了技术标准化过程，如孙耀吾等（2009）提出了由 R&D（research and development，研究与发展）、技术标准和产业化构成的技术标准化过程三螺旋结构模型。另外，从技术创新系统进化一般遵循 S 曲线的规律来看，可认为技术标准化过程呈 S 曲线进化趋势，然而 Techatassanasoontorn 和 Suo（2011）的研究表明，事实标准的标准化进程并不总是遵循三阶段的 S 曲线。可见，法定标准与事实标准作为两种不同形式的标准，因两者的法定性和市场扩散方式均不相同，导致标准化过程必然有所差异。

有学者比较了不同技术标准的标准化过程，认为技术标准化的相关行为者或利益相关者决定了技术标准化过程的差异，如 Gao（2007）借鉴行为者网络理论，把无线局域网（wireless local area networks，WLAN）与 WAPI 的标准化看作行为者网络的形成过程，具体来说，不同的参与者参加到两个相对立的网络即防御网络和挑战网络，这些参与者和两个对立的网络共同主导着 WLAN 标准化进程，而中国倡议 WAPI 失败，则是因为没有建立一个强大的防御网络。也有学者认为，不同的技术标准，由于采取不同的开放式创新模式，其标准化过程也不同，如 Grøtnes（2009）以移动通信产业安卓（Android）移动操作系统和开放移动联盟（Open Mobile Alliance，OMA）服务平台为例，研究认为两者均使用开放式创新模式来创造技术标准，但商业化路径不同，Android 依赖于第三方开发者，OMA 依赖于自身成员，并且在标准化初期采取面向开放成员的不同政策将导致不同的开放式创新流程和标准化路径。王博等（2020）以我国新能源企业产业为例，研究揭示了汽车产业技术变革期技术标准从技术规范到与知识产权相结合的标准体系演进路径。

技术标准化过程和效果受到多因素影响，赵树宽等（2012）认为技术标准的水平和速度取决于技术创新的水平和速度，并且经济增长为技术标准和技术创新提供物质基础，基于 VAR（vector auto regression，向量自回归）模型的实证研究表明，技术标准、技术创新与经济增长之间相互影响；高俊光（2012）认为研发能力和创新速率都会影响技术标准的形成；陈立勇等（2019）从知识重组的视角进行研究，认为重组创造有利于企业技术标准的制定，重组再利用不利于企业技术标准的制定，协作研发深度强化重组再利用对企业技术标准制定的抑制作用。Saugstrup 和 Henten（2006）对 3G 各大标准的研究发现：技术路径依赖、网络效应和战略等是标准间竞争及标准化效果最具决定性的因素。在技术标准化驱动企业创新绩效的过程中，存在企业所处创新生态系统的中介影响效应（李晓娣等，2020）；此外，竞争强度、模仿能力、转换成本和谈判成本等也影响标准化模式（Wegberg，2004）。技术标准化活动涉及标准制定企业、标准采用者、消费者、标准化组织及其管理者等多方利益相关者，他们对技术标准化活动产生重要影响，如 Rodon 等（2007）运用过程理论和利益相关者分析方法，探讨了 B2B（business to business，企业对企业）标准化进程和不同参与者之间的相互作用，认为标准化成功的关键因素是占主导地位的利益相关者和标准工作组管理者；Zhao 等（2011）基于集体行动理论对 7 个联盟 232 家公司的调查表明，联盟内公司行为、资源可获得性和联盟管理效率等是联盟标准发展的驱动力；邹思明等（2020）研究发现，协作研发网络的竞争与互补性影响企业技术标准化能力。从国家层面来看，政府在技术标准化活动中应发挥重要作用，吕铁（2005）指出政府作用应是制定产业技术政策和竞争政策；张米尔和游洋（2009）认为创立自主标准应重视和利用发展中大国的"大国效应"。

5. 技术标准化中的政府行为模式与政策

技术标准化并非仅取决于技术，而是受到社会、经济和政治利益的综合影响，尤其是国家政治势力影响标准决策（Jho，2007）。因此，无论是发达国家还是发展中国家，政府在技术标准化中的作用不容忽视，各国政府采取不同的行为模式来干预本国技术标准化活动，从国家的干预方式来看，可分为强制性干预和非强制性干预，其中，强制性干预的技术标准多为涉及国计民生、安全和具有国家战略意义的重要技术标准。Onwurah（2009）借鉴英国通信管理局（Office of Communications，Ofcom）的经验，建立了一个评估框架用于决定是否和如何干预新技术标准化，并总结了 Ofcom 的四种干预模式：一是非正式行为；二是要求基础设施供应商使用开放的标准，但不指定应该使用哪个标准；三是强制要求使用某一特定的标准；四是指定应使用的标准。政府往往以介入技术标准联盟的形式干预技术标准化进程，李薇和李天赋（2013）深入分析了中央政府和地方政府介入技术标准联盟的方式，认为中央政府可以直接或间接介入，而地方政府是直接介入。

一国在发展本国技术标准和参与国际标准竞争时，往往通过科技政策、产业政策、金融政策、对外贸易政策等干预和支持本国技术标准化，并影响国际标准竞争格局，其中，知识产权政策特别是专利政策对标准化的影响最直接（Bekkers and West，2009）。鉴于知识产权政策的重要性，世界各国纷纷制定有利于本国知识产权创造、运用和保护并促进技术标准战略实施的知识产权政策，与此同时，由于知识产权政策日益成为国际竞争中各国利益争议的焦点，国际标准化组织（International Organization for Standardization，ISO）也在力图完善完整的、统一的、共同一致的知识产权政策。虽然不同标准化动机下的一国标准化政策有所不同，但其政策目标都是保护和促进本国产业创新，力争使本国标准成为国际标准并与其他标准抗衡。Lee 等（2009）考察了中国发展自主标准的有关政策，对 WAPI 和 TD-SCDMA 标准的两个案例研究表明：WAPI 是本土化与中国化，而 TD-SCDMA 是国际化，尽管如此，中国仍将持续推进本国标准迈向国际标准的政策；张肇中和王磊（2020）的研究发现，进口国技术标准并非只是单纯出于地方保护主义的非关税壁垒，也对技术上相对劣势的出口国具有促进技术创新的积极效应。虽然各国与标准有关的政策存在差异，但政府在标准制定过程中，最根本的应是克服市场失灵，苏竣和杜敏（2006）指出应协调市场与政府的关系；王健和梁正（2008）、徐杨和梁正（2010）提出了国家技术标准设定的政策范式，并比较了不同开放标准组织的知识产权政策。

6. 技术标准化决策与战略

从企业层面来看，标准化的方法和时机等决策至关重要。技术标准下的知识产权分布决定了处于不同知识产权位势的企业所采取的专利战略也不同，一般来说，依据企业专利地位可选择的专利战略包括披露/参与、披露/非参与、非披露/参与和非披露/非参与（Hemphill，2007），标准化决策的方法可采用情景分析法（Ohori and Takahashi，2012）。另外，也有学者的研究表明：收购是企业干预正式标准建立的方式之一，且收购更可能在标准确立为正式标准之前发生（Warner et al.，2006）。在标准化过程中，国家、产业（联盟）与企业各层面的战略必须有机协调，其中，国家战略发挥关键作用。在国家层面，李再扬和杨少华（2005）将国家标准化战略分为政府干预和不干预两种类型；在产业和联盟层面，詹爱岚和李峰（2011）提出标准技术路线要在性能与兼容性、开放与封闭间找到平衡，打造联盟网络；在企业层面，专利战略是核心（任声策和宣国良，2007）。

综上，关于技术标准化的研究，学者们普遍认为技术标准化是一个复杂的过程，受到宏观、中观和微观层面多种因素的综合影响，且技术标准与专利存在非常紧密的联系；注重案例和实证研究并重点关注通信行业的技术标准；在研究对象上，涉及企业微观层面的行为与战略、产业中观层面的联盟行为与战略以及国家宏观层面的政府行为与政策，尤其是近年来愈发重视联盟及标准化组织在技术标准化中的重要作用，特别是关注产业联盟这一组织形式在引领一国或某一重点产业领域标准发展的行为模式（王珊珊等，2014b）。

1.1.3 技术标准下的联盟行为及其作用

1. 技术标准下的联盟行为

在全球范围内，自发或在政府的引导下建立标准制定组织，包括联盟、标准工作组和标准化组织已成为技术标准化的普遍现象。Rysman 和 Simcoe（2008）认为自发性标准制定组织能够促进协同创新，有利于提供集体决策的平台和问题的解决方案以及交叉使用的知识产权，识别有前途的技术，并影响其随后的采用，解决分散和重叠的知识产权问题。技术标准联盟是发展自主标准的有效方式（张米尔和姜福红，2009），但与此同时也会带来技术垄断等问题（张米尔和冯永琴，2010），因此政府在联盟技术标准化活动中应发挥引导和监管作用。在联盟技术标准化过程中，基本知识产权及主导企业的知识产权战略对标准化活动有重要影响（孙耀吾等，2006）。

在联盟合作形式上，技术标准化活动呈现出从过去的小范围紧密型联盟形式到越来越多的大范围松散型联盟的转变，学者们更加关注产业层面的联盟组织特性及其网络特征，在联盟管理上，不仅仅是联盟内部的协同管理，联盟内外资源整合及扩散管理也成为重要的研究问题（王珊珊等，2010a）。

2. 技术标准化中联盟的作用

联盟是各国技术标准化活动的重要推动者和有效运作载体，对于规范标准化活动、消除标准化障碍和加速标准化进程具有重要作用。技术标准化中的联盟是由多个企业和有关机构等自发组建或在政府的引导和支持下组建的一种组织形态，包括企业联盟（如 Windows-Intel 联盟）和产业联盟（如 TD-SCDMA 产业联盟）。随着标准竞争的日益激烈，越来越多的企业参与到正式的标准化组织或产业联盟中，联合制定技术标准（Leiponen，2008）。Waguespack 和 Fleming（2009）的研究表明：新企业参加一个开放的标准组织能够显著受益，更有可能首次公开发行和收购。

然而，基于联盟构建专利池，既有正面效应，同时也具有一定的负面效应。专利池可以降低交易成本，尤其是互补专利的专利池通常可以减少专利诉讼（Pil and Heiko，2015），这是因为专利权人及技术使用者为了完善一项标准或避免昂贵的专利诉讼，通常会达成专利共享合作协议，既然专利池达成了合作，必然也会抑制竞争（Gallini，2011），因而专利池对创新的作用也受到了质疑，专利池引发的权利滥用和垄断性问题引起了众多学者和政府部门的关注。

1.1.4 联盟技术标准化与专利管理

1. 联盟技术标准化

联盟技术标准化的研究主要包括标准的制定与实施、运作模式、对策及政府作用等。

联盟技术标准的制定与实施。吴文华和张琰飞（2006）认为技术标准联盟通过作用于标准技术与安装基础，对技术标准的确立与扩散产生影响；张米尔和姜福红（2009）以 AVS 标准为样本，研究了结盟行为对自主标准的作用机制，认为标准联盟有助于推动标准的产业化；Funk（2009）运用技术联盟和产业结构等理论，研究了通信产业技术标准制定的有关机制与方法。

联盟技术标准的运作模式。陈欣（2007）比较了 GSM-Motorola 及 MPEG-2[①]

[①] GSM: global system for mobile communications，全球移动通信系统；MPEG-2：Moving Picture Experts Group-2，基于数字存储媒体运动图像和语音的压缩标准。

专利联盟运作技术标准的模式及效果，总结了其对我国企业利用专利联盟运作自主技术标准的启示。

联盟技术标准化的对策及政府作用。杜伟锦等（2010）从完善协商机制、协调联盟伙伴关系、制定知识产权政策等方面提出了推动我国技术标准形成与发展的对策与建议；姚远和宋伟（2010）比较了DVD（digital video disc，数字视频光盘）和MPEG（Moving Picture Experts Group，动态图像专家组）标准下专利联盟的形成模式和特点，提出我国专利技术标准化的对策建议；薛卫和雷家骕（2008）探究了闪联标准在不同发展阶段采取的不同战略组合，分析了其标准化中的政府作用。

2. 联盟专利管理

联盟专利管理主要包括专利研发与组合、专利许可行为、专利许可定价、联盟知识产权冲突等。

（1）专利研发与组合。合作研发可以分担成本、分散风险、共享技能和获得更大的市场份额（Bai and O'Brien，2008）。联盟应关注各伙伴战略性专利的研发及专利组合（Noel and Schankerman，2013），尤其是在采取进攻型专利战略时，应该采取专利围墙策略，以阻止其他创新主体在相同或相近领域申请专利以及竞争性企业开发或使用同类技术（Munari and Toschi，2014）。然而，基于专利池的专利组合，也会产生一定问题，这是因为同一专利权主体可能会加入多个专利池或专利联盟，各专利池之间存在密集的企业间重复联盟关系网络，如国际专利池管理机构MPEG LA[①]管理的多个对外披露信息的专利池联盟，此时的专利池不一定会产生积极的创新效应（张运生等，2019）。

（2）专利许可行为。从内部和外部知识资源利用的双向角度，将专利许可行为分为单向许可、双向交叉许可和专利联盟三种，其中单向许可按授权范围可分为普通许可和排他许可，从许可内容多少的角度可分为单一的专利许可和捆绑许可，从是否受国家强制力约束的角度可分为一般许可和强制性许可（岳贤平和顾海英，2005）。在市场进入视角，企业通过许可建立合作关系有利于尽早进入市场或扩展已有市场（Duplat et al.，2018），加速新产品推广（Avagyan et al.，2014）。在专利竞争视角，通过专利交叉许可，可以避免专利侵权诉讼（Köhler，2011），许可双方可以利用彼此的技术（Jeon，2016）。在技术位势视角，对外许可行为的选择，主要取决于技术优势（熊磊等，2014），以及技术的资产专用性（Aulakh et al.，2010）。关于许可对象的选择，技术差距和地理临近等都是重要的决定因素（Seo and Sonn，2019）。有技术声望、许可经验以及

---

① MPEG LA 是一家位于科罗拉多州丹佛市，从事专利授权的公司，主要从事标准专利池的授权。

技术深度和广度相结合的许可方更有可能被受许方选择（Ruckman and McCarthy，2017），而拥有一定自主研发能力的受许方更可能获得技术许可（Dohse et al.，2019）。

（3）专利许可定价。专利许可定价引起了国内外学者的普遍关注，主要包括许可价格及费用收取和分配、专利组合定价两个方面。

一是许可价格及费用收取和分配。标准表现为一个复杂的专利技术体系，各项专利的加入时间、剩余有效期限等存在差异，且专利价值随着有效期的临近而降低，同时，不同专利体现出的价值和贡献度也不同，因此对专利的具体情况进行分析，并以其作为定价的依据是十分必要的。徐绪松和魏忠诚（2007）以专利的不同加入时间和生效时间等为依据，提出基于收益率的单项专利价值评估思想和专利许可费率计算方法。专利许可定价除了受专利价值影响外，还受专利成本、专利研发风险、支持资源基础等的影响（Takahashi，2014）。最优许可定价方法的确定要与许可环境相适应，在专利保护不完善的市场，创新企业更倾向选择合理的费率或固定费用许可方式，抵制后进企业的模仿（徐珊等，2010）。基于专利能为受许人带来的收益来确定专利许可收费方式和许可价格是学者们普遍采用的方法（Lin et al.，2011）；但是许可双方的议价能力和营利能力也会影响专利许可提成率（Sakakibara，2010）；多数学者从期权的角度进行技术标准联盟或技术标准专利的许可定价（曾德明等，2007；张运生，2010）。在不同市场条件下，会选择不同的许可费收取方式，许可方会根据产品的潜在市场需求，采用"仅一次性固定许可费用"或"一次性固定许可费用+提成"的许可费收取方式（金亮等，2019）。总体而言，许可双方关于许可费的协商和谈判机制有利于减少合作利益冲突和促进双方合作的持续（唐要家和尹温杰，2015；张华和蒋勇，2018）。在专利许可费的分配上，Lemley（2007）依据成员披露标准必要专利的先后顺序，提出"逐级递减"的专利许可费分配方法。

二是专利组合定价。联盟往往将两项或两项以上的专利整合，将专利池打包进行许可，因此专利组合定价十分必要。专利组合定价受到专利间关系的影响，莫愿斌等（2012）将专利池中任意两项专利间的相关程度定义为二者之间权值，用线将它们连接起来而形成专利池许可费网络，提出许可费即网络中一条权值最小闭合路径的权值的一半。还有学者从成本与收益的角度，对专利组合价值进行分析，指出专利池的价值由使用它支付的成本和获得的收益决定，并用蒙特卡罗模拟方法模拟出专利池价值（葛翔宇等，2014）。也有学者指出专利组合许可定价传统方法存在的问题，Santore 等（2010）实证研究发现，专利池抽成许可方式会提高下游产品价格、降低产品销量，导致专利权人收益降低；固定费制虽然可消除这种无效性，但可能导致更为复杂的多重均衡。与单项专利许可定价相比，专利组合中包含的专利数量较多，因此在定价时面临的复杂因素也多，许可人与被许可人对专利组合的价值认同可能不一致。为了解决上述矛盾，Risch（2013）提出将专利组合视为证券，将专利组合许可视为股票交易，这种方法可使联盟披露有关专利价值信息，有利于许可双方公开交易，制定有利于降低交易成本的价格。

（4）联盟知识产权冲突。对于联盟知识产权冲突的测量和识别非常必要，联盟不同阶段的知识产权表征及解决方法不同，王惠东和王森（2014）分析了创新联盟各阶段知识产权冲突的表现形式及原因；鉴于联盟形成阶段的知识产权冲突最重要，基于利益、契约与信任的联盟激励制度框架有利于解决联盟知识产权冲突（祁红梅和黄瑞华，2004），因此签订知识产权协议以作事先约定是联盟知识产权冲突最为有效的防范和解决手段（Shapiro，2003；Bader，2008）。对技术标准联盟而言，如何协调知识共享与知识产权属性间的矛盾是解决冲突的关键，苏世彬和黄瑞华（2005）提出在联盟中引入中立协调人角色并赋予其协调权利，可实现知识产权的共享；杜伟锦等（2010）分析了技术标准联盟形成与发展过程中产权与技术无法有效协调、欺诈和机会主义行为、专利权与技术标准化矛盾等冲突的表现形式。

1.2 典型技术标准的标准化过程与特点

以通信产业为重点，对国内外典型技术标准发展历程和动态进行比较分析，总结其技术标准化的过程和特点。

1.2.1 Wi-Fi 技术标准化

Wi-Fi 是无线网络通信技术品牌，由 Wi-Fi 联盟持有。Wi-Fi 联盟成立于 1999 年，2002 年正式更名为 Wi-Fi 联盟，致力于在全球范围内推行 Wi-Fi 技术标准以及 Wi-Fi 产品的互操作测试方法，旨在通过技术开发、市场构建和制度颁布，推动 Wi-Fi 技术在全世界得到广泛部署（刘彤等，2012）。Wi-Fi 技术的发展过程大致可分为三个阶段。

第一阶段：起步阶段。该阶段的显著特征是各厂商独自运营，各自为政。Wi-Fi 无线网络刚在市场上推出时，并不被运营商看好，只有一些服务提供商本着为高端商业客户提供移动状态下高速的互联网接入服务的目的，参与了 Wi-Fi 无线网络热点的建设。随后，以批发方式为主的 Wi-Fi 无线网络运营模式才逐渐被公众 Wi-Fi 市场接受，服务提供商通过与其他服务提供商和场地运营商（如星巴克、麦当劳等）签订协议来实现更大范围的 Wi-Fi 热点使用，此时联盟成员相对较少。

第二阶段：发展阶段。该阶段的显著特征是共建共享融合发展。随着 Wi-Fi 运营状况的好转，越来越多运营商加入 Wi-Fi 联盟中，尤以固定业务为主的电信运营商为代表，它们通过将 Wi-Fi 与固定宽带捆绑融合，增强固定电话网络用户在 Wi-Fi 无线网络覆盖区域内的移动体验。同时，具有鲜明互联网精神的社群建设模式出现，如由英国电信主导的全球最大的 Wi-Fi 社区 BT FON 应运而生，法国第二大固定运营商 Lliad 在巴黎则通过在 DSL（digital subscriber line，数字用户线路）和机顶盒预装 Wi-Fi 无线网络模块，实现了 90%的巴黎预覆盖，迅速建成 17.6 个热点。

第三阶段：成熟阶段。随着 3G 的快速发展，越来越多的运营商推出允许 Wi-Fi 无线网络访问其 PS（packet switch，分组交换）域数据业务的服务，这一方面缓解了运营商蜂窝网数据流量的压力，另一方面也极大地促进了 Wi-Fi 的发展，巩固了 Wi-Fi 的无线地位；2019 年 Wi-Fi 联盟宣布正式推出官方 Wi-Fi 6 认证计划，Wi-Fi 6 与 5G 共同深刻地影响人类的生活。

Wi-Fi 联盟会员覆盖了生产商、标准化机构、监管单位、服务提供商及运营商等，形成了一个全球性的技术标准联盟，联盟内部也形成了完整的产业链条，联盟成员通过专利共同权利人的形式进行技术交流与合作，联盟内还大量存在着以研发为核心的企业间的兼并、重组，以及处于产业链不同阶段的企业间的合作（刘彤等，2012）。在 Wi-Fi 技术的发展过程中，Wi-Fi 联盟通过制定全球通用的技术规范和互操作测试方法开展无线局域网产品认证，通过发展新成员、广泛开展与其他标准联盟的合作的方式逐步扩大 Wi-Fi 技术的应用领域和市场空间，Wi-Fi 联盟标准早已成为事实标准被业界成员接纳并遵守。

从 Wi-Fi 标准化过程可知，Wi-Fi 的技术标准化主要是市场主导型，Wi-Fi 技术随着使用者数量的增多，标准逐渐扩散，最终成为行业的事实标准。

1.2.2　WCDMA 技术标准化

宽带码分多址（wideband code division multiple access，WCDMA）是国际 3G 移动通信主流技术标准之一，主要起源于欧洲和日本的早期第三代无线研究活动。日本为了改变其在 1G、2G 时代在通信市场上的劣势，积极寻求合作伙伴建立 3G 技术标准联盟。1992 年，日本组建了以 NTT DOCOMO 为主导企业的 3G 标准制定委员会，旨在向国际电信联盟（International Telecommunication Union，ITU）提交日本的标准。1997 年初，欧洲电信巨头 Ericsson、Rokia 宣布与日本联盟，成功说服 NTT DOCOMO 公司采用网络界面替代原来的界面，共同开发代 WCDMA 标准。最终 WCDMA 标准成为沿 GSM 到 GPRS（general packet radio service，通用分组无线业务）再到 EDGE（enhanced data rate for GSM evolution，增强型数据速率 GSM 演进技术）的演进版本，这样，原来采用 GSM 标准的运营商和设备制造商能够较大限度地利用原有技术基础发展 3G。由于 GSM 在全球市场占有率非常高，基于 WCDMA 的无线业务能够更加顺利地在全球得到广泛应用（曲斌，2009）。

从 WCDMA 标准化过程可知，WCDMA 技术标准化主要是不同组织间合作确立标准形式，通过较低的技术更新成本和较大的市场份额逐渐实现了 WCDMA 技术的标准化。

1.2.3 CDMA2000 技术标准化

码分多址（code division multiple access，CDMA）是一种数字接口技术，CDMA2000 是国际 3G 移动通信主流技术标准之一，由美国高通公司提出。1997 年 5 月，Qualcomm、Motorola、Northern Telecom 和 Lucent 宣布结成联盟，共同发展 CDMA2000，韩国三星后来也加入该联盟，韩国成为该标准的主导者。韩国政府在该标准的发展过程中起了很重要的作用，尽管 CDMA 在引入韩国时并不完善，而且遭到了韩国电信运营商和制造商的强烈反对，但韩国政府仍然决定研发 CDMA 技术。

从 CDMA2000 的标准化过程可知，CDMA2000 技术标准化属于政府主导型，韩国政府在 CDMA2000 技术标准化过程中发挥了重要作用，并最终使韩国成为该标准的主导者。

1.2.4 WAPI 技术标准化

WAPI 技术标准化过程经历了三个阶段。

第一阶段：建立国家强制标准。2001 年 6 月，信息产业部（现工业和信息化部）向包括西电捷通等在内的企业和科研机构下达标准起草任务；2003 年，国家质量监督检验检疫总局（现国家市场监督管理总局）和国家标准化管理委员会联合发布公告，规定自 2003 年 12 月 1 日起禁止进口、生产和销售不符合强制性国家标准的无线局域网产品（詹爱岚，2008）。

第二阶段：建立国际标准。2004 年，在国际标准化组织的年度会议上，WAPI 与 IEEE802.1li（IEEE 为电气和电子工程师协会——Institute of Electrical and Electronics Engineers 的简称）共同被列为正式的标准提案，WAPI 开始跻身国际标准（詹爱岚，2008）。

第三阶段：发展成为事实标准。2005 年末，财政部、国家发展和改革委员会（以下简称国家发改委）以及信息产业部联合发布了无线局域网产品政府采购令与采购清单；WAPI 产业联盟在中国国际高新技术成果交易会上拿下三大关键项目：赛尔网络、深圳会展中心、家庭网络标准产业联盟e家佳；WAPI产业联盟获得9个省市的部分政府采购订单；除了方正和联想之外，索尼也相继推出基于WAPI的笔记本电脑；在6个奥运城市的41个奥运场馆中采用WAPI技术和设备（詹爱岚，2008）。

从WAPI标准的发展过程可知，WAPI标准化属于典型的政府主导型，先由国家建立标准并强制实行，在政府的支持下，逐步成为国际标准，并最终扩大市场份额成为事实标准。

1.2.5 TD-SCDMA 技术标准化

TD-SCDMA于1998年向国际电信联盟提交具有我国自主知识产权的3G标准，于2000年被国际电信联盟正式采纳；随着全球3G渐入佳境、4G开始启动，国际电信联盟在2012年世界无线电通信大会全体会议上确立我国的TD-LTE-Advanced标准为4G国际标准；具有我国自主知识产权的TD技术标准改变了我国在国际通信标准领域的地位，两项技术标准均由TD产业联盟提出和拥有。TD产业联盟于2002年在国家发改委、科学技术部（以下简称科技部）和信息产业部的共同推动下成立，是科技部试点产业技术创新战略联盟、第一批中关村标准创新试点单位。目前，联盟有成员单位近百家，包括大唐电信、华为、联想、中兴、中国移动、清华大学、华中科技大学、韩国三星电子株式会社、HTC等国内外企业、高校和科研院所，它们共同致力于新一代通信技术标准的制定与推广应用，加速了TD技术标准的研发、产业化进程和国际化进程，带动了数百家企业共同参与TD产业化活动。随着TD-SCDMA已经成功商用，我国形成了以本国企业为主体、国际企业积极参与的完整产业链，TD-SCDMA形成的产业和市场为TD-LTE发展奠定了良好的基础，并使TD-LTE在国际上取得认同，正积极由产业化发展阶段向商用化发展阶段转移。

以3G标准TD-SCDMA为例，说明基于TD产业联盟的TD技术标准化过程。中国在2G发展中收获不大，面对通信行业快速发展的态势，政府、研究机构、电信企业在对于发展3G的机会上达成共识，致力于在3G发展中谋求一席之地。TD-SCDMA由邮电部电信科学技术研究院（后来的大唐电信）于1998年1月提出，并于6月30日，将TD-SCDMA标准提交国际电信联盟。谭劲松和林润辉（2006）将TD-SCDMA的发展过程分为五个阶段，各阶段的技术标准化战略和模式不尽相同。

第一阶段：学术标准研究与被认可。这个阶段处于TD-SCDMA从学术标准向产业标准演进过程的起步阶段。该阶段联盟战略频频使用，一是政府协调科研机构、高校、企业形成官产学研一体的标准研发联盟，进行TD-SCDMA标准的研发；二是由大唐电信和西门子形成的 TD-SCDMA 系统的研究联盟，在 TD-SCDMA 标准和系统的初期研发方面发挥了基础性的作用；三是在标准提交 3GPP（3rd Generation Partnership Project，第三代合作伙伴计划）组织的认可过程中，研究机构（电信科学技术研究院）、行业组织（中国无线通信标准研究组）、设备商（西门子）和运营商（中国移动和中国联通等）充分协同，可以认为是标准宣传、推销和争取支持的标准营销联盟（谭劲松和林润辉，2006）。

第二阶段：组建产业联盟。在 TD-SCDMA 标准被国际组织认可之后，以大唐电信为首的标准研发主体为了尽快促进标准的产业化和商业化，积极组建了产业联盟。2001 年 9 月，大唐电信同飞利浦组建"终端联合研发中心"，2002 年 10 月 TD-SCDMA 产业联盟在北京成立，大唐电信、华立、华为、联想、中兴、南方高科、中电赛龙、中国普天 8 家知名通信企业作为首批成员，形成了从系统设备到终端的产业链。

第三阶段：产业联盟链条完善。随着 TD-SCDMA 标准在联盟内部逐渐推广，TD-SCDMA 标准的优势逐渐显现出来，联盟成员不断增加。2002 年 11 月，大唐电信与 UT 斯达康签约合作开发 TD-SCDMA 系统，与安捷伦、雷卡签约在仪器仪表方面进行合作；2003 年 1 月，授权意法半导体公司使用 TD-SCDMA 专利技术开发多模式多媒体的片上系统；2003 年 1 月，大唐电信、飞利浦和三星还联合组建了天碁科技有限公司，开发用于双模 TD-SCDMA 终端的核心技术并通过知识产权授权实现终端产业化；2003 年 12 月，海信、北京天碁、上海凯明科技、重庆重邮信科、西安海天天线、展讯通信（5 家终端厂商）6 家企业加入 TD-SCDMA 产业联盟，使 TD-SCDMA 产业链更加完善。

第四阶段：产业联盟合作竞争。随着 TD-SCDMA 标准产业化程度的深化，各国的通信企业开始重视 TD-SCDMA 标准。2004 年 2 月，华为和西门子组建了合资公司 TD Tech，开发基于 TD-SCDMA 标准的技术和产品；同年，大唐电信与上海贝尔阿尔卡特结盟，西门子与华为结盟，北电网络与中国普天结盟，爱立信与中兴结盟，形成了 TD-SCDMA 标准中协作、竞争的态势；2005 年 4 月，UT 斯达康、上海贝尔阿尔卡特、众友科技、迪比特、英华达、中山通宇、中创信测 7 家企业加入 TD-SCDMA 联盟，体现了 TD-SCDMA 标准的产业地位及影响力。

第五阶段：标准商用及演进升级阶段。联盟内各厂商相继推出基于 TD-SCDMA 标准的商用产品，TD-SCDMA 进入预商用阶段。2005 年 11 月，联盟又吸收 5 家厂商加入，并进入欧洲市场；2006 年 1 月，信息产业部正式将 TD-SCDMA 标准颁布为通信行业国家标准。2008 年 4 月，在 8 座奥运城市正式启动 TD-SCDMA 的社会化业务测试和试商用。2009 年 1 月，我国政府正式向中国移动颁发了 TD-SCDMA 业务经营许可证，中国移动随后在 28 个省会城市、直辖市等进行 TD-SCDMA 二期网络建设，2009 年 6 月建成并投入商业使用（龚艳萍和董媛，2010）。在标准的演进升级方面，2005年国际标准化组织3GPP开始启动LTE项目以后，我国布局和提出4G标准提案，2012年国际电信联盟正式审议通过将LTE-Advanced和WirelessMAN-Advanced确立为4G国际标准，自此，中国主导制定的基于TD-SCDMA的TD-LTE-Advanced成为4G国际标准。

1.3 开放式创新下的技术标准化变革趋势

开放式创新范式下的创新环境、资源利用、关系情境、竞争格局等与传统的封闭式创新范式相比发生了改变。从标准化活动来看，强调利用外部资源的开放式创新，加速了创新的专业化分工与协作，此时对于技术标准知识产权（主要是专利）的管理不再是对知识产权的控制，而是更多地关注知识产权的权益配置、集成利用和增值，因此，知识产权持有者的结盟行为日益普遍，这种关系性知识产权的有效利用使参与技术标准化活动的所有成员从开放式创新中获利，大大提升了技术标准化速度，并使技术标准化水平与专利的数量、水平及实施情况有很强的关联性（袁晓东和孟奇勋，2010；唐方成和仝允桓，2007；王雎，2010）；另外，随着标准开放性和反垄断规制的强化，技术标准的演化路径也发生了改变。从标准化外部环境来看，在开放式创新范式下，各国政府在本国的技术标准化进程及参与全球标准竞争中发挥了重要作用，尤其是后发国家的异军突起，改变了全球标准竞争规则和秩序，从而形成了新的标准竞争格局。

开放式创新下的技术标准化变革趋势体现在两个层面：一是标准化自身活动层面，包括技术标准化载体、标志和技术标准演化路径；二是标准化外部环境层面，包括政府作用和全球竞争格局（王珊珊和王宏起，2012b）。

1.3.1 技术标准联盟成为标准化活动的有效载体

企业技术标准联盟与产业技术标准联盟都是当今技术标准化的主要载体，以技术标准联盟制定和运作技术标准，具有专利共享程度高、交易成本低、资源配置效率高、技术壁垒高等明显的优势。

企业技术标准联盟与产业技术标准联盟两者有一定的联系，当企业技术标准联盟的技术标准关系到国家产业创新、市场保护和重大利益进而成为政府干预的重点，或标准的建设需要产业其他成员广泛参与时，可发展为产业技术标准联盟，从而在产业范围内共建技术标准。企业技术标准联盟与产业技术标准联盟在标准化参与者、标准化动机、标准演化路径及适用条件等各个方面存在差异，如表1-1所示。

表 1-1 企业技术标准联盟与产业技术标准联盟的对比

比较方面	企业技术标准联盟	产业技术标准联盟
标准化参与者	少数行业领先企业和机构	覆盖产业链,包括领先企业、高校和科研院所、配套企业和有关机构
标准化动机	构建技术壁垒,提高标准竞争力,打击外部竞争对手,获取垄断利润	通过合作创新提升产业创新能力,保护本国市场和规范竞争秩序,应对全球标准竞争
标准演化路径	大多数是先确立事实标准	一般先确立法定标准,后成为事实标准
适用条件	以获取联盟私人利益为核心,主要是少数企业联合主导,政府干预程度较低	发展中国家较多,多是政府引导,属于国计民生的公共领域或重要产业/技术领域,以产业公共利益为核心

一方面,结盟优势加快了技术标准化进程;另一方面,技术标准下的联盟稳定性和产业化程度也大幅提高。随着全球产业竞争以世界各国的联盟技术标准竞争为标志,各国政府着眼于本国产业发展和经济利益,为联盟技术标准化过程提供各种支持,联盟得以在更加宽松、更加有利的环境中快速发展。

1.3.2 标准专利化和专利许可化是技术标准化的主要标志

在开放式创新范式下,随着标准化主体的知识产权意识增强,以及国际、国家和地区标准化组织对技术标准中采用专利技术持有更加开放的态度,技术标准化活动及过程呈现出标准专利化和专利许可化特征。

标准专利化体现在:具有国际竞争力的技术标准越来越体现为由大量专利支撑的标准,并且技术标准融入越来越多专利的趋势还在日益增强。一方面,技术标准体系的制定和实施需要以专利为抓手;另一方面,将专利纳入标准使得标准拥有更强的竞争力和垄断性。专利许可化体现在:在合作创新的环境中,技术标准中的专利越来越分布于多个主体,这些专利持有者形成一个开放式的专利池,将各自的专利纳入技术标准,并开展标准下的专利内外许可活动。标准专利持有者之间主要采取交叉许可的方式共享专利;标准制定者对外打包许可标准专利。然而,在对外许可专利的过程中,标准制定者往往将标准的必要专利连同非必要专利一起对外进行许可,或将标准产品、技术与其他产品、技术捆绑销售或许可,或通过专利权的运用提高竞争者的市场进入门槛,从而引起专利权滥用和垄断行为的发生。为了防止标准专利许可产生上述问题,各国政府也在不断完善与技术标准相关的法律法规和政策。

1.3.3 技术标准的演化路径发生了转变

在开放式创新范式下,面临制度环境的变化和激烈的竞争要求,越来越多的技术标准最终体现为既是法定标准又是事实标准,其标准的演化路径与封闭式创新下的路径有所不同,主要分为两种情况:一是随着世界各国对于技术标准开放性的要求和反垄断规制强度的加大,原有的事实标准也演化为法定标准;二是基于国家产业自主创新与发展战略需要,先确立为法定标准后演化为事实标准,如图 1-2 所示。

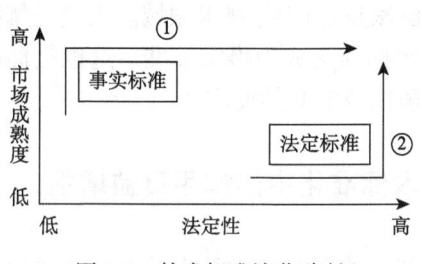

图 1-2 技术标准演化路径

1. "事实标准→法定标准"的标准开放路径

标准拥有者已有的事实标准经标准化组织法定程序确定和公告成为法定标准,其路径如图 1-2 中的①所示。将事实标准申请为法定标准的原因可能包括:一是全球性的开放要求标准具有开放性和融合性;二是面临可能的反垄断规制;三是竞争对手推出同类产品使在位企业面临竞争威胁;四是同行纷纷制定标准,不申请法定标准则将处于被动局面。例如,早期的微软一直没有将其文档格式申请为法定标准,面对全球各个国家采取的越来越严厉的反垄断监控及对标准开放性的强烈要求,微软不得不选择开放,同时谷歌、IBM、雅虎等 IT(internet technology,互联网技术)巨头也开发了基于互联网的办公软件。另外,ODF(open document format,开放文档格式)和中文办公软件文档格式规范 UOF 的出现,使微软在办公文档领域的霸主地位受到了严重威胁。2005 年,微软首次向国际标准化组织提交了开放文档格式 OOXML 的申请,希望利用格式升级来继续保持垄断地位和保护自身利益,尽管此举遭到了各国的强烈反对,但是鉴于微软的强大实力及美国政府的大力支持,微软的 OOXML 还是于 2008 年正式被批准为国际标准,成为继 ODF 之后的第二个国际文档格式标准。虽然微软的文档格式已成为法定标准,但是,OOXML 法定标准的背后,也存在一定程度的私有化和垄断的问题,具有一定的事实封闭性、兼容排他性和平台依赖性。

2. "法定标准→事实标准"的标准先行路径

标准先行是指先确立为法定标准,然后再进行标准的产业化和市场化,成为事实标准,其路径如图 1-2 中的②所示。该路径主要依靠产业技术标准联盟来实施，代表了当今世界产业技术标准化的重要趋势。例如，我国的 TD 标准化路径即由法定标准向事实标准演化，于 2000 年确立为国际标准，2006 年成为我国通信行业标准，2008 年开始试商用。

需要说明的是，路径①的实施一般以单个企业或少数企业技术标准联盟为载体，路径②的实施一般以产业技术标准联盟为载体，主要发生在国家安全、环境、卫生等公共领域或国家重点产业/技术领域。无论是哪种路径，技术标准演化的最佳结果是既成为法定标准又成为事实标准，这也是标准化主体在未来更加激烈的标准较量中赢得竞争优势的必然要求。

1.3.4 政府在技术标准化中的作用日益增强

在传统的封闭式创新范式下，通常是由单个企业或少数企业结盟，来制定和运作技术标准，其存在的主要问题如下：一是标准主导者以追求利润最大化为目标，为了获得和持续保持技术、市场的领先地位，专利权人依靠其垄断地位获得垄断利润，同时也会产生专利权滥用的问题；二是未将产业内其他创新资源及顾客纳入技术标准活动中，其制定的标准是以技术和产品为导向，而不是以产业需求和顾客中心为导向，标准扩散效应不明显。在开放式创新范式下，作为技术标准化的利益相关者，各国政府越来越意识到要提升标准的竞争力、防止垄断行为，就必须发挥政府的促进和监管作用，尤其是在公共性、基础性的重要技术领域，日益重视技术标准的制定和参与国际标准争夺，参与到技术标准化活动中，并给予更大力度的支持，政府日益成为技术标准化的重要推动力量，并能在调动社会各类资源、提供科技和金融支撑等方面发挥重要作用。

各国政府推动技术标准化的方式包括以下几个方面。

（1）制定技术标准战略或技术标准体系，强化政府的规划，引领研发方向，抵御国际竞争，如美国制定、发布和不断修订《美国标准化战略》，我国每个五年计划期均有《国家标准化体系建设发展规划》作为战略指导。

（2）设立机构，为技术标准发展提供必要的资源和服务，一般是非营利性的法人社会团体，包括：地区性标准组织，如美国国家标准学会（American National Standards Institute，ANSI）、欧洲电信标准协会（European Telecommunications Standards Institute，ETSI）、亚太地区电信标准化机构（Asia-Pacific Telecommunity Standardization Program，ASTAP）、中国标准化协会（China Association for Standardization，CAS）；专业性标准组织，如国际互联网工程任务组（Internet Engineering Task Force，IETF）、3GPP；具体标准工作组，如日本智能电网技术标准化战略工作组、中国电子标签 RFID 标准工作组。

（3）通过财政支持、项目立项予以引导和资金扶持，如美国大力发展智能电网标准体系，投入大量资金专用于扶持智能电网的发展，其中，大部分资金用于资助示范项目；我国的 TD 标准先后受到科技部、信息产业部、国家计划委员会等立项支持，包括移动专项、国家高技术研究发展计划、科技攻关项目、电子信息产业发展基金项目、TD-SCDMA 研究开发和产业化项目、TD-SCDMA 专项试验等项目，加速 TD-SCDMA 研发和产业化；在进入商业化阶段后，我国政府在 TD-SCDMA 技术基础设施方面，协调运营企业及相关单位实现基础设施共建共享，同时还将设备制造及网络建设列入《工业和通信业技术改造投资指南》，在国家安排的技术改造贷款贴息项目中给予企业重点支持。

（4）通过法规或政策维护竞争秩序，保护本国产业，提高进口标准，构建技术壁垒，对国外标准进行反垄断规制，包括专利法、反垄断法、知识产权政策、美国的"337 调查"等。例如，为了阻碍外国产品的进口，保护本国市场，欧盟、美国、日本等制定了大量的、严格的标准、法规，用法律明确规定进口国标准。例如，欧盟化学品法规（如 REACH）、欧盟电子电器双指令（如 RoHS、WEEE）、欧盟生态指令（如 EuP 指令）[①]。又如，日本进口外国产品时，不但要求符合国际标准，还要求与日本的标准相吻合。再如，美国于 2004 年增补了《标准开发组织促进法》，放松对技术标准制定组织（联盟）的反托拉斯限制，美国近年来频繁对中国企业发起"337 调查"。

（5）以政府采购、财政补贴等形式支持本国技术标准发展，优先采购本国产品。例如，我国政府将 TD 产品和应用纳入政府采购的扶持范围，直接纳入《政府采购自主创新产品目录》；美国国防部规定军需物资使用 RFID 标签，美国食品及药物管理局建议制药商采用 RFID 跟踪造假药品，美国政府出台了购买太阳能光伏系统与电动汽车以及建筑节能改建的补贴与减免税等一系列与智能电网标准体系建设相关的财政补贴政策。

（6）通过政治性谈判或国际影响力，保证本国技术标准/产品在国际竞争中赢得优势。例如，我国政府出面谈判，使 TD-SCDMA 确立为国际标准；我国在决定强制执行国家标准 WAPI 时，美国政府与中国政府谈判，国际各方向中国施压，致使我国政府推迟 WAPI 标准实施时间。

（7）为本国技术标准市场化预留市场空间，拉动消费者需求。例如，在我国 TD-SCDMA 刚刚步入商业化阶段时，我国政府发布的 3G 频率规划为 TD-SCDMA 预留了频段；欧盟国家统一建设 WCDMA 网络，对运营商部署 3G 时间予以强制规定（王珊珊和王宏起，2012b）。

---

① REACH：Registration, Evaluation, Authorisation and Restriction of Chemicals，化学品注册、评估、许可和限制；RoHS：Restriction of Hazardous Substances，有害物质的限制；WEEE：Waste Electrical and Electronic Equipment，报废电子电气设备指令；EuP：Energy-using Products，能耗产品。

1.3.5 新的全球技术标准竞争格局正在形成

在20世纪,发达国家主导建设技术标准尤其是国际标准,利用标准构建技术壁垒和贸易壁垒,以获取最大的经济效益。随着开放式创新时代的到来,尤其是进入21世纪以来,全球技术标准竞争的环境和规则发生转变,不但发达国家制定技术标准,发展中国家也日益意识到技术标准的重要性。为了打破发达国家及其垄断企业的技术标准垄断地位,一些后发国家从公共利益、经济利益、政治利益、技术利益角度出发,抓住产业转型和升级的机会,以市场为导向、以提升产业竞争力和国际话语权为目标、以政府支持为强大后盾,开始实施知识产权战略和技术标准战略,发展自主技术标准,并积极参与到全球技术标准化活动之中,打破了发达国家及其垄断企业的独家垄断地位,进而增强了在本国及全球范围内掌控技术标准的能力。虽然发达国家对后发国家的自主技术标准进行施压,但是,仍阻挡不了后发国家的技术标准化进程。同时,鉴于后发国家的巨大市场空间及其日益增强的国际影响力,发达国家及其垄断企业主导技术标准的强硬态度也有所改变,全球技术标准的发达国家垄断正在被新的国际标准秩序所取代,在标准先发和后发国家、标准垄断与竞争之间逐步实现均衡,呈现出新的标准竞争格局。例如,我国政府推动TD标准的建立,促使WCDMA标准在我国的专利使用费降低,在一定程度上抑制了非本国标准的垄断行为(王珊珊和王宏起,2012b)。

1.4 技术标准化活动开放性增强的动因

总的来说,技术标准化活动开放性增强的动因可归结为经济、技术、市场竞争和政策环境四个层面,如表1-2所示。

表1-2 技术标准化活动开放性增强的动因

层面	动因
经济层面	通过资源开放共享与整合,降低标准研发、产业化和市场化成本,提高标准化收益
技术层面	共享标准专利和其他资源,规避和分担技术风险、提高标准化速度和效率,实现标准技术领先和超越
市场竞争层面	通过增强标准开放性或共建标准,提升标准国际国内竞争力,与国际同类标准抗衡
政策环境层面	政策支持开放共建标准,标准化资源整合的条件日渐完善、资源整合程度提高

从专利特征来看，标准化活动开放性增强的方式主要体现在专利共享、专利许可、专利组合和专利集成运营方面。

从组织形态来看，标准化活动开放性增强的方式主要体现在组建基于技术标准的联盟和参加标准化组织方面（李力，2014）。

第2章 开放式创新下的技术标准化过程与机理

2.1 开放式创新下技术标准化利益相关者类型

开放式创新范式下,为了解决标准技术复杂性和高度不确定性问题,保持技术标准的前沿性和先导性,技术标准化活动需要多主体参与开展协同创新,才能取得技术突破、形成标准专利群和加快标准技术扩散。根据技术标准化活动的要素类别不同,技术标准化利益相关者类型及其价值活动也不同,如表 2-1 所示。

表 2-1 技术标准化利益相关者类型及其价值活动

要素类别	技术标准化利益相关者	价值活动
创新要素	企业	标准技术研发与实施主体
	高校、科研院所	标准技术研发,为企业提供技术支持
支持要素	政府	引导、支持和监管标准化活动,进行政策、资金扶持和市场干预
	标准化组织、行业协会	起管理、指导和协调作用

企业与企业、企业与高校和科研院所之间的价值关联主要通过以标准专利为基础、以标准产业链条建设为核心的协同创新来实现。

由众多利益相关者组建的产业联盟是当今世界各国发展重要技术标准、提升标准竞争力的必然选择,日益成为开放式创新下全球技术标准化的主流模式。

2.2 开放式创新下的技术标准化路径

2.2.1 技术标准化与专利运用的关系

专利纳入标准和标准国际化是知识经济与全球化时代的技术标准化重要特征，技术标准化目标就是标准专利的开发、组合、许可、使用和转化，从而在全球技术标准竞争中获得竞争优势（刘利，2010）。由于专利纳入技术标准已成为必然趋势，在核心技术领域申请专利成为创新主体参与标准化活动的重要手段，且标准化活动涉及的主要专利权人倾向结成联盟，构建专利池，进行专利组合与专利集成运营（冯永琴和张米尔，2011）。

技术标准化与专利运用的作用关系如图 2-1 所示。

标准化路径	专利推动	标准拉动	专利与标准互动
内涵	先有专利，后确立为标准	先建立标准，后开发专利	在已有技术基础上制定标准，后开发专利并完善标准
专利运用特征	集成已有大量专利	开发新的必要专利	集成已有少量专利并开发新专利

图 2-1 技术标准化与专利运用的作用关系

2.2.2 技术标准化路径

1. 专利推动型技术标准化路径

专利推动型的技术标准建立方式，即"专利→标准"，是指将已有专利（包括非专利技术）有效集成，设计为技术标准（宋河发等，2009），其突出特点是先有专利，在已有专利的基础上形成技术标准，在标准的演进过程中，还要围绕标准不断开发新的专利。该种标准建立方式可划分为技术专利化和专利标准化两个环节。在技术专利化环节，通过对构成技术标准的技术进行研发，申请相关技术的专利并获得专利权，对于技术标准涉及的相关专利尤其是关键专利，应该及时申请；在专利标准化环节，将专利融入技术标准体系、支撑技术标准运作与发展，此时产业联盟需要形成专利池，并将专利有效集成形成技术标准。

2. 标准拉动型技术标准化路径

标准拉动型的技术标准建立方式，即"标准先行→标准专利化"，先建立技术标准（或标准框架），制定技术标准的总体目标，将目标分解，围绕分解目标不断取得技术突破，并申请专利，构建专利群，健全标准体系。通常该类型是由政府组织或协调，在明确的产业或技术发展目标下而产生的。例如，GSM 以及我国的 TD-SCDMA 国际标准，其中，GSM 在 1987 年确定了所选择的基本技术，逐渐明晰了移动通信标准的目标，1987~1991 年，标准实施和产品开发同时进行，1991 年以后，不断开发新的服务和补充标准并标准化。标准拉动型的优点如下：由于目标和任务明确，所形成的专利往往是必要专利，节省研发经费，研发效率高，可以避免专利保护范围重叠，一般不会形成可能产生冲突的竞争性专利（宋河发等，2009）。

在各国争先发展高技术产业和新兴产业，抢占科技制高点的今天，高技术和新兴技术是引领未来发展方向的前沿技术，且多是为了满足未来潜在需求，技术和市场前景具有高度的不确定性，但其技术标准往往关系到一国产业的国际竞争地位及国家重大利益，所以出于国家战略和竞争需要，往往会先制定技术标准，抢占国际标准席位，然后基于标准目标开发专利并促进标准技术成熟和广泛实施。

3. 专利与标准互动型技术标准化路径

专利与标准互动型的标准建立方式本质上也属于标准拉动型，区别是专利与标准互动型的方式需要在已有的少量专利基础上建立标准，其特点是将现有专利组合，先制定技术标准的主要目标和技术方案等，再根据其目标和方案不断开发新的专利，之后再对标准进行修改完善，或形成新一代的技术标准，如我国的 AVS 标准和 TD-SCDMA 标准。这种方式既集成了现有专利，又形成了新的专利（宋河发等，2009）。

由于技术标准的建设是一个需要经过多个环节、不断更新技术内容、专利与标准高度互动的循环往复过程，在制定技术标准的过程中，需要不断根据技术的需求与进步，调整组成技术标准的相关技术，并把新技术专利纳入标准体系，完善已有标准或形成新的技术标准，因此专利与标准互动型标准建立方式是普遍采用的一种方式，在这个过程中，专利和标准两者之间互相影响、互为条件、互相促进。

专利推动型、标准拉动型和专利与标准互动型三种技术标准建立方式的适用条件如表 2-2 所示。

表 2-2 三种技术标准建立方式的适用条件

类型	专利推动型	标准拉动型	专利与标准互动型
适用条件	专利数量较多,且技术成熟度较高	技术基础弱,缺乏专利,但标准关系到国家产业发展和重大利益,符合产业发展方向,目标导向明确	有一定技术基础及少量专利,标准关系到产业国际竞争力,属于摸索性工作,可能包含系列标准,目标导向明确,但需要不断完善和提高

2.3 开放式创新下的技术标准化过程特点及影响因素

2.3.1 技术标准化动态过程和阶段特点

以产业技术标准化为例,标准化是一个复杂的动态过程,包括技术专利化及标准制定、发布和实施等一系列活动,一般情况下,标准化过程包括"技术标准形成→技术标准产业化→技术标准市场化"三个阶段,如图 2-2 所示。

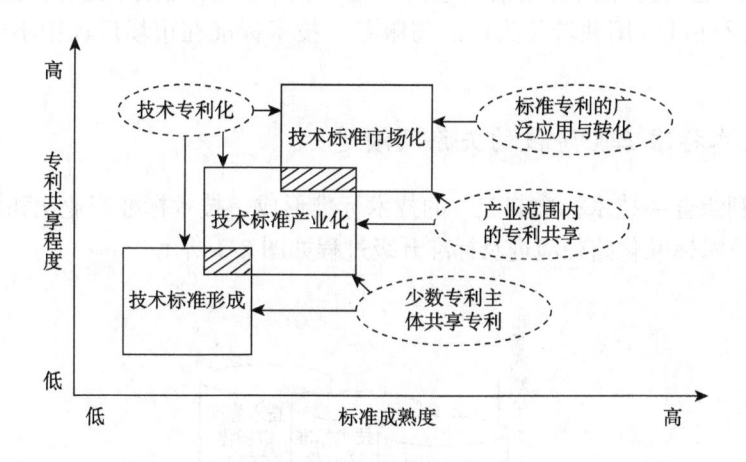

图 2-2 技术标准化的阶段划分及其专利特征

1. 技术标准形成

这一阶段是将技术转化为专利并确立技术标准。该过程中,核心企业、高校和科研院所等优势创新主体将研发成果转化为专利。由于一项技术标准通常由大量专利组成,单个企业难以独占标准,因此,基于合作竞争需要,并在国家政治力量的驱动下，基础专利和核心专利拥有者（也可能包括外围专利拥有者）之间通过免费或有偿许可实现专利共享，在此基础上自行或联合开发新的专利。这一阶段，标准基础专利和核心专利不断增加，在专利群的支撑下确立为技术标准，此时的标准主要是基础技术标准。

2. 技术标准产业化

技术标准初步建立之后，不断吸引产业内多主体参与，形成完善的标准产业链条。该阶段大量企业和机构参与到标准体系建设过程，并开始采用技术标准，这些企业主要包括中间设备制造商和终端产品制造商等。专利技术逐渐在产业范围内实现共享，标准体系不断完善，不仅包括基础技术标准，还会形成一系列产品标准、工艺标准和检验标准等标准。

3. 技术标准市场化

该阶段的主要标志是标准用户规模和产品/服务市场份额的提升。基于标准的产品与服务日益增多，标准的利益相关者尤其是基础专利拥有者开始获取显著的经济效益。在这一阶段，产业链上下游各环节大量企业普遍采用和实施技术标准，这些企业主要包括制造商、运营商、产品/服务提供商等，标准专利得到广泛许可应用并转化为产品与服务，技术标准在市场反馈中不断完善和升级。

4. 技术标准三个阶段的关系及演进

"专利组合→技术标准制定"的技术标准形成、技术标准产业化和技术标准市场化的技术标准化路径演进及标准升级过程如图2-3所示。

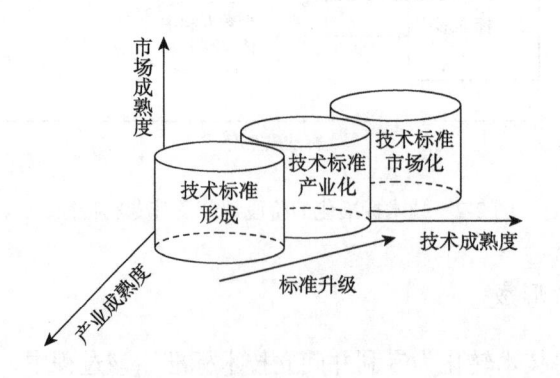

图2-3 技术标准化路径演进及标准升级过程

由图 2-3 可知，根据标准技术、产业和市场的成熟度由低到高，技术标准化可划分为技术标准形成、技术标准产业化和技术标准市场化三个阶段。在技术标准形成阶段，联盟将专利组合并制定为技术标准；在技术标准产业化阶段，联盟不断吸引产业内其他厂商参与建设和采用标准，完善标准实施的基础条件及其产业链条；在技术标准市场化阶段，技术标准在激烈的标准竞争中形成自身标准的市场规模和国际竞争力。以上各环节之间既依次递进，又同步运行、往复循环、不断提高。

技术标准的形成、产业化和市场化进程也伴随着标准的自我强化和升级。根据标准的性质不同，标准分为法定标准和事实标准（薛卫和雷家骕，2008）。对于大多数产业联盟来说，一般是在本国政府的大力推动下，出于国家战略和产业发展与竞争需要，首先在标准形成之初确立为法定标准，然后随着标准市场化的推进发展为事实标准。根据标准的范围和级别不同，标准分为国际标准（包括国际标准和区域标准）和国内标准（包括国家标准、行业标准、地方/区域标准和企业标准）。在产业联盟技术标准化过程中，可能首先提出学术或概念标准（非严格意义的技术标准），然后确立为行业标准、国家标准和国际标准。例如，于 2003 年组建的我国的闪联产业联盟，在组建初期提出闪联的概念性标准，并着手标准的研发与产业化，2005 年成为行业标准，并全力推进产业化进程，2007 年确立为国际标准，成为全球 3C（computer、consumer electronics、communication）协同领域的首个国际标准（薛卫和雷家骕，2008）。此外，也有先确立为国际标准，然后才成为国家标准和行业标准的，如 TD-SCDMA 标准于 2000 年首先确立为国际标准，然后围绕该标准于 2002 年组建了 TD-SCDMA 产业联盟（现为 TD 产业联盟），其标准于 2006 年成为我国通信行业标准。

技术标准产业化和市场化存在相互联系、部分包含和同步上升的关系。标准产业化和市场化是标准自身强化和升级的过程，从而有利于形成更高层次的标准，标准产业化和市场化可能是同步进行的，市场化是产业链不断完善和成熟的过程，而产业化水平也伴随着市场的开发和反馈得以进一步完善。虽然技术标准产业化和市场化具有一定的同步性、互补性和交叉性，但是存在本质的差异，如表 2-3 所示。

表 2-3 技术标准产业化和市场化的差异

差异方面	技术标准产业化	技术标准市场化
目标	形成标准产业链条，成为产业普及的规范性标准体系，提升产业创新能力	成为事实标准，赢得标准市场规模、竞争优势和经济利益
标志	形成含有系列标准的标准体系，包括基础技术标准、产品标准、工艺标准、检验和试验方法标准、设备标准等，并且在应用中不断完善；围绕标准的技术演进及普及应用要求，构成完备的产业链条，用户安装基础扩大，标准专利许可实施范围广，生产工艺、基础设施等符合标准产品要求	标准用户规模超过临界容量，不断开发出终端产品和互补品，消费者数量和市场占有率不断增长；标准在市场反馈中不断地完善与升级；能够对国外标准构成挑战，在全球标准竞争中占据一席之地
机制	主要是技术扩散和产业分工协作机制	主要是市场和竞争机制

我国以产业联盟推进产业自主标准建设，其目的就是建立自主标准推动产业自主创新，与国外技术标准相抗衡，保护本国产业和市场，增强标准全球竞争力。因此，形成技术标准是参与全球标准竞争的必要条件，而标准产业化是标准得以应用和持续发展并实现产业全面创新的必然要求，只有实现标准市场化才标志着标准在全球标准领域赢得竞争优势。

2.3.2 技术标准化影响因素

1. 产业发展水平

产业发展水平不同，决定了其技术标准化的程度和路径也不同。例如，新兴产业和成熟产业，两者的技术标准化过程会有所不同，新兴产业由于新兴技术的高风险且产业化前景不明朗，其技术标准具有战略性和探索性，多采用标准先行的路径，标准的形成和产业化往往先于市场化，且标准具有动态性，而对于成熟产业，由于其技术和市场相对稳定，其技术标准也具有实用性和稳定性，标准在产业化和市场化过程中不断完善。

2. 核心技术水平

产业技术标准化过程中，最关键的影响因素就是是否掌握产业发展的核心技术，且核心技术水平的高低直接决定了技术标准水平的高低。如果一国产业内的企业或高校等主体掌握了产业发展的核心技术，它必将带动形成领先且具有竞争力的技术标准。

技术标准是一系列专利技术的有机组合，任何一项技术标准都是由一套专利技术组成的，它的核心及市场确立基础都是专利技术。因此，可以说，某项技术标准在市场上的确立及其市场扩散概率，在很大程度上取决于专利技术本身的性质。标准技术性质主要体现在先进性、成熟性、实用性和可操作性四个层面，标准的技术水平越高，越可能被广泛采用，并具有较强的寿命周期，也会产生较大的经济社会效益。

技术的快速更新迭代，必然引发技术标准的不断升级，甚至可能使已有标准被全新标准取代。技术标准演化升级的过程，是在市场主导和国家引导下技术的不断更新换代过程，在技术复杂度越来越高的情形下，关键核心技术的不断突破，标准必要专利的持续累积，核心专利技术和配套专利技术工艺方法等的全面发展是技术标准持续升级的推动力。

3. 产业联盟发展水平

产业联盟发展水平是产业技术标准发展水平的重要体现。

1）产业联盟的实力和地位

通常，产业技术标准化活动以产业联盟为重要载体，产业联盟的实力和地位越强，技术标准的各主体参与度、覆盖范围和影响力也越强，同时产业联盟对技术标准的推动作用也就越大。一方面，产业联盟能够比较全面地掌握国际国内标准化动态，拥有强大的标准相关专利整合与运作能力，具有规模优势和声望地位，更容易获得资源，形成一体化产业配套，开展标准市场化活动和获得政府的支持，从而对产业技术标准化有更深远的影响；另一方面，单个组织在经济实力、技术能力、资源和渠道等方面存在局限性，独自开展标准化活动难度较高，产业联盟恰能克服单个组织的缺点，更加适应当今世界专利技术分散的现实情境，吸引更多主体参与到标准产业链条中，从而加快技术标准的更新及产业化和市场化进程。

2）产业联盟的管理能力和水平

一个产业联盟的管理能力和水平越高，其技术标准的水平往往就越高，标准化活动越高效。产业联盟管理能力主要体现在联盟对标准专利的集中或统一管理、专利权共享、专利许可管理、冲突协调、利益分配等方面，其中知识产权规则是重点。如果管理不到位，会造成联盟成员合作冲突或协调性差，将阻碍技术标准化进程。此外，在技术标准化过程中，联盟内部涉及产业链上、中、下游诸如企业、高校、科研机构等众多的利益相关者，对外还要协调与政府、竞争性标准持有者、标准采纳主体和最终用户之间的关系，因此要求联盟具有良好的内外沟通能力和协调能力，并能处理好各方矛盾和冲突，从而为技术标准的扩散和市场化水平提升奠定基础。

4. 市场环境

市场环境包括市场机制的健全度、市场竞争格局和态势、市场容量、需求状况、同类或替代品发展状态等诸多方面，市场环境决定了技术标准推广和应用的难度和潜力。技术标准市场化的速度和效果，首先取决于是否存在较大的市场需求和市场发展空间，没有足够大的市场规模和技术标准采纳需求，技术标准的应用广度和深度会受到限制；其次要看在各大技术标准竞争中，一项技术标准与其他同类技术标准相比，能不能被更大范围的市场认可和更多主体采用，进而获得与同类标准相比较高的市场覆盖率和占有率，在标准竞争中占据市场优势，并获得持续的经济回报。在将一项新的技术标准推向市场的过程中，为了尽可能降低用户因选用新标准所产生的转换成本，提高该项技术标准与已有标准或其他同类标准的兼容性是必须考虑的因素；对于已有标准，需要考虑如何持续提升标准的市场控制力。

5. 政府政策

一项技术标准尤其是国际标准往往涉及国家/产业重大技术或关键核心技术，且关系到一国产业竞争力，因此政府会在技术标准化过程中发挥特定的作用。政府在技术标准化过程的不同阶段，介入的方式和作用强度会有所差异；对于不同的技术标准，如国际标准、国家标准、行业标准、企业标准，政府的作用也各不相同，对于关系到一国在国际竞争中标准话语权和产业地位的技术标准，政府的引导和支撑力度会更大；从技术标准化所需要投入的资源和集成的专利特征来看，政府会在投入、建立专利权主体关联和促进专利资源集成等方面发挥重要作用，并通过各种方式促进专利资源共享、协调标准竞争和合作关系。在技术标准的制定和国际化环节，往往需要大量的投入，并有效集成专利权主体和客体，政府通过科学规划、标准化战略引导、标准化组织安排、项目资助、国际谈判等方式提供直接和间接的支持，加快标准必要专利的积累，将专利纳入标准并形成健全的标准链条，使之成为国际标准。在技术标准的推广应用过程中，当一项重要技术标准关系到产业发展与国际竞争时，一国政府可以通过引导市场需求、提供标准应用的必要条件，以及政府采购、强制性标准、标准专利许可政策等方式，加快本国技术标准的产业化和市场化进程。

可见，政府在标准化的全过程中，在不同环节发挥不同的作用，技术标准化的路径、组织方式、速度和效果会受到政府不同政策的影响，标准化相关主体既要遵守国家技术标准和知识产权法律法规和规则，还要最大限度地利用政府政策的多维度、多形式支持。

2.4 开放式创新下的技术标准化机理

以产业技术标准化为例，基于社会网络分析方法，揭示技术标准化的社会网络属性与网络演化机理。

2.4.1 技术标准化的社会网络属性

1. 网络节点众多

标准化过程中的每个主体可看作一个节点，在标准化初期，网络节点主要是具有创新优势的企业、高校、科研院所等创新体，随着标准产业化和市场化的深入，产业链上大量从事研发、生产和服务等活动的企业和机构均加入标准化网络中，网络中节点数量逐渐增加，网络关系日渐复杂，从而使标准化网络呈现出节点多、结构复杂的社会网络特征。

2. 丰富的强关系和弱关系

产业技术标准化过程中，有些节点间的关系紧密且稳定，有些则不紧密或不连续。企业、高校和科研院所等主体间合作研发标准专利技术，拥有专利的主体间通过专利免费或有偿许可等实现专利共享，上述主体由于共建标准专利群，往往会组建产业联盟和专利池，它们联系密切且具有稳定性，因此是强关系；在标准产业化和市场化过程中，大量企业通过许可使用专利的方式采用技术标准，与标准专利拥有者之间建立了长期的联系，因此也属于强关系；大量通过标准专利拥有者建立间接合作关系的企业之间，以及政府、标准化组织与标准专利拥有者之间，存在间接的或非连续的联系，属于弱关系。

3. 存在结构洞

在产业技术标准化过程中，专利主体间拥有直接、密切的联系，而大量企业间不存在（直接）联系。例如，中间设备制造商、终端产品制造商、运营商等大量标准采用者与标准拥有者之间建立了联系，但这些标准采用者之间可能是间接的或间断的关系，导致结构洞的存在。在标准化过程中，占据结构洞位置的主要是标准基础专利和核心专利拥有者，它们整合社会网络中的优势资源开展标准化活动。相对于结构洞位置的主体而言，处于劣势位置的主体可能出于利益驱动而不断与其他主体建立联系，如加入标准技术的研发活动等，从而试图占据结构洞，使得结构洞的数量随着标准网络规模的扩大而增加。

4. 形成小世界

产业技术标准化网络中的小世界通常表现为产业联盟，小世界中的各节点是联盟中的构成主体。

图 2-4 示意性地给出了产业技术标准化网络的小世界特征，其中，虚线表示标准化中的小世界（通常为产业联盟），由于某一产业（如新一代信息技术产业）可能存在多个产业联盟来建设不同细分领域的技术标准，技术标准化网络可能存在多个小世界子网络（如物联网联盟和云计算联盟），且多个小世界子网络存在交叉的关系，这是因为不同节点可能同时隶属于多个小世界（如中国移动、清华大学、中国科学院计算技术研究所等企业和有关机构既是国家传感器网络标准工作组成员，也是中关村云计算产业联盟成员）。图2-4中，1表示基础专利拥有者；2 表示核心专利拥有者；1.1、1.2（2.1、2.2）表示和 1（2）具有标准技术

合作研发、标准产业链配套等关系的主体,这些主体包括企业(研发、生产、销售、运营、服务等类型)、高校和科研院所;3表示外围专利拥有者;4表示联盟外部企业(包括生产、运营、服务等类型),主要是标准采用者;5表示联盟外部高校和科研院所;6表示政府,包括中央和地方各级政府;7表示标准化组织,包括国际国内各级各类标准化组织;4.1、4.2(6.1、6.2;7.1、7.2)表示和4(5、6、7)有联系的主体。在上述各类型的节点中,1、2由于开展专利的共享与协同创造等活动而拥有最高的集聚系数,它们和3通过专利共享构建专利池,且通常将标准专利打包统一对外许可给标准采用者(4)。网络的长程连接较少,平均路径长度却很短,如同一个小世界中的1.1和2.1之间没有直接连接,但是只需要三步就可以到达。

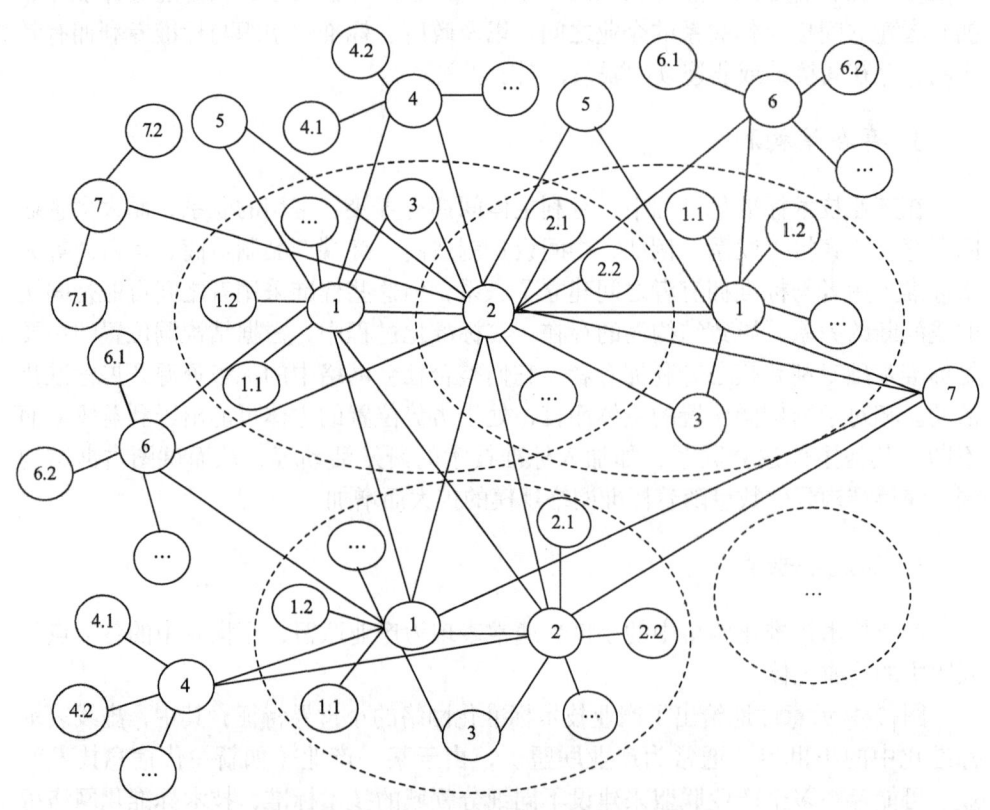

图 2-4 产业技术标准化网络的小世界特性

2.4.2 技术标准化的网络演化机理及其启示

产业技术标准的形成、产业化和市场化过程呈现出网络演化规律,包括网络规模、结构和关系的动态变化，如图 2-5 所示。

(a) 产业技术标准的形成　　(b) 产业技术标准的产业化　　(c) 产业技术标准的市场化

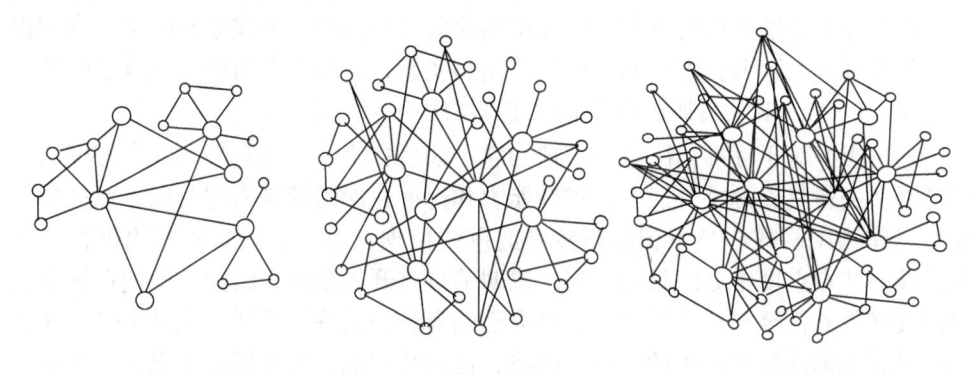

图 2-5　产业技术标准化网络变动

产业技术标准化网络演化体现为随着标准化过程的深入，网络节点、核心节点、点度中心度、连接多样性和异质性等的变化。

1. 网络中节点的递增

产业技术标准化网络的节点是指参与技术标准化活动的主体，节点集合为 $V = \{v_1, v_2, v_3, \cdots, v_n\}$。

在标准形成阶段，V 主要包含拥有创新优势的企业、高校、科研院所等专利主体，也包括政府和标准化组织，此时网络节点数较少；进入标准产业化阶段，技术标准逐渐完善并形成标准产业链，V 中加入了新的标准技术研发者，同时标准产品和设备生产者等各类主体也开始加入，网络节点数持续增加；在标准市场化阶段，标准产品及有关设备和零部件生产商、服务提供商、运营商日益增多，网络节点数不断增加。

综上，网络中节点数（V 中元素个数）表现出随标准化过程深入而逐渐增多的规律。

2. 网络核心节点点度中心度增高

核心节点（通常是标准基础专利和核心专利拥有者）的点度中心度是指网络中与核心节点连接的其他节点的总数，用 $C_D(v_i)$ 表示节点 i 的点度中心度，与其他节点相比，技术标准化网络中核心节点的点度中心度越大，表明其在技术标准化中的地位越重要。

在技术标准形成阶段，与核心节点连接的节点主要是与其进行合作研发和专利共享的主体，$C_D(v_i)$ 较小，此时核心节点的点度中心度较小；标准产业化阶段，大量技术研发者和标准采用者与核心节点建立连接，$C_D(v_i)$大幅增加，核心节点的点度中心度大幅度增加；标准市场化阶段，标准产品或服务的生产商和提供商日益增多，随着标准专利的广泛采用和实施，大量节点与核心节点之间建立了连接，$C_D(v_i)$继续增加，核心节点的点度中心度继续增加。

上述规律对于标准化决策与管理的启示如下：第一，具有高点度中心度的节点是网络中最具资源整合能力、扩散能力和标准化网络控制力的节点，点度中心度可以作为网络核心节点识别与控制的重要依据；第二，随着标准化进程的深入，核心节点点度中心度日益提高，说明节点将开始获益，因此，即使在标准化初期没有收益甚至是产生损失（如将自己的专利免费许可给联盟成员），企业仍应尽早加入标准化网络中的小世界网络，占据结构洞，成为核心节点。一方面，通过建立重复联系和深度联系，可以降低自身专利活动的交易成本，因为小世界较短的平均路径意味着企业能够以平均较少的边连通到其他节点；另一方面，日益增高的点度中心度意味着企业将开始并持续获取标准收益，与此同时，政府也会对拥有高点度中心度的节点予以科技计划项目支持等政策扶持和补偿，以促进该类型节点加大资源共享力度和提高凝聚力。

3. 网络连接多样性增加

用l_{ij}表示节点i和j之间的连接，边的集合为$E=\{l_{ij}|i,j=1,2,3,\cdots\}(i\neq j)$。由于网络中节点间关系的强弱不同，连接节点的边的权重也不同，用w_{ij}表示边l_{ij}的权重，能够反映出节点i和j的关系强度大小。

在技术标准形成阶段，网络中的主要关系是创新主体间的合作研发关系或是少数主体间的专利共享关系，且多是强关系，此时节点间联系的类型和数量均较少，边的数量和类型较少，边的权重较高，网络连接较简单；在标准产业化阶段，产业链上下游各环节的企业加入标准化网络中，基于标准的专利研发和许可活动日益增多，节点间的关系类型增多，强关系和弱关系都存在，因此网络中边的数量和类型大幅增加，边的权重开始出现高低不等的现象；在标准市场化阶段，标准专利逐渐广泛应用与转化，越来越多的标准采用者通过许可使用标准专利与标准制定者建立联系，同时标准产品生产商和销售终端、服务提供商等厂商的合作也持续增加，因此网络中边的数量和类型不断增多，相对而言，网络中次强关系和弱关系显著增加，出现较低权重的边增多的现象，导致边权差异性显著，该阶段的网络连接最为丰富。

明确网络连接多样性规律的意义如下：一方面，节点的平均边权重越大，说明其对标准化网络的重要性越高，该节点对网络的影响是深层次的，为技术标准化网络重要节点的识别提供依据；另一方面，网络连接的多样性尤其是边权差异性大，决定了网络结构和关系的复杂性，随着标准化进程的深入，网络的复杂性增强，需要协调的关系和内容增多，其中，应重点加强高权重边（主要是专利主体间的关系）的管理，健全包括基于标准的专利认定与评价、专利定价、收益分配等标准化管理方法。

4. 网络异质性增加

在技术标准的形成阶段，技术标准化的活动主要是少数专利主体的专利共享及对外创新合作，使得网络中节点的分布呈现出一定的规律性和对称性，节点度分布较均匀，相邻节点间的差异较小，此时网络的异质性较低；随着标准产业化活动的开展并向市场化过渡，节点类型及其关系类型增多，各节点度的差异及各节点之间的差异增大，从而导致网络的异质性增大。

网络异质性变化规律对于标准化管理的作用在于：随着标准产业化和市场化进程的深入，网络异质性越来越高，意味着网络所蕴含的社会资本也越多，网络的资源整合能力加强，提供给节点的学习机会越多，节点接近和获取多样化资源的成本越低，网络的效率就越高，越有利于促进标准技术转化和新产品开发。因此，为了提高并保持高的异质性，加快标准的采用和实施，一方面，应加强异质性主体（主要是专利企业作为核心节点）的管理，促使其不断创新，增加新资源及新连接的可能性；另一方面，要积极促进核心节点与非核心节点、非核心节点之间不断建立新的连接，增加重复和非重复、连续和非连续、强和弱等多层次关系（包括合作研发、技术服务、专利许可、产业配套等），从而保持较高的网络异质性，提高技术标准化网络整体竞争优势（王珊珊等，2014c）。

第 3 章 开放式创新下的技术标准化模式及其选择

在传统的封闭式创新范式下,技术标准化主要由单个企业主导或少数企业强强联合主导,具有事实的封闭性。随着新一轮科技革命和产业变革的兴起,开放式创新日益成为创新的主流范式,世界各国的科技竞争进入开放共享的竞合时代,全球技术标准化呈现出更加开放和资源整合程度更高的多元化模式。

技术标准化是一项复杂的系统工程,尤其是在开放式创新时代,标准化涉及的要素更多、过程更为复杂,因此,选择适宜的标准化模式是高效开展标准化活动的前提。在借鉴相关研究成果的基础上,本章凝练并提出四类开放式创新下的技术标准化模式,并分析不同模式的优劣势和差异性,构建模式选择模型,旨在为我国产业技术标准化模式选择提供科学依据。

3.1 开放式创新下的技术标准化模式

3.1.1 主导企业技术标准化模式及其优劣势

主导企业技术标准化模式是具有强大技术优势或市场影响力的行业主导企业将其标准技术融入产品并被市场广泛接受,或使其技术标准或规范成为行业普遍采用的事实标准的技术标准化过程模式,如图 3-1 所示。

当主导企业的技术优势非常明显时,便可以将标准相关技术融入本企业产品,使用户普遍接受,形成强大的市场覆盖率和占有率,且当主导企业成为标准的定义者或先导者时,往往通过向其他企业(上下游企业,甚至是竞争企业)许可标准专利、提供产品核心部件等方式推广其技术标准,使其标准成为事实标准。在传统的封闭式创新下,主导企业技术标准化的终点一般是事实标准,往往

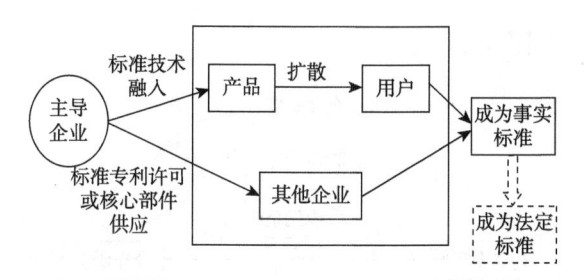

图 3-1 主导企业技术标准化模式

不申请为法定标准，具有封闭性；随着开放式创新时代的到来，主导企业可能面临标准的国际竞争需要或法定性增强趋势，进一步将标准申请为国际、国家或行业标准，虽然强调了开放性，但是单一主体主导的标准仍有可能具有事实的封闭性。

对于主导企业而言，该模式的优势在于主导企业作为标准主要专利持有者，可建立强大的专利围墙，实现技术封锁，通过挖掘专利的直接和间接价值，保持技术领先优势和市场份额。该模式的劣势在于：一方面，标准中的后发企业可能通过专利收购等措施获得部分专利进入标准，凭借专注和投入、学习和创新，实现赶超（任声策和宣国良，2007）；另一方面，在具有网络外部性的市场中，面对从属企业及其联盟等的联合反击行为，只有网络外部性较弱且主导企业的用户规模较大（也即主导企业占绝对主导地位）时，主导企业才会独占标准，当网络外部性较强或主导企业的用户基础优势较小时，主导企业面临强有力的竞争，则不得不选择全面或部分开放技术标准（翁轶丛等，2004）。例如，微软的文档格式标准，长期以来在全球办公软件市场上拥有着统治地位，正是因为大量用户使用微软的 Office，导致这一产品标准成为事实标准，具有较长时期的封闭性和垄断性；随着标准法定性增强趋势以及面临 ODF、UOF 等标准的竞争，微软申请的 OOXML 国际标准于 2008 年获得国际标准化组织通过，并承诺提高其开放性。从微软文档格式标准化进程可以看出，在开放式创新范式下，尤其是多个标准竞争时，主导企业更倾向使其技术标准成为法定标准和行业通用标准，并具有一定的开放性，而非独家垄断。

3.1.2 企业联盟技术标准化模式及其优劣势

企业联盟技术标准化模式是指两个或两个以上少数行业领先企业强强联合，以挑战竞争者或实现垄断为目的，通过合作研发、专利共享、资源整合等活动，产生新技术、新产品并实现其市场领先优势，对其他竞争性标准构成强有力威胁，或使联盟标准拥有全面的专利覆盖性，成为全行业所采用的事实标准的技标准化过程模式，如图 3-2 所示。

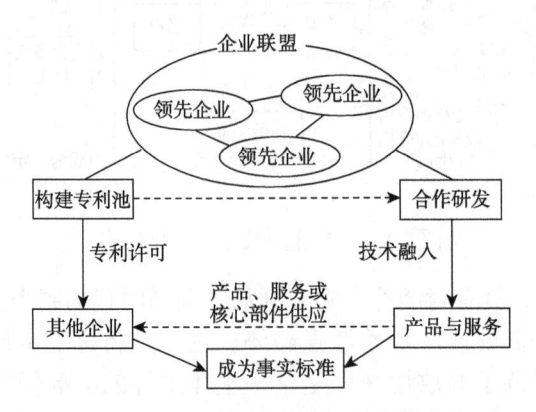

图 3-2　企业联盟技术标准化模式

　　参与联盟的企业通常是行业领先企业，有强大的技术优势和市场影响力，往往掌握本行业专利，但是任一联盟企业自身的专利尚不能完全支撑技术标准，而且在同一领域可能存在拥有技术标准话语权的强大竞争对手，因此，需要整合各方优势共同应对标准竞争，通过加快新技术和新产品的共同开发，形成新的技术标准，并为其他企业提供融入标准技术的产品、服务或核心部件；或者，联盟各方基于各自的专利技术构建专利池，在已有专利的基础上自行或联合开发新的技术和专利，当联盟拥有的专利形成了强大的专利覆盖时，其他企业难以越过联盟的专利或技术，则联盟可以向外部其他企业许可标准专利，使其技术标准成为行业普遍采用的事实标准，通常这种情况下会产生垄断。

　　基于技术标准的企业联盟的常见模式是专利池和专利联盟。联盟既可能是以构建专利池并开展专利许可为目的，如早期的 DVD 标准下 3C（飞利浦、索尼、先锋）和 6C（日立、松下、东芝、三菱电机、JVC、时代华纳）联盟，开展专利联合许可，具有较强的封闭性和垄断性（姚远和宋伟，2010）；也有可能是出于挑战或抑制领先者地位的目的，如在混合动力汽车领域，为了挑战丰田作为混合动力汽车标准定义者的地位，汽车业三大巨头通用汽车、戴姆勒·克莱斯勒与宝马组建联盟，在双模完全混合动力系统方面开展合作，共享各自在混合动力系统方面的技术、设备、零部件及其他资源。可见，与封闭式创新下的标准垄断或收取高额专利许可费不同，开放式创新下通过结成企业联盟来建设技术标准，更主要的是出于资源整合和竞争需要。

　　企业联盟可以集中大量专利，通过构建专利池和有效的专利运营，在标准专利许可方面具有极强的优势；然而企业联盟也存在一定的问题，即在联盟演进中可能存在策略性专利申请行为，将低价值或非必要专利纳入专利池，对其他企业高额许可，这种行为不符合专利许可规则，可能引发专利权滥用和垄断，受到反垄断规制（张米尔等，2012）。

3.1.3 产业联盟技术标准化模式及其优劣势

产业联盟和企业联盟不同，产业联盟往往采取标准先行的路径，即先确立标准，后不断开发专利并健全标准体系。产业联盟成员类型和数量众多，成员包括产业内大量优势企业、高校、科研院所和有关机构，几乎覆盖整个产业链，联盟成员通过合作研发、专利集成、专利许可、开发相关产品与服务等活动，共同推进技术标准化进程。产业联盟技术标准化模式如图 3-3 所示。

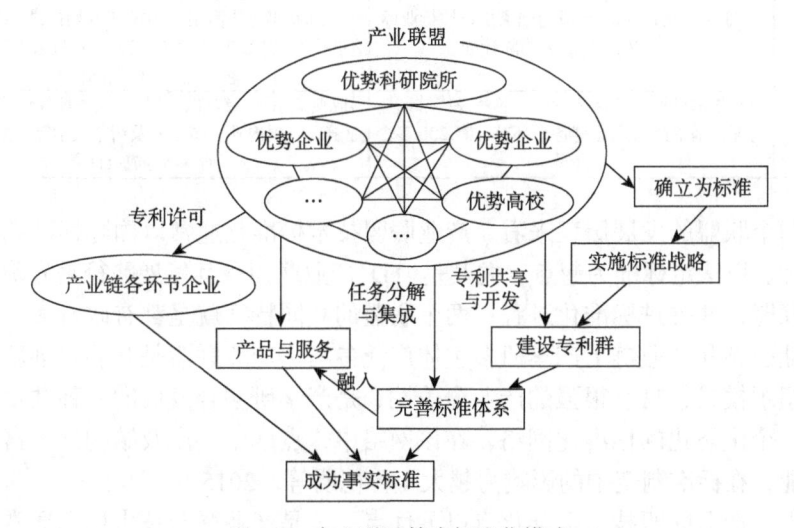

图 3-3 产业联盟技术标准化模式

产业联盟通常是首先确立标准（标准先行），即在标准尚不成熟的情况下先申请为国际或国家标准，或确立明确的标准化目标，通过实施标准化战略，不断吸纳成员加入标准专利群，形成包括技术基础、产品、方法、设备等在内的完善的标准体系，在相关产品与服务的开发过程中，不断融入标准技术，同时将其标准专利统一许可给产业链上下游各个环节的企业，使联盟的标准成为事实标准。一般而言，产业联盟技术标准的商业化进程滞后于标准研发，但是基于国家战略和国际竞争需要，往往先以法定标准在全球标准竞争中占据一席之地，然后通过联盟成员间专利集中许可或交叉许可、免费许可或有偿许可，不断开发新专利，以强大的专利群和有关规范、方案等支撑技术标准，随着产业链上下游各环节的企业纷纷加入与标准有关的产业创新活动中，采用技术标准的主体及标准相关的产品和服务越来越多，技术标准被广泛采用和实施，逐渐成为事实标准。

全球范围内以产业联盟为技术标准化载体的案例比比皆是，尤其以新一代信息技术产业为代表。以我国为例,将闪联产业联盟和 TD 产业联盟的发展进行对比,如表 3-1 所示。

表 3-1 闪联产业联盟和 TD 产业联盟的发展对比

对比项	闪联产业联盟	TD 产业联盟
发起者	在信息产业部支持下,由联想、TCL、康佳、海信等优势企业联合发起成立	在科技部和信息产业部等多部委支持下,电信科学技术研究院(大唐电信)、联想、中兴、华为等联合发起成立
目标	致力于信息设备资源共享协同服务(intelligent grouping and resource sharing, IGRS)标准的制定、推广和产业化	推进 TD 标准的研发、产业化、商用及后续演进
发展历程	2003 年组建;2005 年成为国家推荐性行业标准;2010 年成为国际标准	2000 年 TD-SCDMA 确立为国际标准;2002 年组建联盟;2009 年正式商用;2010 年开始推进 TD-SCDMA 演进技术 TD-LTE 的发展;2012 年 TD-LTE-Advanced 被确立为 4G 国际标准
成员	包括学术机构、网络运营商、芯片及终端制造商等,基本涵盖产业链各个环节,有 200 多个会员	形成覆盖系统、终端、芯片、仪表等各环节的完整产业链,有国内外众多企业及清华大学等优势高校和科研院所等成员百家

从两个联盟的发展历程来看,产业联盟技术标准化通常以国际标准和国际竞争为目标、以法定标准为起点,尤其是 TD 产业联盟,其发展路径是先确立标准后组建联盟,并推进标准化进程;两个联盟的共同特征就是都有政府大力推动、优势企业引领和产业链上产学研多主体广泛参与。产业联盟是开放式创新下的重要创新组织模式,具有很强的产业覆盖性,是产学研融合发展的一种共生行为,形成了一个生态化的标准化网络,在该网络中,点度中心度及结构洞丰富程度越高的企业,在标准制定中的影响力越大(曾德明等,2015)。

综上,产业联盟技术标准化有以下优点:一是产业联盟技术标准通常对一个国家具有重大影响或具有共性、基础性的标准,旨在建立具有自主知识产权的技术标准、规范产业行为、提升产业整体竞争力、参与国际标准竞争,因此,在联盟标准化过程中产业开放共享程度较高;二是产业联盟技术标准化一般遵循先产业化后市场化的路径,这与单个企业或企业联盟主要追求市场化和经济利益有显著的区别;三是产业联盟往往得到政府的大力支持。产业联盟的劣势在于:一是产业联盟技术标准有可能立足于国家战略先成为法定标准,后发展为事实标准,因此标准市场化进程可能落后于其他标准化模式;二是关系性知识产权的存在使得联盟成员间的合作存在较高风险(杨伟等,2013);三是由于成员众多,谈判协商过程较长,协调成本高,且存在信任和溢出风险。

3.1.4 技术标准化组织的标准化模式及其优劣势

标准化组织通常是一个由政府授权的非营利性中间组织,在技术标准化过程中以一系列规则协调和平衡各参与者的利益，审核或制定重大意义的标准，规定标准化的工作程序（姜红等，2010）。在开放式创新引发的跨区域和跨界融合趋势下，超越时空范畴的标准化组织越来越在标准化活动中发挥重要作用。标准化组织一般分为四个层次：①国际标准化组织负责标准全球化和各国利益协调，如国际电工委员会、国际电信联盟；②国家标准化组织代表国家利益开展标准化活动（苏俊斌，2008），如美国国家标准学会；③区域标准化组织组织协调某一地理区域的标准化活动，可能是某一国内的某一地区，也可能是跨国性的大区域，如欧洲电信标准协会；④行业标准化组织是制定和公布某业务领域标准的标准团体，如美国电气和电子工程师协会。除上述四个层次，本书认为行业细分下的专业性标准化组织日益成为更直接、更有效的标准化模式，如中国电器工业协会智能电网设备工作委员会。国际、国家、区域和行业标准化组织一般下设多个委员会（包括技术委员会、分委员会），专业性标准化组织通常是行业标准化组织下的一个技术委员会（如国际标准化组织——国际电工委员会下设的各技术委员会）。以国际专业性标准化组织为例，其技术标准化模式如图3-4所示。

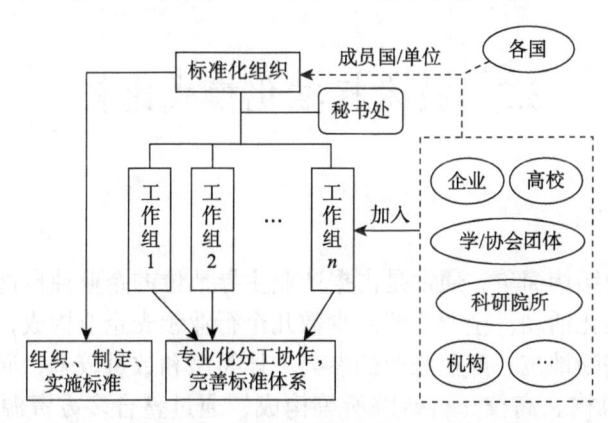

图3-4 国际专业性标准化组织技术标准化模式

专业性标准化组织通常下设秘书处及各工作组或项目组，各国或各组织是标准化组织的成员国或单位，有的标准化组织还包括行政管理机构、技术机构、用户研究机构等机构，制造商、运营商、服务提供商等企业，专业学会和协会团体及高校等各类组织。标准化组织作为技术标准化活动的组织者，推进技术标准的制定与实施；各工作组在标准化组织的提议和领导下，在各自分工领域内进行相关标准的开发，最终整合形成完善的标准体系。例如，在全球平板显示技术标准化方面，IEC/TC110技术委员会是国际电工委员会中负责开展平板显示器件技术标准化的技术委员会，委员会下设多个工作组、项目组，包括日本、韩国、中国、美国等在平板显示领域拥有专利和技术优势及市场前景的成员国积极参与；

我国平板显示器件标准化工作主要由平板显示技术标准工作组组织开展，工作组下设备专业分组，海尔电子、海信、大唐电信、南京大学等众多企业、高校和科研院所等都是工作组成员，共同致力于加快我国平板显示国家标准和行业标准的制定和完善。

标准化组织与产业联盟两种模式有相似之处，如产业联盟往往设立标准化工作组，标准化工作组与标准化组织具有相似的组织运作特征，但是标准化组织涉及面更广，可能涉及多个国家及多个领域的多个标准，且往往与国家行政力量密切相关，而产业联盟的技术标准往往是针对某一领域的特定标准。

综上，在开放式创新范式下，技术标准化组织的优势是能够吸纳各国、各创新主体积极参与，有利于提供集体决策平台、问题解决方案及知识产权交叉使用方法，协调国与国、企业与企业、消费者和政府等各方之间的利益，解决标准竞争的低效率问题；然而其技术标准化过程也是各国、各地区、各创新主体在合作与竞争中的博弈和实现利益均衡的过程，因此标准化组织应该承担监督、协调等职能和反垄断法律责任（林欧，2015）。

3.2　技术标准化模式比较

1. 主体构成

主导企业的结构简单，通常是占据产业主导地位的企业独自进行技术研发，并完成全部标准化活动；企业联盟由少数几个行业领先企业构成，旨在强强联合进而形成标准垄断地位；产业联盟的参与主体类型和数量较多，通常是由产业链各环节企业、机构、高校、科研院所等构成，通过整合多方资源尤其是共享专利，加速产业技术标准化进程，具有显著的产业创新目标导向；标准化组织结构较复杂，尤其是国际性的标准化组织，经常涉及多个国家和吸纳多种产学研等资源，并设立工作组或委员会，其对产业技术标准化活动的指导、协调和规范化等作用较突出。

2. 标准垄断性

主导企业的标准垄断性很强，主导企业往往独占技术标准相关技术和专利，可凭借技术标准实现技术和市场的垄断；企业联盟的标准垄断性较强，与主导企业相比，企业联盟通过强强联合构建起强大的技术壁垒，获取优势竞争地位；产业联盟的标准垄断性较弱，产业链上、中、下游有关主体均参与标准建设，且标准专利由联盟内多个主体拥有或共享,技术标准化不以获取垄断利润为目标,而是致力于提升本国产业创新能力和自主标准竞争力;标准化组织的标准垄断性最弱,标准化组织审核、制定技术标准不以竞争为目的,而是在促进标准化相关主体的利益协调、规范行业市场方面发挥重要作用。

3. 政府作用

对于主导企业和企业联盟,政府很少参与其技术标准化活动,且支持力度小,但是为了防止标准垄断,政府会监督、防范和治理其标准滥用行为;产业联盟模式中,从本国产业竞争力和国家战略导向出发,政府会对产业联盟技术标准化进行引导和扶持,政策支持力度非常高,同时为了实现标准化资源的有效整合,政府还往往充当协调者的作用,协调各方利益以共同实现产业技术标准化目标,而且必要时政府会对市场进行合理化干预;标准化组织制定的标准对全球、区域、国家、行业发展都具有重要作用,国家行政力量会参与标准化组织的标准制定与推广工作,政府行政干预及指导、监督作用力较强。

四种模式的比较分析,如表 3-2 所示。

表 3-2　四种模式的比较分析

模式	主体构成	标准垄断性	政府作用
主导企业	单个主导企业	很强,主导企业占据垄断地位	很弱,基本不参与
企业联盟	少数几个行业领先企业	较强,联盟获取标准竞争优势	很弱,基本不参与
产业联盟	涉及产业链各环节,包括企业、高校、科研院所等	较强,以提升本国产业创新能力和自主标准竞争力为目标	较强,政策引导和支持作用突出
标准化组织	涉及时空范围广,可能包括多个国家和地区的众多主体	最弱,在协调各方利益关系和规范市场方面发挥作用	较强,政府行政干预及指导、监督作用突出

在上述四种模式中,产业联盟和标准化组织是开放式创新和新一轮科技革命下各国参与国际标准竞争的两种重要模式,两者都有平台的属性,即通过打造一个平台,汇集和集成资源并创造价值,形成新的资源(主要是标准技术和市场),实现技术标准化的生态循环。其中,又以产业联盟模式最为重要,产业联盟是依托重点创新主体实现聚合创新的有效方式,有利于围绕核心技术整合资源快速形成突破性技术创新成果,从而加速产业技术标准化进程。

3.3　技术标准化模式选择

开放式创新下的技术标准化,其实质是对标准化资源的融合与集成,目标是以更少的资源投入和更快的速度,形成完善的标准体系和更强的标准竞争力。但对于不同的技术标准,其标准性质、标准化资源分布及市场成熟度不同,所处的国际国内竞争环境也不同,因此适用的技术标准化模式也有所不同。

3.3.1 模式选择影响因素

1. 标准的公共属性

标准的公共属性是指标准具有公共产品非竞争的属性,强调标准对行业的适用性。标准的公共属性越弱,说明标准的私人产品排他性越强;标准的公共属性越强,说明标准对一国乃至全球产业发展具有越重要的作用,政府介入或参与的程度越高。

2. 标准构成要素

标准构成要素是指构成技术标准的相关要素,包括基础技术、配套技术、产品、工艺、检测试验方法等分解标准,它们之间是相互关联、相互支撑的。一项技术标准的构成要素越少,参与主体和所需资源越少;标准的构成要素越多,说明标准及其应用的复杂性和融合性越高,标准的可分解性越强,标准化活动涉及的产业链越长,可能覆盖产业链上、中、下游各环节,因此越需要大量成员的参与。

3. 标准必要专利集中度

标准必要专利集中度是指产业内前几家技术领先企业持有的标准必要专利数占标准必要专利总数的百分比。集中度低,说明必要专利分散在多个企业手中;集中度高,说明必要专利集中在一个或少数几个企业手中。

3.3.2 模式选择模型

基于以上影响因素,确定标准化模式选择的三个维度,即标准构成要素、必要专利集中度和公共属性,设计技术标准化模式选择模型,如图 3-5 所示。

在技术标准化模式选择模型中,x 轴代表标准构成要素由少到多,y 轴代表标准必要专利集中度由低到高,z 轴代表标准公共属性由弱到强。在 x 轴、y 轴和 z 轴确定的三维空间中,有 27 个状态空间,代表 27 种状态(图 3-5)。表 3-3 示意性地给出了图 3-5 中三个典型的状态空间及不常见状态空间分别适宜采取的技术标准化模式。

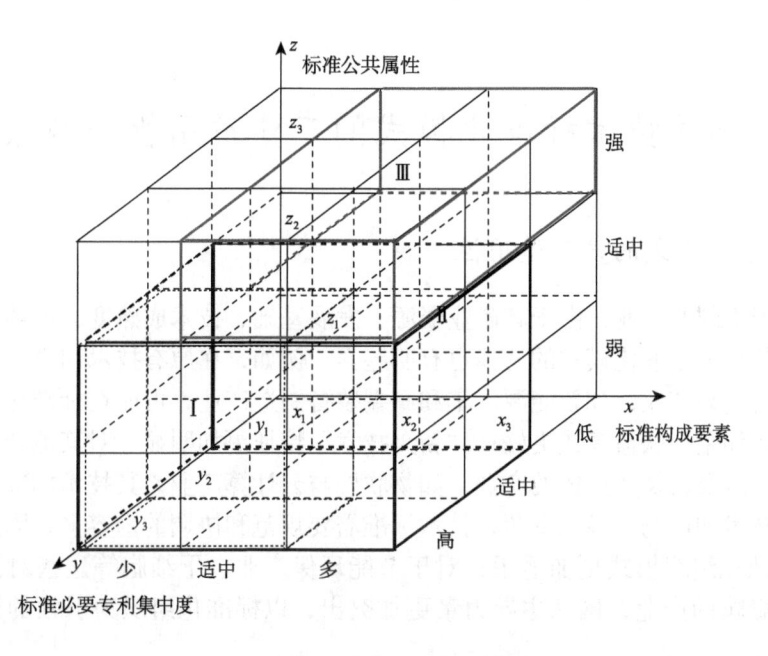

图 3-5 技术标准化模式选择模型

表 3-3 技术标准化模式选择表

状态空间		状态特征	适用模式	说明
I	$x_1y_3z_1$, $x_2y_3z_1$, $x_1y_3z_2$, $x_2y_3z_2$	标准构成要素不多，标准必要专利集中度很高，标准的公共属性不强	主导企业或企业联盟	主导企业或企业联盟技术标准易形成垄断，但在开放式创新范式下，其开放性和兼容性提高，对本国产业的领导力较强
II	$x_3y_3z_1$, $x_3y_3z_2$, $x_3y_2z_2$, $x_3y_2z_2$, $x_2y_2z_1$, $x_2y_2z_2$, $x_1y_2z_1$, $x_1y_2z_2$	标准必要专利集中度较高，标准的公共属性不强	企业联盟	
III	$x_3y_1z_3$, $x_3y_2z_3$, $x_3y_3z_3$, $x_2y_1z_3$, $x_2y_2z_3$, $x_2y_3z_3$	标准构成要素较多，标准的公共属性较强	产业联盟或标准化组织	通常标准必要专利集中度较低；当标准必要专利集中度非常高时，是以专利优势企业为核心组建产业联盟；标准化组织可能与其他模式同时存在
不常见状态空间		$x_1y_1z_3$ / $x_2y_1z_3$ / $x_3y_1z_3$，可采用产业联盟或标准化组织；$x_1y_1z_2$ / $x_2y_1z_2$ / $x_3y_1z_2$，可采用企业联盟或产业联盟；$x_1y_1z_1$ / $x_2y_1z_1$ / $x_3y_1z_1$，可采用主导企业或企业联盟		

需要指出的是，四种技术标准化模式之间也存在一定的联系，有的产业联盟也是产业技术标准工作组，发挥标准化组织的作用；有的产业联盟内部也存在企业联盟；有的标准化组织，吸纳产业联盟、企业联盟、主导企业参与开展标准化活动，即标准化组织可能与其他模式同时存在。

3.4 不同技术标准化模式的产业适用性与政策启示

1. 不同模式的产业适用性

对于不同的产业，由于其产业资源、发展基础、技术成熟度、市场环境各不相同，其技术标准化模式的选择也有所差异。例如，在原有技术和产业基础上发展起来的新兴产业，如新能源汽车和高端装备制造产业，可能在标准化初期选择主导企业和企业联盟模式更好；"新兴技术"特征更加明显、对其他产业渗透力非常强、涉及较长产业链的产业，如物联网与云计算产业，其技术标准化活动需要整合技术和市场等各类资源，技术标准需要规范和协调的内容多，因而产业联盟和标准化组织模式更加适用；对于节能环保产业、干细胞等这些对国计民生有重要影响的产业，国家主导力量更加突出，以标准化组织为引领的模式更加适用。

2. 不同模式的政策启示

在开放式创新范式下，即使是具有相对封闭性质的主导企业和企业联盟运作的技术标准，也应强调其对产业的引领性和扩散性。无论是何种模式，政府都要对其加以有效的引导、支持和规范，但是政府对不同模式的技术标准化活动发挥的政府职能和效力不同。例如，对于主导企业和企业联盟两种模式，政府应加强监管、避免垄断和适度支持，具体包括加强知识产权规范和反垄断制度建设，给予自由探索类项目和后补助支持，引导标准扩散等；对于产业联盟和标准化组织两种模式，政府应加强产业主体协同和资源整合，保证标准专利体系的完整性和产业链条的健全性，给予重大或专项项目重点支持，尤其是产业联盟模式，由于涉及主体和专利数量众多，需要协调的专利关系众多，应该加强对产业联盟技术标准化的管理（王珊珊等，2016a）。

3.5 我国干细胞产业技术标准化模式设计

生物产业是 21 世纪世界各国重点发展的新兴产业之一，而在生物医药领域，干细胞成为最热门和最具广阔发展前景的领域。1968 年，全球第一例骨髓移植手术在法国获得成功，成为干细胞产业的发端。此后，干细胞研究及其应用得到快速发展。美国、英国、日本等发达国家高度重视,纷纷将干细胞产业列为本国优先发展的新兴产业,并采取法律法规、税收优惠、专利战略、资本运作等政策手段,有效地推动了干细胞技术瓶颈的不断突破和产业蓬勃发展。虽然在干细胞产业发展过程中存在一定的伦理道德争议,但是随着相关法律法规的健全及伦理障碍的突破,干细胞产业呈现规模化和深度发展趋势,正在深刻地改变人们的生活。

我国干细胞产业起步较晚,虽然在部分领域几乎与世界同步甚至走在世界前列,但是在干细胞产业规模及管理规范方面与发达国家相差甚远。随着全球干细胞技术的快速发展以及人们对干细胞医疗的需求不断增加,我国干细胞产业发展开始进入规模化和产业化发展的关键时期,然而,目前我国尚未建立起符合国际法律法规和标准并适合我国干细胞临床研究和应用的技术标准体系。由于干细胞产业未建立严格的技术标准,干细胞产业发展呈现出行业门槛低、无章可循、一哄而上、重复建设、恶性竞争、缺乏质量保障、事故频出的局面。例如,在干细胞库建设方面,在北京、上海、广州、山东、河南等地建立了数量众多的干细胞库,没有实力的小型企业以及缺乏严格的技术和质量控制体系的企业纷纷加入干细胞行列。虽然我国于2012年1月6日印发了《关于开展干细胞临床研究和应用自查自纠工作的通知》,提出抓紧研究并提出制度性文件草案和相关技术标准、规范,但迄今为止,我国只对用于非血缘异基因移植的脐带血造血干细胞的储存及应用形成了一些管理规范,包括脐血库设置、审批、许可、采集等制度和管理规定;另外,我国于2013年3月发布的《干细胞制剂质量控制及临床前研究指导原则(试行)(征求意见稿)》,也仅仅是提出了适用于各类可能应用到临床的干细胞(除已有规定的造血干细胞移植外)在制备和临床前研究阶段的基本原则,由于指导原则与法律法规和技术标准相比,在执行力和统一性方面的作用非常有限,还难以为我国干细胞产业的规模化和规范化发展提供强有力的支持。因此,我国亟须加快干细胞研发与应用的标准化进程,只有在完善的法律法规及技术标准规范下,干细胞库的建设以及干细胞医疗和产品开发才能取得巨大突破,从而推动整个干细胞产业健康、有序发展。

3.5.1 干细胞产业特点及其技术标准构成

1. 干细胞产业特点

干细胞产业是一类特殊的新兴产业,属于新兴技术和新兴市场相结合的产业,是全球各国生物医学领域的热点,其发展具有以下特点。

1）干细胞来源广泛，应用前景广阔

干细胞来源广泛，用于细胞治疗的干细胞主要包括成体干细胞、胚胎干细胞及诱导的多能性干细胞；干细胞治疗的疾病类型多样，包括神经系统、免疫系统、心血管和血液系统等各类疾病，但目前仅在造血干细胞移植治疗白血病方面比较成熟，未来干细胞的临床转化应用有望涵盖众多疑难病症，有极其广阔的应用前景（国家卫生计生委办公厅和食品药品监管总局办公厅，2015；张晓松，2013）。尽管目前仍然是潜在的市场需求，但随着全社会消费能力的提升，干细胞产业未来的市场空间巨大。

2）干细胞制备技术和治疗方案具有多样性、复杂性和特殊性

干细胞制剂不同于一般的生物制品，它是一类具有生物学效应的活细胞，所有干细胞制剂都可遵循一个共同的研发过程，即从干细胞制剂的制备、体外实验、动物体内实验，到植入人体的临床研究及临床治疗的过程，属于高技术密集型活动。其中，干细胞制剂的制备通常要经过筛选、采集、细胞分离、检测、制剂化、保存和运输等多个环节，任一环节的操作失误都会导致细胞活性异常，诱发医疗事故，甚至危及患者生命安全。可见，由于涉及的技术和解决方案复杂多样，研发周期长，在干细胞制剂研发过程的每一阶段，都必须对所使用的干细胞制剂在细胞质量、安全性和生物学效应方面进行相关的研究和质量控制（国家卫生计生委办公厅和食品药品监管总局办公厅，2015；张晓松，2013）。

3）干细胞产业健康有序发展有赖于完善的技术标准和规范

进入21世纪，美、日等发达国家纷纷从严禁政策转向支持干细胞研究及其临床试验，与此同时，加强政府监管和规范指导，在不断完善相关法律法规的基础上，针对不同的干细胞制品先后发布了有关技术指导标准。行业协会在干细胞产业规范化发展中也发挥了重要作用，通过制定严格的技术标准并提供技术辅导，引导从业机构进行技术管理体系的标准化建设，极大地促进了发达国家干细胞产业的快速发展。在我国，随着干细胞产业前景日渐明朗，众多企业、高校、研究机构和医院纷纷涉足干细胞领域，在推动干细胞产业发展方面发挥了重要作用。但是，由于产业监管和技术标准体系建设不到位，目前我国的干细胞产业发展格局仍然较混乱，存在各干细胞库技术水平参差不齐、细胞存储质量缺乏保证、临床应用水平不高、商业治疗乱象丛生等现象，而且不同主体的研究试验结果及治疗过程和方法很难具有一致性、可比性和可重复性。为了规范干细胞的制备、临床试验与治疗行为，提高我国干细胞产业发展水平及其国际竞争力，有必要尽快建立干细胞产业技术标准和操作规程（张晓松，2013）。

2. 干细胞产业技术标准构成

干细胞产业技术标准是一个标准体系，涵盖指导干细胞获取、制备到最终产

品生产及医院治疗全过程活动的各类标准。参照国际干细胞研究学会发布的《干细胞临床转化指南》、美国食品药品监督管理局关于细胞治疗的相关标准和管理规范以及我国《干细胞制剂质量控制及临床前研究指导原则（试行）（征求意见稿）》，从干细胞产业链条出发，提出干细胞产业技术标准的构成，如表3-4所示。

表3-4 干细胞产业技术标准的构成

产业环节	技术标准的内容	技术标准的适用机构	技术标准的作用
获取	供者筛查标准	干细胞采集或研发机构，包括医院、干细胞实验室、干细胞库、研发与生产企业等	保证来源的安全性和可追溯性
制备	采集、筛选、测试、扩增、储存、运输、标记、包装和分发标准，以及全过程制备工艺标准和制剂质量检验标准	干细胞采集、研发、生产及其相关设备生产机构，包括医院、干细胞实验室、干细胞库、研发与生产企业、设备生产商、辅料包装等材料生产商	为干细胞采集、储存、产品生产、设备生产、检验、包装等提供参照依据，保证干细胞制剂的质量可控性、安全性和生物学特性
临床前	安全性和有效性标准	细胞及基因治疗产品的研发机构、医院等	指导细胞及基因治疗产品开展临床前研究，为治疗方案的安全性和有效性提供支持和依据
临床	临床准入标准、临床试验和应用标准、产品质量和安全标准	研发和生产企业、医院等	指导临床应用，确保临床治疗的安全性

干细胞产业技术标准的内容应覆盖干细胞产业发展的源头到终端的整个产业链环节，对干细胞获取、制备、临床前和临床不同阶段产业链建设提出基本要求和规范，而且针对不同产业环节，技术标准的主要适用机构和发挥作用也有所不同，从而保证干细胞产业化全过程的规范性和安全性。

另外，表3-4只是示意性地给出部分标准，具体到各个环节相关的技术标准，如果细化到不同的功能载体，相关的技术标准有很多。例如，针对干细胞实验室和存储库，有关标准可能涉及"干细胞实验室建设标准""干细胞库建设标准"等。

3.5.2 干细胞产业技术标准化的主体及模式

干细胞产业技术标准化是指干细胞产业技术标准建立与推广应用的活动过程。我国与世界发达国家在干细胞产业技术标准化程度上相差甚远，为了抢占未来全球干细胞产业研究与发展的制高点，我国只有加强政府引导和监管，尽快健全相关法律法规和制度规范，并采取适宜的干细胞产业技术标准化模式，才能大力推进我国干细胞产业健康有序发展。

1. 干细胞产业技术标准化涉及的主体及其职能

干细胞产业技术标准化过程涉及的主体类型及数量众多，包括企业、医疗机构、高校、科研院所、工程技术研究中心、政府、标准化委员会、行业协会和学会等，表3-5列举了干细胞产业技术标准化涉及的不同类型主体及其职能。

表3-5 干细胞产业技术标准化涉及的不同类型主体及其职能

视角	涉及主体	主体职能	典型举例
主体类型	企业	标准技术的研发、实施	中源协和、北科生物、汉氏联合
	医疗机构	标准技术的研发、临床应用	北京海军总医院、北京武警总医院
	高校	标准技术研发	北京大学、浙江大学、上海交通大学
	科研院所	标准技术研发和中试	中国医学科学院、中国人民解放军军事医学科学院
	工程技术研究中心	标准技术和产品研发与中试，应用基础研究和临床试验	国家干细胞工程技术研究中心（天津）、人类干细胞国家工程研究中心（长沙）、国家干细胞工程技术研究中心上海医学转化基地
	政府	制定标准化战略和政策，发布和推行标准，对标准化活动进行监管，促进标准采用和实施	国家及各地方政府
	标准化委员会、行业协会和学会	发布指南，提供指导和服务，协调和制定技术标准，参与标准编制和审查，宣传标准	国家标准化管理委员会、中国细胞生物学学会干细胞生物学分会、中华医学会医学工程学分会（干细胞工程专业委员会）、浙江省细胞生物学学会

2. 干细胞产业技术标准化模式及要素

干细胞产业技术标准化是一项多主体参与、多要素整合的复杂系统工程，其技术标准化模式如图3-6所示。

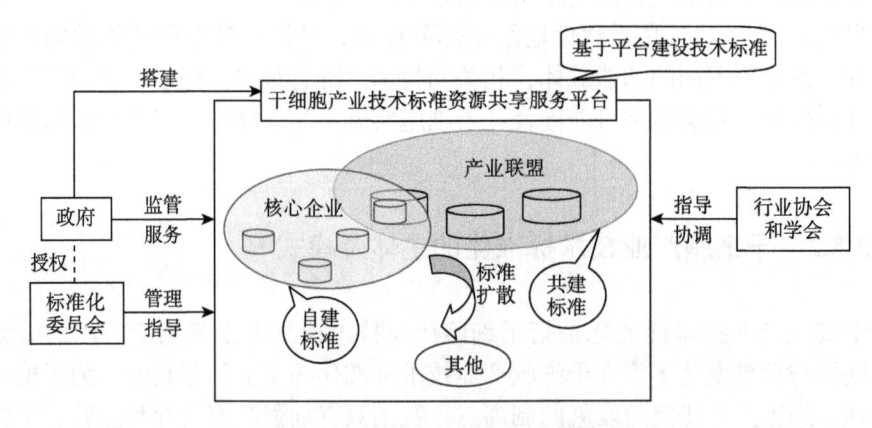

图3-6 干细胞产业技术标准化模式

干细胞产业技术标准化模式可归纳如下：以技术标准资源共享服务平台为标准化活动平台，以产业联盟和核心企业为主要组织形态，以政府、标准化委员会、行业协会和学会为监管、协调与服务主体的技术标准建立与推广应用的模式。从干细胞产业技术标准化的主体来看，应以具有实力的核心企业、医院、优势高校和科研院所为标准技术研发和实施的主体，同时，政府、标准化委员会、行业协会和学会作为完善和推行标准体系的主体，发挥引导、协调、监管和服务等支持作用；另外，从干细胞产业技术标准化的资源整合和服务需求来看，技术标准的形成与推广需要有效的平台支撑，政府需要搭建干细胞产业技术标准资源共享服务平台，以技术标准资源共享服务平台为载体来促进技术标准的形成和推广，所有的标准技术研发和实施主体都通过该平台参与标准化活动。

1）产业联盟与核心企业

在开放式创新时代，企业的创新源不仅来自企业自身，更多来自外部与之相关联的主体。现代企业的边界变得越来越模糊，仅仅依靠个别企业建设技术标准，不是干细胞产业技术标准体系建设的最佳选择，而且，如果仅是由少数核心企业来建设技术标准，那么只有少数制定标准的企业受益；而基于产业联盟建设技术标准，则有利于统一的、公益性标准的形成，并使产业多数主体受益。因此，干细胞产业技术标准化应重点以产业联盟（如国家干细胞与再生医学产业技术创新战略联盟、华夏干细胞产业技术创新战略联盟）及联盟网络（多个联盟协同网络）为主要形式，由企业、医院、高校和科研院所各方联合共建技术标准，形成包含系列标准的技术标准体系。拥有干细胞关键资源的核心企业可自行建设技术标准，其标准建设重点是基础技术、产品和工艺等标准，核心企业也可能成为产业联盟中的一员。产业联盟和核心企业向其他主体（主要是企业和医院等）扩散技术标准，实现技术标准的广泛推广应用。

2）政府、标准化委员会、行业协会和学会

虽然干细胞在特定领域的治疗为患者带来了巨大的价值，然而全球干细胞产业发展仍需要加强立法和规范（Sipp，2010）。鉴于干细胞产业的特殊性，其发展应属于国家监管与服务的重点，因此，借鉴美国等发达国家的先进经验，政府、标准化委员会、行业协会和学会应各司其职，互为补充，直接或间接参与干细胞产业技术标准化活动，形成干细胞产业技术标准化的监管与指导模式：①政府应针对不同的产业环节和不同的干细胞制品，制定、发布和执行干细胞技术、产品、治疗、设施设备、培养条件和方法等方面的法律、法规、指导原则和管理办法，从而完善相关的技术标准；②标准化委员会由政府授权负责技术标准化管理工作，参与相关法律法规和办法的制定，并负责制定与完善干细胞产业技术标准，代表我国参与国际干细胞产业技术标准化活动，在干细胞产业技术标准的推广应用中发挥指导作用；③行业协会和学会跟踪研究干细胞产业相关技术及有关标准的发展与应用动态，参与或组织、推动制定干细胞产业技术标准，引导从业机构的标准化建设，为其提供技术指导，加强沟通与协调，促进技术标准的推广与应用。

3）干细胞产业技术标准资源共享服务平台

世界各国政府一致认为，平台是降低成本、促进创新最有效的方式，可以将各类公共机构、企业、高校、政府资源及其他社会资源等进行有效集成（Janssen and Estevez，2013）。如果干细胞产业技术标准化活动能够依托一个平台，则会促进各类主体的交流与合作，提高资源整合效率，加快技术标准的形成与扩散，使产业整体受益。因此，应建立干细胞产业技术标准资源共享服务平台，提供从研发、检测、测试到中试及产业化整个创新环节和技术标准化链条的全方位服务，为干细胞产业技术标准化提供系统化、网络化、集成化服务支持（王宏起等，2013a）。该平台有利于加快推广实施干细胞产业技术标准，降低各主体交易的成本以及政府服务和监督的成本（王珊珊等，2014d）。

3.5.3 干细胞产业技术标准化策略

为了加快推进我国干细胞产业技术标准化进程，提高其技术标准化水平，与国际接轨，应采取一系列策略和措施来加快干细胞产业技术标准的形成与推广。

1）建立干细胞产业技术标准化专门管理机构

在干细胞产业技术标准化方面，技术标准化管理及其责任主体需要进一步明确，因此，应建立健全干细胞技术标准委员会，委员会应由行政管理人员、学术专家、行业重点企业人员构成。委员会的职责如下：跟踪国际干细胞发展动态与政策法规，科学规划和总体设计干细胞产业技术标准化战略与有关制度规范，负责我国干细胞技术标准和相关技术规范、管理规范的研究、制定与发布、实施工作。

2）制定与实施干细胞产业技术标准化战略

干细胞产业的蓬勃发展有赖于技术标准战略的实施，目前我国干细胞产业发展正处于起步期，干细胞相关技术及产业化发展均不成熟，亟须建立技术标准来规范产业行为、指导产业技术创新。随着我国干细胞产业即将步入快速成长期，应根据我国干细胞产业发展需求及其与国外的差距和自身存在的问题，制定各阶段干细胞产业技术标准化战略，明确干细胞产业技术标准化的目标、重点任务及政策措施，为干细胞产业技术标准体系（含有系列标准的标准体系包括基础技术标准、产品标准、工艺标准、检验和试验方法标准、设备标准等）的构建与完善及其知识产权发展指明方向，促进干细胞产业规范发展。

3）支持干细胞产业联盟协同创新

干细胞产业技术标准化活动应充分整合产业优势资源，即联合优势企业、医院、高校和科研院所等创新主体及其他部门和机构，在不同的干细胞产业细分领域，组建若干个产业联盟，以形成和推广应用技术标准为导向，通过开展协同创新，实现知识产权共享，不断突破产业发展所需的核心技术、工艺和方法等，形成良好的技术规范，从而建立和完善干细胞产业技术标准体系，并通过向整个产业辐射实现技术标准的扩散，加速基于技术标准的产业化。

4）建设干细胞产业技术标准资源共享服务平台

干细胞产业技术标准化活动需要借助平台来实现需求集成和资源集成，平台应具备以下功能：国际国内标准文献和法律法规发布、国际技术壁垒及其预警、资源（知识产权、仪器设备、人才和团队）共享服务、供求信息与对接、标准化服务（标准信息咨询、标准查新、标准申请、系列标准整合与标准体系建设、标准推广应用、标准化技术与管理培训）等（王珊珊等，2014d）。

第 4 章　技术标准化评价与政策

技术标准化评价涉及多个层面：一是国家和区域技术标准化层面；二是产业和产业联盟技术标准化层面；三是企业技术标准化层面。在国家和区域技术标准化层面，主要关注技术标准的层次（国际、国家、行业等）、标准体系的健全度和实施程度；在企业技术标准化层面，主要考虑是否成为事实标准；在产业和产业联盟技术标准化层面，技术标准化评价要考察的因素较多，且更具有指导和参考意义。因此重点以产业和产业联盟为例，分析技术标准化能力的构成、评价维度并设计评价规则。政府在技术标准化过程中有其特定的功能角色，政府政策也要充分结合技术标准化的能力维度和水平，以及技术标准化的不同阶段，发挥引导和支持的作用。

4.1　产业/产业联盟技术标准化能力构成与评价

通过对产业/产业联盟技术标准化能力的维度分析与评价，可以找出技术标准化能力的优势与不足，明确能力培育与提升的方向，为产业及产业联盟技术标准化活动的管理和能力建设提供科学的依据。

4.1.1　产业/产业联盟技术标准化与企业技术标准化的对比

产业/产业联盟技术标准化与企业技术标准化有一定的联系和区别，两者的联系体现在：产业/产业联盟技术标准化由参与其中的大量企业技术标准化活动构成，虽然由单个企业或少数企业联合的企业技术标准化最终结果是其标准可能成为产业技术标准，如微软的 Windows 成为全球 PC（personal computer，个人计算机）产业操作系统领域的事实标准，但其标准化的性质仍是企业技术标准化而非产业技术标准化；产业/产业联盟技术标准化与企业技术标准化的差异性则体现在标准化参与者、标准化过程、标准化动机、利益目标等多个方面，如表4-1所示。

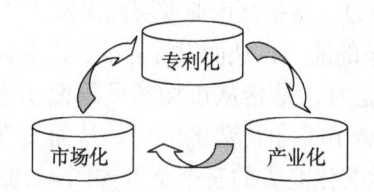

表4-1 产业/产业联盟技术标准化与企业技术标准化的差异性

差异方面	产业/产业联盟技术标准化	企业技术标准化
标准化参与者	大量企业、优势高校和科研院所等	单个企业或少数企业联盟
标准化过程	专利化、产业化、市场化	专利化、产品化、市场化
标准化动机	通过合作创新提升产业创新能力，规范竞争秩序	构建技术壁垒，获取垄断利润
利益目标	以产业公共利益最大化为核心，实现各参与主体利益均衡	以获取私人利益为核心，产业带动作用有限

与企业技术标准化相比，产业/产业联盟技术标准化具有如下特征。

（1）从标准化参与者来看，企业技术标准化活动由单个企业或少数企业联盟来完成；而在产业/产业联盟技术标准化过程中，通常是在政府引导与扶持下，集聚产业大部分企业、优势高校和科研院所等产业创新资源，来共同完成技术标准化这样一项复杂的系统工程，并且通常以产业联盟作为产业技术标准化活动的重要载体，围绕联盟形成标准产业链，推进标准化进程。

（2）从标准化过程来看，由于追求个体经济利益最大化，企业技术标准化通常包括专利化、产品化和市场化，较少涉及产业化活动（很少发挥产业辐射作用和形成产业链条）；而产业/产业联盟技术标准化活动包括专利化、产业化和市场化，如图4-1所示。

图4-1 产业/产业联盟技术标准化过程

专利化是将技术权利化为专利的过程。在产业化阶段，围绕核心企业，产业内的企业、高校和有关机构等主体共同参与建设和采用标准，完善标准实施的基础条件及其产业链条。市场化则是在激烈的全球标准竞争中推广实施本国标准并形成本国标准的市场规模和竞争力。在产业/产业联盟技术标准化过程中，专利化、产业化和市场化三类活动不是孤立和依次推进的，而是存在相互联系、部分包含和同步上升的关系的。产业/产业联盟技术标准化活动一般始于标准的专利化，然后再进行标准的产业化和市场化活动。其中，产业化和市场化可能同步，也可能市场化落后于产业化，这取决于标准产业链条建设和市场成熟度是否同步。另外，在产业化和市场化的过程中，专利化水平也在不断提升（王珊珊等，2012）。

（3）从标准化动机来看，虽然企业技术标准化和产业/产业联盟技术标准化都以提升标准竞争力和获取经济利益为追求,但企业技术标准化活动多是基于个体竞争需要,通过构筑技术壁垒来获取垄断利润;而产业/产业联盟技术标准化活动源于国家自主创新与全球产业竞争需要,通常在政府的引导和支持下,通过集聚产业创新资源、打造标准产业链,来提升本国产业自主创新能力和规范市场竞争秩序。

(4)从标准化利益目标来看,企业技术标准化以获取私人利益为核心,在这种情况下,其对产业整体发展与创新能力的提升作用非常有限;而产业/产业联盟技术标准化则以产业公共利益最大化为核心,同时保证各参与主体的利益均衡,从而有利于带动产业整体发展。

4.1.2 产业/产业联盟技术标准化能力的结构维度

从产业/产业联盟技术标准的特征及技术标准化的完整过程出发制定技术标准并不是技术标准化的主要目的,形成标准的产业波及效应和提高标准的市场化水平才是技术标准化的最终目标,这也是一国产业技术标准国际竞争力的重要体现。产业/产业联盟技术标准化能力应由标准的专利化能力、产业化能力和市场化能力三个方面构成(王珊珊等,2013)。

(1)标准的专利化能力,是指从技术层面出发,将标准相关技术权利化为专利并持续创造专利的能力,从而保证标准专利体系的完善性和持续更新。

(2)标准的产业化能力,是指从产业链层面出发,产业内各主体参与标准建设并形成完善的标准产业链条的能力,从而发挥标准的产业应用和示范带动作用。

(3)标准的市场化能力,是指从市场拓展层面出发,在激烈的全球同类标准竞争中形成标准市场规模和竞争优势的能力,从而实现标准的商业价值。

产业/产业联盟技术标准化能力的三个维度如图4-2所示。

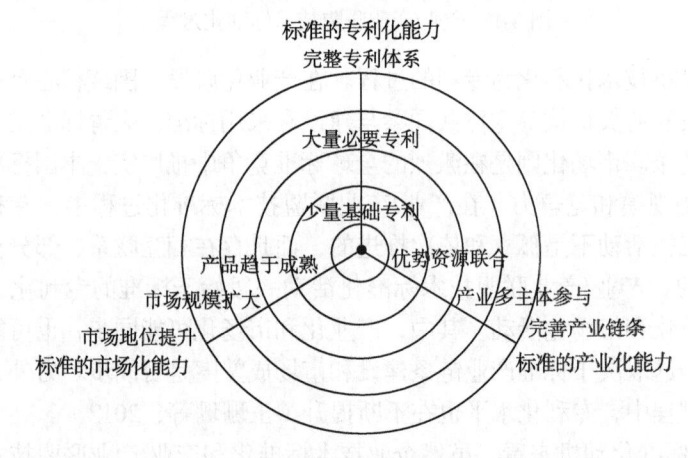

图4-2 产业/产业联盟技术标准化能力的三个维度

在标准专利化能力的形成过程中，由最初的少量基础专利到不断开发出大量必要专利，最终形成能够支撑标准的、不断更新的完整专利体系。标准产业化能力的建设，是在最初拥有少量基础专利的少数优势企业和机构联合的基础上，不断吸引产业内多主体参与，最终形成完善的标准产业链条，在该过程中标准不断完善，能够形成包含技术、设备、工艺、产品等系列标准的完善标准体系，使得标准产业化能力增强的同时也具备市场潜力。在标准市场化能力的形成过程中，随着标准的终端及相关产品趋于成熟，开始不断开拓国内外市场并壮大市场规模，直至占领一定的市场地位，打造标准的竞争优势。

根据产业/产业联盟技术标准化能力的三个维度，专利化、产业化和市场化能力缺一不可。且三者的协同效率和效果决定了产业/产业联盟技术标准化能力和水平，三个维度的能力是三维协同、同步增长的融合发展过程，只有专利化、产业化和市场化能力同时发展并具有较高的水平，才说明技术标准化能力较强。

4.1.3 产业/产业联盟技术标准化能力的评价指标与量化规则

科学地识别和评价产业/产业联盟技术标准化能力是培育和提升产业/产业联盟技术标准化能力的重要前提，且技术标准化能力的评价要能够反映出其能力的构成、形成过程和发展水平。由于产业/产业联盟技术标准化能力由专利化能力、产业化能力和市场化能力三个维度构成，因此对产业/产业联盟技术标准化能力的评价也应从这三个维度展开。产业/产业联盟技术标准化能力评价指标如表4-2所示。

表 4-2 产业/产业联盟技术标准化能力评价指标

一级指标	二级指标
专利化能力	专利数量
	专利自主性
	专利增长潜力
产业化能力	产业资源集成性
	产业链完整性
	产业链稳定性
	标准体系健全性
市场化能力	市场覆盖率
	市场渗透率
	市场增长预期

产业/产业联盟技术标准化能力评价指标共包含 3 个一级指标和 10 个二级指标，对于二级指标，以下给出了定量指标计算公式和定性指标内涵。

（1）专利数量。标准所包含的专利数量。

（2）专利自主性。标准中自主必要专利占全部必要专利的比例，计算公式：（本国创新主体拥有的标准必要专利数/全部标准必要专利数）×100%。

（3）专利增长潜力。标准包含专利的增长率，计算公式：[（当年专利数量-上年专利数量）/上年专利数量]×100%。

（4）产业资源集成性。该指标是指根据产业技术标准化的资源需求，将产业多种资源按照某种组织形态和规则（最为重要的是专利共享规则）有机组合，形成资源系统整体功能的能力。

（5）产业链完整性。该指标是指技术标准产业链条上从标准研发、产品生产到终端运营所有环节齐全且相互衔接，进而表现出的链条完整性。

（6）产业链稳定性。该指标是指在环境变化尤其是存在创新主体与要素流动的情况下，技术标准产业链结构与功能的相对稳定性。

（7）标准体系健全性。该指标是指包含支撑标准实施的技术基础、设备、工艺、产品等具有内在联系的系列标准是否全面、完整，进而构成一个有机整体（标准体系）。

（8）市场覆盖率。该指标是指标准在一定市场范围内所覆盖的地区，反映出标准实施范围和市场覆盖面，计算公式：（实施待评价标准的地区数/实施同类标准的全部地区数）×100%。

（9）市场渗透率。该指标也称用户渗透率，是指使用待评价标准的用户数占全部同类标准用户总数的比率，能够在一定程度上反映出标准的市场占有率和经济效益，计算公式：（使用待评价标准的用户数/使用全部同类标准的用户总数）×100%。

（10）市场增长预期。该指标是指在考虑消费需求趋势、标准竞争及宏观政策等情况下，对标准市场增长的预计或期望。

由于二级指标中包含定量指标和定性指标，为了提高评价的可操作性和实用性，设计二级指标量化规则如表 4-3 所示。

表 4-3 二级指标量化规则

二级指标	量化规则			说明
	高 8~10	中 4~7	低 0~3	
专利数量	专利数量多，在同类标准中处于高等水平	专利数量一般，在同类标准中处于中等水平	专利数量少，在同类标准中处于较低水平	比较同类竞争性标准，选取标杆，确定各等级专利数量取值区间
专利自主性	[70%, 100%]	[30%, 70%)	[0%, 30%)	本国创新主体为本国企业、高校、科研院所等；只考虑标准所包含的必要专利

续表

二级指标	量化规则 高 8~10	量化规则 中 4~7	量化规则 低 0~3	说明
专利增长潜力	10%以上	[5%, 10%]	5%以下	本指标计算标准拥有的已授权有效专利的增长率
产业资源集成性	形成产业联盟共建标准，各主体广泛参与，专利共享程度高	形成产业联盟，但联盟规模有限，专利共享程度一般	未形成产业联盟，以企业、企业联盟为主要形态，专利共享程度低	产业资源主体包括企业、高校、科研院所及各类机构等；专利共享是指产业各主体基于各自的专利实现互用互惠，并在此基础上共同开发新专利
产业链完整性	形成了完整、运作高效的标准产业链	标准产业链虽已形成，但产业链存在薄弱环节	未形成标准产业链	标准产业链包含从标准技术研发到产品终端的全部环节
产业链稳定性	结构与功能稳定性高	结构与功能稳定性一般	结构与功能稳定性低	结构稳定性是指在环境条件变化的情况下，标准产业链的结构形态发生变化的程度；功能稳定性是指在环境条件变化的情况下，标准产业链维持有序良性运行的程度
标准体系健全性	健全，形成系列标准	围绕基础标准形成一些相关的标准，标准体系健全性中等	不健全，仅有基础标准	系列标准包含支撑标准实施的技术基础、设备、工艺、产品等具有内在联系、相互衔接的标准
市场覆盖率	[70%, 100%]	[30%, 70%)	[0%, 30%)	本指标应考虑国际市场，根据全部同类标准在全球范围实施的情况，将全球市场划分为若干地区，确定全部地区的数量；地区划分根据全部标准实施的实际情况来确定是大区域还是小区域
市场渗透率	高于平均水平	平均水平	低于平均水平	本指标应计算国际市场渗透率，而非仅仅是国内市场渗透率；平均水平是指待评价标准所在领域的全部同类标准数量的倒数。例如，某一产业领域共存在四大竞争性标准，则市场渗透率的平均水平为25%
市场增长预期	好	一般	差	增长预期，要综合考虑标准的安装基础和用户预期，以及通过有关政策影响用户预期进而为标准预留出市场空间的大小

对于二级指标，采取单指标 10 分制，共分为高、中、低三个等级。一级指标和二级指标权重可用层次分析法等方法来确定。在评价方法上，可采取专家打分和线性加权相结合的方法，步骤如下：①采取专家打分的方法，根据技术标准所属领域，选择管理和技术专家若干名，根据指标量化规则对二级指标进行打分，分值取 0~10 的整数；②对于任意一个二级指标，计算该项指标多个专家打分的平均值；③采用线性加权的方法，计算技术标准化能力的综合评价值，取值区间为 [0, 10]（王宏起等，2011）。

需要说明的是，本书是从产业/产业联盟技术标准化的一般规律出发设计了评价指标量化规则，具有实用性和决策参考价值。但是，给出的指标量化分档取值区间仅是示意性和参考性的，在实际应用时，由于不同产业领域及其技术标准发展具有一定的差异性，可以根据待评价标准所属产业领域的技术特点及发展趋势、竞争结构等来调整二级指标的取值区间。

4.2　产业/产业联盟技术标准化的政府作用与政策需求

4.2.1　政府作用于产业联盟的耗散结构机理

耗散结构机理的重要特征就是开放、远离平衡态、非线性和涨落，它可以很好地解释政府对产业内以产业联盟为代表的产业创新组织的作用机理，如图 4-3 所示。

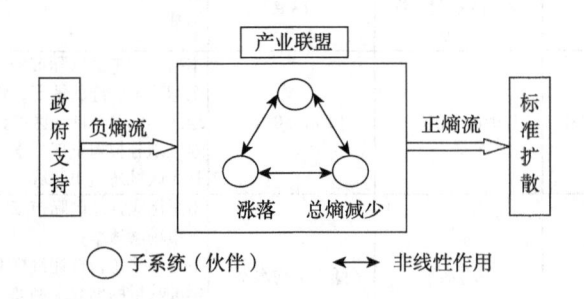

图 4-3　政府作用于产业联盟的耗散结构机理

政府支持产业联盟发展的方式包括科技计划项目支持、科技创新平台支持、开展试点联盟工作等，其作用于以产业联盟为代表的产业组织的机理如下。

1）系统开放——向联盟引入负熵流

联盟不是孤立和封闭的，它是一个开放的系统，它不但能够向外部环境输出物质及耗散能量，还能从外部环境源源不断地补充物质和能量，并根据内外部环境因素的变化而不断进化。正是由于系统的开放性，政府可以向联盟输入负熵流，并且以联盟扩散标准专利技术为条件，在促进联盟构建和完善技术标准的同时，带动产业整体创新与发展。

2）远离平衡态——联盟总熵减少

处在平衡态的联盟缺乏创新的意愿和动力，而为了使联盟不断地创新，打破持久平衡的局面，就要从外部环境得到负熵流，从而使系统能够远离平衡态，维持和优化系统结构和功能，保持系统持久旺盛的生命力。虽然外部环境的机会、资源等也是联盟可引入的负熵流,但是以政府科技计划和政策等作为宏观调控的手段,不但能够提供直接的资金支持和控制,还能够间接影响外部资源的流向。例如,被列入试点示范和科技计划支持的联盟,不但可获得资金支持,而且能够在吸纳社会资本和吸引、获取专利技术资源等方面具有较大的优势。虽然联盟标准专利扩散会产生一定的正熵流,但是在引入更多负熵流的前提下,仍能催发联盟产生更多的专利,向外界进行扩散,以获得持续的政府支持,形成良性循环。这种负熵流的增加不但能够抵消正熵流,还能使系统的总熵减少,从而使系统的有序化程度提高。

3)非线性和涨落——联盟进化

联盟系统内各伙伴在负熵流的作用下,产生非线性相互作用,并通过涨落形成稳定的结构,从而使系统达到新的平衡。联盟伙伴之间有着相互制约、相互推动的正反馈的倍增效应及负反馈的饱和效应等非线性关系,而联盟的标准化过程是一个基于伙伴共同利益和矛盾从而不断协调的动态过程,产生内部涨落,同时联盟在政府控制机制下,规范合作行为和实现利益均衡,从而产生外部涨落。虽然系统自身运动会产生内部涨落,但是由政府作用的涨落会进一步触发和促进系统内部非线性作用,形成巨涨落,从而使联盟不断地发生跃迁,形成新的耗散结构,实现联盟持续创新。

4.2.2 产业联盟标准化对政府政策的需求

从政府作用于产业联盟的耗散结构机理出发,联盟技术标准化对政府政策的需求主要体现在三个方面:对科技导向的需求、对控制规则的需求和对标准扩散保障的需求,如图 4-4 所示。

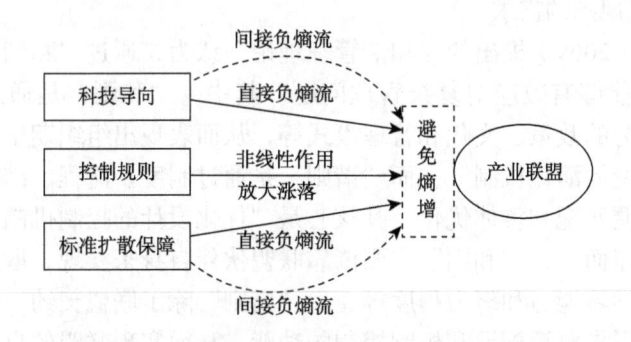

图 4-4 产业联盟标准化对政府政策的需求

1)对科技导向的需求

政府在产业联盟技术标准化活动和专利资源配置等方面发挥引导作用,有助于提升产业技术标准竞争力。政府导向性作用体现在：除了直接的资金支持从而引入直接负熵流，还将通过优化联盟内部专利资源配置结构和引导社会各界专利、资金等资源流向联盟，引入间接负熵流，从而使联盟总熵减少。具体体现在以下四个方面。

（1）产业标准竞争力导向。产业标准竞争力导向是指政府面向重点产业，对能够解决国民经济社会和产业发展中的重大、重点、共性和关键技术问题的产业联盟及其研发和产业化等项目予以重点支持，即从产业发展方向和实际需求出发，鼓励和支持有利于解决重点产业领域的重要技术问题、提升产业标准竞争力的联盟。

（2）专利资源配置导向。政府应从产业技术标准创新链条出发，在优化联盟中各创新体的专利资源配置结构、引导社会各界创新资源流向联盟等方面发挥重要的作用，从而有利于各创新体开展深入的专利产学研合作和标准合作研发，提高标准的专利整合和运用的效率和效果。

（3）自主创新导向。很多产业联盟的组建目标就是建立技术标准，世界各国的经验表明，在技术标准化过程中，政府的作用不容忽视。因此，在全球化竞争日益重视以专利和技术标准为核心的知识产权竞争环境下，科技管理部门必须引导联盟获取自主知识产权和建立自主技术标准，参与全球竞争。

（4）标准化平台建设导向。产业联盟的专利合作和标准扩散需要借助一个公共平台，来为其提供深层次合作交流、典型示范、决策支持和资源共享的渠道与条件，从而使联盟可以充分整合内外部资源，同时联盟专利资源也可成为全行业共享资源，加速联盟技术标准的应用。因此，政府应对产业联盟技术创新平台建设予以支持，从而更好地为联盟提供技术支撑与共享服务，也为联盟标准扩散创造条件。

2）对控制规则的需求

席酉民等（2009）提出的"和谐管理理论"认为，通过"和则"与"谐则"的耦合互动，能够有效应对复杂管理问题。其中，"和则"是通过影响组织认知、情感、行为的政策、文化和管理模式等，从而表现出组织期望的行为，其核心是"能动致变的演化机制"；而"谐则"是通过制度、流程、结构以达到组织投入要素的协调匹配和整体优化，其核心是"优化设计的控制机制"。对于政府引导的产业联盟而言，"和则"主要依靠联盟伙伴自身来实现，取决于联盟伙伴的认知距离、学习能力和努力程度等；而"谐则"除了联盟契约，在很大程度上还依赖于政府引导资源配置和机制控制的功能，从而实现联盟的自组织与他组织的有效结合。由于产业联盟成员类型多、结构复杂，这就要求政府应建立相应的规则尤其是知识产权规则来对联盟成员实施有效的控制，促进联盟伙伴的非线性作用和放大联盟涨落，避免熵增（如专利共享中的搭便车），从而在一定程度上减少联盟伙伴合作过程中的机会主义行为，降低联盟伙伴的监督成本和创新风险。

3) 对标准扩散保障的需求

对于受政府资助的产业联盟，其以标准专利为代表的创新成果应无偿或有偿扩散，但要进行标准专利扩散，必须使扩散方的可能损失得到一定程度的补偿。由于标准扩散具有"网络外部性"特征，即通过扩散使越来越多的联盟外部成员受益，而没有显著地提高联盟的经济效益，这必然使联盟失去扩散的动力，也不符合市场竞争规律。因此，要想维持长期的网络效应，就必须使"网络外部性"能够内化，从而使联盟成员能够获得合理的回报，才能获得联盟持续创新和标准扩散的动力。从耗散结构的角度来看，虽然对政府支持形成的联盟标准扩散使联盟正熵流增加，但是为了避免总熵增加，政府应在标准扩散的同时使联盟得到一定的补偿，通过激励引入直接负熵流，同时使联盟从外部扩散接受方引入间接负熵流，抵消正熵，为联盟标准扩散提供保障（王珊珊和王宏起，2012c）。

4.2.3 技术标准化的政府介入必要性与作用逻辑

1. 政府介入技术标准化的必要性

技术标准化是一项长期、循环往复、涉及多主体和多要素的活动过程，在这一过程中会出现各种各样的问题，政府作为技术标准化的利益相关者，有必要以不同的方式介入技术标准化活动，加快技术标准发展。政府介入的必要性主要体现在以下四个方面。

（1）优化标准化活动的网络外部性。技术标准化活动涉及的主体和要素众多，形成了网络结构，并产生了较强的网络外部性，既可能产生正的网络外部性，也可能产生负的网络外部性。例如，产业联盟中标准基础专利持有人将专利供其他成员免费共享，而自身又没有合理的回报；部分技术标准化主体的行为会损害网络中利益相关者的利益或使网络中其他成员支付额外的成本费用。技术标准化活动网络外部性的存在，往往会导致市场失灵，因此需要政府介入，优化网络外部性，从而优化联盟网络，提高联盟技术标准化的网络运行绩效。

（2）加快标准建设与推广应用。技术标准是创新驱动发展和全球竞争的源泉，因此：第一，政府要推动技术标准的研发和确立，促进标准技术的突破和标准体系的不断完善；第二，政府要加快技术标准的推广应用，成为标准化成果扩散的重要组织者，加速标准技术和产品等的扩散，实现标准的行业应用价值和市场价值。政府通过引导和支持标准的建立与推广应用，可缩短标准的形成、产业化和市场化周期，有效地提高标准化能力和绩效。

（3）规范产业发展秩序。技术标准提供通用或重复使用的产品、工艺、方法等的规则或指南，应具有指导性、通用性和开放性，然而技术标准以专利群为支撑、专利独占性、标准化利益诉求等特点又决定了标准在实际的推广应用中具有一定的事实封闭性和垄断性。因此，要实现在开放与封闭之间的平衡和产业资源的良性互动和协同发展，政府需要对技术标准化活动加以规范和协调，促进形成良好的竞争秩序和产业发展格局，避免专利权滥用、专利纠纷、垄断、投机行为、同质化和恶性竞争等现象的发生。

（4）提高本国标准的国际竞争力。发达国家和地区的技术标准化活动在政府主导及强大的市场优势下呈现全球扩张的态势，且现行标准化活动的国际规则将继续巩固其技术标准的全球主导地位。例如，在多个国家投反对票的情形下，微软的文档格式标准 OOXML 仍然成为国际标准。我国作为发展中国家，单纯依靠企业自身或联盟等标准化载体难以实现标准国际化目标，需要政府大力推动。我国拥有庞大的市场和日渐提升的自主创新能力，有明显的标准后发优势，政府需要瞄准国际标准竞争前沿并在战略层面积极部署，一方面加快本国自主标准建设，使本国标准成为国际标准，并拓展国际市场，或者在本土市场竞争激烈的国际标准竞争中，提升本国自主标准的市场占有率和竞争力；另一方面，政府应主导加入国际标准化组织，参与国际标准的制定和审议活动，同时也鼓励企业与国际接轨，从而赢得我国在国际标准制定与发展中的话语权。

2. 技术标准化的政府作用逻辑

开放式创新下的技术标准化发展已经逐步演化为一种依托政府，由政府引导和推动的社会化行为。政府运用经济、行政及法律等政策手段，对技术标准化活动进行有目的的引导、支持、协调和控制，这些政策通过作用于技术标准化网络的规模、关系和异质性等，进而影响技术标准化绩效（体现在技术标准化能力和收益的共同提升方面），如图4-5所示。

图4-5 技术标准化的政府作用逻辑

4.3 我国技术标准化政策体系优化

4.3.1 技术标准化的政府功能定位

虽然近年来我国积极推进技术标准化工作并取得了良好成效，但是目前技术标准化仍存在一些问题。例如，技术标准化资源共享与整合程度还不够，部分标准化主体间存在一定的竞争；标准技术转化为产品和形成市场竞争力的周期较长；技术标准的国际话语权与竞争力有待提升。为了提高技术标准化绩效，政府应科学定位，完善其对技术标准化的规划与组织、引导与协调、服务支撑、监管等功能，如图 4-6 所示。

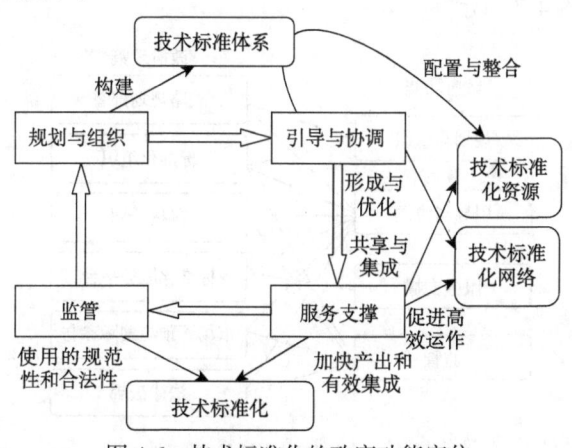

图 4-6 技术标准化的政府功能定位

（1）规划与组织功能。政府应加强全球技术标准前沿跟踪，把握全球标准竞争格局，根据国际竞争和国家战略需要，对技术标准化做出科学的规划，构建起技术标准体系框架，部署标准化方向、目标、重点、进程和阶段任务，并授权标准化管理委员会、标准化组织等发挥其对标准化活动的组织、管理、指导和协调职能。

（2）引导与协调功能。政府对技术标准化的引导功能体现在引导资源配置和有效整合、引导技术标准化网络的形成与发展等方面。政府的协调功能体现在两个层面：一是代表本国/本区域对外协调，重点是政府采取谈判磋商等方式为本国标准化发展创造机会和理想的条件；二是促进本国/本区域标准化利益相关者之间、标准化各环节之间的协调发展。

（3）服务支撑功能。政府为标准化活动提供必要的服务支撑，包括专利信息服务、资源共享服务、成果转化与对接服务等，为标准化相关资源的高度共享与有效集成创造良好的环境和条件,使标准化网络能够持续运行并更加高效地运作,进而加速标准化成果的产出、综合集成和转化运用。

(4)监管功能。政府在技术标准化中应发挥有效的监管功能,成为公共利益的维护者,重点对标准化相关主体行为的合规性进行监管。

从技术标准化全过程来看,政府的规划与组织、引导与协调、服务支撑、监管等功能在标准化不同阶段各有侧重且形成了良性的互动和循环机制,构成了完整的功能体。

4.3.2 技术标准化的政策体系框架

从技术标准化中政府的多种功能定位出发,其政策工具也具有多样化。政府多种政策工具共同作用于技术标准化全过程,从而保证政府功能的实现。政府的政策体系框架如图4-7所示。

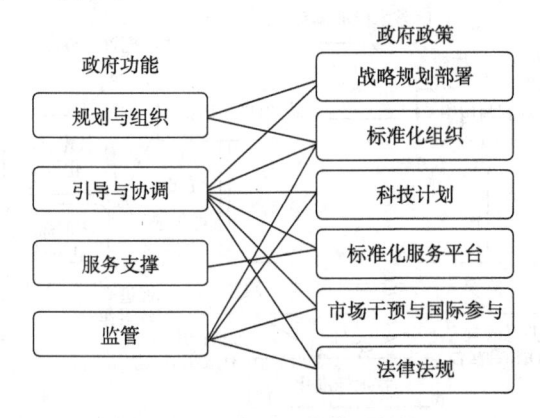

图4-7 政府的政策体系框架

具有规划、引导、服务和监管等功能的政府政策体系主要包括战略规划部署、标准化组织、科技计划、标准化服务平台、市场干预与国际参与、法律法规,这些政策均具有引导与协调功能。其中,战略规划部署和标准化组织能够实现政府的规划与组织功能和引导与协调功能,标准化服务平台重点提供服务支撑,标准化组织、科技计划、市场干预与国际参与、法律法规则发挥政府监管作用。

4.3.3 技术标准化的政策优化

1. 战略规划部署

政府应制定技术标准化战略(规划),加强标准化前沿跟踪和标准化战略部署。按照从宏观到微观的层面，标准化战略可分为国家/区域标准化战略、产业层面的标准化战略和特定标准层面的标准化战略，不同层面的标准化战略及其战略核心如表 4-4 所示。

表 4-4 不同层面的标准化战略及其战略核心

战略层面	战略核心
国家/区域层面的标准化战略	①明确重点产业及其重要技术标准；②建立健全标准体系，部署标准化总体方向和目标，完善标准化支撑体系；③标准发展与竞争的国际性参与
产业层面的标准化战略	①明确产业技术标准化领域、进程、重点、阶段性目标和任务；②联合标准化主体组建产业联盟，明确标准化联合攻关重点
特定标准层面的标准化战略	①明确技术标准的构成并进行标准分解，确定细分标准的目标、重点和任务；②明确标准的研发、产业化和市场化任务及各环节的有效衔接和良性循环；③把握国际同类标准竞争格局，紧跟下一代标准升级步伐；④确定标准化资源配置结构，明确在产业联盟中不同主体的作用和承担的分解任务；⑤确定不同主体的合作方式和利益分配机制

技术标准发展需要科学规划，尤其是要加强技术标准研发的市场导向，原因如下：一是自主开发技术含量高、拥有大量核心专利的技术标准；二是潜在价值大，经过研发能够快速实现产品化并投入市场；三是市场认可度高，技术标准及其专利能够被行业及其用户接受，得到普遍认可和获得较高的市场满意度；四是可转化性强，推广应用和实施技术标准所需的技术、人力、资金等资源能够较容易获得（吕建秋等，2019）。

此外，政府有关部门应加强试点产业联盟选择与示范，加强对重点产业联盟建设的规划和支持及其引领示范。

1) 试点联盟选择

通过选择发展基础好、成长性高、承担产业技术标准化重要战略任务的产业联盟并将其确立为试点联盟，将试点联盟建设纳入国家或区域创新体系和技术标准化工作重点予以重点扶持，其意义如下：一是有利于加快集成各方优势，促进联盟组织技术标准化活动；二是通过试点，扩大联盟的影响，并使更多的业界成员关注联盟、了解技术标准，进而参与到联盟技术标准化活动中来；三是通过及时总结联盟技术标准化运行及其管理过程中的经验、存在的问题，提出解决方案，并为其他联盟技术标准化活动提供借鉴。

在选择试点联盟时，应遵循以下原则：①联盟基于长期合作关系，由企业、大学、科研院所和其他机构等多个主体构成，其中企业处于行业骨干地位，大学和科研院所在联盟技术领域具有前沿的科研水平，其他机构可为联盟提供必要的支撑，联盟设置了专门的管理机构，并签订了正式的具有法律效力的契约，制定了经费管理制度；②联盟符合国家和区域重点发展的产业领域和政策导向，立足于解决产业共性关键技术问题并建立和完善技术标准，其关键问题的解决对于联盟所有成员都具有重要价值，能够形成核心技术和自主知识产权；③联盟有明确的发展规划和发展技术路线图,承担产业技术标准化及其示范任务,具有较强的技术扩散效应和产业带动作用,能够向联盟外的企业转移和辐射先进技术,带动产业整体创新;④联盟建立了开放发展机制,能够根据发展需要及时吸收新成员,并积极开展与外部的交流与合作。

2) 试点联盟示范

对于确立为试点联盟的,在联盟进入成熟阶段后,应对试点联盟发展状态和绩效进行考核,作为是否继续支持的依据。政府将先进的试点联盟确立为典型,充分发挥试点联盟对产业整体的带动作用,并在全社会推广其发展模式和标准化管理经验。同时,对发展状态不好的试点联盟,总结失败的教训,及时整顿,给出标准化合理建议,如图4-8所示。

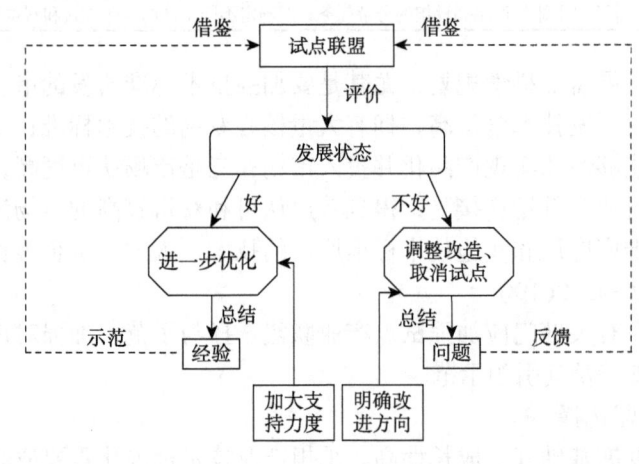

图 4-8 试点联盟示范

在试点示范方面,将试点联盟中发展状态良好、标准化绩效突出的联盟确立为典型,发挥典型示范作用,将其成功经验进行归纳总结并大力推广。政府加强产业联盟试点示范进而发挥其辐射带动作用和大范围推广其成功经验的具体措施包括:①对于具有很强公共属性的联盟技术标准,建立政府采购机制和成果扩散激励机制;②为试点联盟提供免费或优惠的技术标准资源共享服务平台支撑;③对于形成核心知识产权和技术标准的试点联盟,在联盟拓展国际国内市场时由政府出面公开支持和进行谈判;④为联盟的对内对外专利交易和对外沟通与谈判提供便利条件;⑤增强试点联盟信息安全性维护,防止关键信息泄露。

2. 标准化组织管理

标准化组织应在技术标准化过程中发挥重要的规划、指导、组织、协调等作用。未来,在继续发挥政府标准化组织职能的基础上,应重视自愿协商达成标准化一致目标的非政府标准化组织建设,在产业技术标准的研发、制定、完善、推广应用和国际参与方面发挥重要作用。由于产业技术标准具有公共物品的属性,最需要标准化组织起到良好的集聚、协调等作用,政府要着力解决技术标准作为公共物品的市场失灵问题,从而确保技术标准化组织的稳定和可持续发展。

3. 科技计划支持与管理

为了支持产业联盟开展技术标准化活动,并带动产业整体创新,应结合产业联盟及其技术标准化对科技计划项目的需求,根据科技计划管理办法的有关规定,从指南生成、立项、过程监控、验收和后评估等项目管理全过程优化科技计划项目管理体系。其中,通过指南生成和立项来满足技术标准导向性需求,通过过程监控尤其是知识产权管理来满足产业联盟控制规则需求,通过验收与后评估及知识产权管理来满足联盟技术标准相关技术成果扩散保障需求。

4. 建设行业标准化服务平台

我国目前建立了国家技术标准资源服务平台、电子信息技术标准化服务平台等国家和行业层面的标准化服务平台,以提供技术标准信息、标准化组织活动信息等为主。各省纷纷建立了标准化信息服务平台,以提供标准化和知识产权公共信息服务为主。目前我国标准化一体化服务平台尚不健全,建议以面向行业为核心,重点建设行业标准化服务平台,通过建设技术标准化数据库、设备库、专家库等,为技术标准化提供全方位的服务支撑。标准化服务平台的功能模块应包括行业动态及标准国际动态、标准信息(发布、状态及查询)、国际技术壁垒及预警、资源(知识产权、仪器设备、人才和团队)共享服务、专利查询、专利服务(检索、申请、转移、转化等)、标准服务(查新、编写、维护、动态跟踪、推广等)、标准或专利相关主体社区或论坛(互动交流、标准文献上传下载与共享)、在线咨询等,同时可开通平台的微信公众号,随时向用户发布最新的标准化信息。

在标准化服务平台管理上,要运用系统集成思想,加强平台集成管理,即加强标准化成果源集成、成果需求集成和成果转化服务集成,这是提高标准化成果转化服务水平的有效途径。平台标准化成果源集成包括标准化成果的征集、分类、整合(将若干相关联的分散成果整合为实用成果,如将有关专利集成为技术标准)、分解(将"大"成果分解为若干实用成果及具有特定功能的技术模块,如将技术标准分解为多项子标准及相关专利包);平台标准化成果需求集成包括需求的征集、分类、整合(相同、相似、互补性需求的整合;基于标准链的差异化需求纵向整合);平台标准化成果转化服务的集成包括各类(平台)服务的整合、成果源与成果需求的对接、服务与成果转化需求的对接等（王宏起等，2018）。

5. 合理化市场干预与国际参与

市场干预的方式包括：一是通过实施政府采购政策，优先采购采用本国技术标准的产品或服务，以影响市场行为；二是将标准列为强制性标准或推荐性标准，鼓励行业采用本国技术标准；三是在本国技术标准市场化环节尚未成熟时，预留市场空间，避免被国外同类技术标准抢占本国市场。

政府及相关标准化主体要提高国际标准化活动的参与度，积极承担国际标准化组织及其下设秘书处、委员会、工作组的工作，实质性地参与到国际标准的审议与修订中。此外，我国作为标准后发国家，可以凭借强大的市场优势，提高在国际标准利益谈判中"讨价还价"的能力，为实现自主标准全球输出奠定基础。

政府还应积极引导社会资源流向产业联盟：一是通过舆论导向引起全社会的关注和重视，牢固树立具有本国自主知识产权和优势特色的技术标准形象；二是通过政策导向，包括科技政策、产业政策、财政政策、金融政策的综合运用，引导创新人才、技术、信贷、财政资金等全社会资源流向承担技术标准化任务的产业联盟。例如，将与技术标准相关的技术、产品和服务等列入重点支持产品目录和优先支持范畴。又如，政府为联盟搭建联盟企业、银行和中介机构广泛参与的专利质押融资平台，鼓励银行开展专利质押业务，为联盟提供质押贷款贴息服务，使联盟能够从银行获得大量资金支持。

6. 完善技术标准化相关法律法规

应从以下几个方面来完善技术标准化相关法律法规：一是完善标准及其专利许可制度，避免专利权滥用；二是对标准竞争中的不正当行为加强管制，规范市场结构和竞争秩序；三是加强专利诉讼相关制度建设，有效处理专利纠纷、专利侵权等问题（王珊珊等，2016b）。

具体来说，国家应从知识产权创造、知识产权保护和知识产权服务三个方面，进一步完善知识产权制度环境。

1）知识产权创造

构建"企业为主、产学研相结合"的知识产权协同创造环境。

（1）提高知识产权创造的财政投入。知识产权的产生及维护需要大量资金的支持，政府通过提高知识产权创造配套资金的投入，如知识产权专项基金、产业技术标准化专项资金、产学研协同创新资金等，加强对知识产权创造尤其是产学研协同创新联盟的引导和资金支持力度。

（2）建立政府引导和奖励制度。政府一方面可以通过优化与技术标准及其包含专利相关的产品采购政策，鼓励创新主体创造知识产权；另一方面可以设立技术标准化奖励金、专利奖励金，对能够被纳入重要技术标准的重要知识产权进行奖励，以鼓励知识产权的生成和保证知识产权能够被及时纳入技术标准。

（3）实施自主知识产权绿色通道措施。对拥有自主知识产权的本地高端技术发明及具有明显产业发展潜力的升级创造，采取优先评级；对相关知识产权申报等活动予以优先办理，并优先提供政策指导。

2）知识产权保护

建立"政司企"一体化的知识产权保护环境。知识产权的运用需要相应的法律法规和制度来保障，因此，建立行政、司法和企业相匹配和一体化运作的知识产权保护环境至关重要。

（1）加强知识产权保护的立法。在国家法律环境下，对知识产权维权过程中遇到的问题、难题进行探索分析，从知识产权的价值认定管理、损害纠纷判定、专利技术保护等方面制定相应的措施，为知识产权的保护提供法律保障。

（2）强化司法部门与行政管理部门、企业的对接合作。构建政府、法院和企业间的一体化协调与保护系统，提升司法部门对知识产权制度的执行效率和水平，推进知识产权法律法规的依法实施，实现知识产权活动的法律监督、知识产权案件的审判处理、知识产权权利人的权益。

3）知识产权服务

完善全方位的知识产权服务环境，不仅需要以政府为主导提供的公共服务环境，也需要有关知识产权服务机构提供的专业化服务环境。政府公共服务的重点是搭建平台，整合知识产权相关资源，完善知识产权的引导、交易服务等机制，为知识产权的转移和产业化提供保障；政府扶持专业化机构提高知识产权专业化服务能力的重点是，加大投入扶持力度和完善专业化机构的服务规范。

政府应探索标准化公共服务平台知识产权服务券发放与使用机制，这是扩大平台多边市场用户规模和互联互通的最有效方式。政府部门主要面向平台知识产权服务需求方发放平台服务券，鼓励其使用平台知识产权服务券在平台上购买知识产权服务。面向知识产权持有方发放的平台服务券，可用于知识产权持有方缴纳平台加盟费、广告费及购买服务（成果代理、投融资）等。政府可根据平台加盟者的数量和规模，确定平台服务券的发放数量并制定分配规则，在确定服务券被使用之后，政府予以现金兑现，并根据平台服务券的使用数量和效果确定下一年度服务券的发放数量和分配取向。

4.3.4 技术标准化不同阶段的政策要点

政府标准化政策在标准化不同阶段所发挥的作用各有侧重，以产业联盟为例，技术标准化不同阶段的主要问题及政策要点如表4-5所示。

表4-5 技术标准化不同阶段的主要问题及政策要点

技术标准化阶段	技术标准化主要问题	政策要点
技术标准形成	①知识产权不足，且与技术标准结合不够 ②联盟专利池内重要/基础专利权人向其他成员提供免费或交叉许可专利面临利益损失 ③在发达国家主导技术标准的全球标准竞争格局中，凭借联盟自身力量成为国际标准的难度较大	①制定专项规划，以各类规划为指引，主要以科技计划项目为依托，加大基于国家重要技术标准的知识产权开发项目资助力度；从培育标准知识产权、保护权利人利益、防止联盟知识产权滥用出发，制定知识产权和标准化等战略与政策，促进有关战略和政策的协调和整合实施 ②设立标准化专项奖励资金，对标准专利突出贡献者提供直接补偿；围绕技术标准重要技术，设立若干重大、重点项目并分解为系列课题，分配给联盟内重要/基础专利权人申报，对其提供间接补偿 ③成为国际标准化组织下设各机构的成员，获得知情权和话语权，在本国联盟申请国际标准或标准决策关键环节，充分发挥政府谈判能力，利用本国优势向国际施压
技术标准产业化	①联盟专利池向产业链上厂商优惠许可专利和提供技术指导等行为，使专利池不能利用其产业和市场控制力获得可观的经济收益 ②联盟专利池成员可能滥用专利权 ③标准产业链存在薄弱环节，且利益分配争议影响产业链稳定性	①对联盟专利池的技术扩散、产业带动和示范活动，通过科技计划项目立项为其提供间接补偿；对积极主导标准扩散、完成标准产业化项目并取得良好效果的联盟专利池成员给予直接奖励 ②完善与标准有关的法律法规，尤其是专利法和反垄断法要相结合，加强行政审查；鼓励联盟成立专门的由代表公共利益的政府人员或行业专家参与的专利池管理机构，通过试点联盟建设、联盟报政府备案和承担科技计划项目等手段促进联盟完善专利许可制度，控制联盟专利许可行为 ③完善税收减免和补贴等税收政策，对加入标准产业链从事产品开发、生产、销售等活动的企业予以政策支持；以公共利益最大化为目标，以协调私人利益关系为核心，建立产业链各个环节不同利益主体利益分配的政府调节机制
标准市场化	①用户转换成本高和预期低导致需求不足 ②面临全球标准竞争的冲击 ③政府强制性要求同领域多标准基础设施共建共享中的运营商不协调导致恶性竞争	①实行政府采购政策，影响用户预期；采取倾向性市场分配、采购补贴、减免部分费用等措施，拉动需求 ②为本国标准分配预留充足的市场空间，或在国外标准优势明显时延迟该领域标准在本国的实施时间，为本国标准建立后发优势提供时间保证 ③由政府出面协调各运营商的利益关系，建立基础设施共建共享的激励和约束机制，鼓励第三方承建和运营，对承建单位及联盟共建共享行为予以监管；根据各标准运营商已有基础设施情况规定适当的共享比例，完善租用价格定价机制，并辅以奖励和惩罚措施，对基础设施强大且贡献突出的运营商予以资金补贴和奖励

根据产业联盟技术标准化的特点，政府应在联盟技术标准化各个阶段发挥积极作用，其工作重点应立足于解决产业联盟与技术标准化之间的冲突以及联盟内、外部的主要矛盾，使联盟技术标准化有动力和利益驱使（王珊珊等，2012；王宏起等，2013b）。

4.4 基于技术标准的科技计划项目管理

学者们的研究表明，有针对性的科技计划是加速科技成果产生与转化的重要手段（Jung and Lee，2014）。科技计划是技术标准化的一项重要政策工具，在引导、支持和监管技术标准化活动中发挥重要的作用，因此要设计基于技术标准导向的科技计划项目管理策略。

科技计划支持技术标准化的工作重点如下：一是引导标准化相关主体的合作和资源的集成，在相对短的时期内实现标准核心技术、核心环节的突破；二是通过各类计划及项目对标准化各个环节进行有效的支持，引导标准化主体和资源在标准研发、产业化和市场化各个环节的合理分布、高效匹配和有机衔接，缩短标准从研发到市场化的运作周期，避免重复研究和短板现象；三是通过加强标准化项目的知识产权管理和成果管理，尤其是对项目实施效果突出的技术标准化相关项目予以支持，形成发展良好的产业规范和秩序并促进标准的扩散。

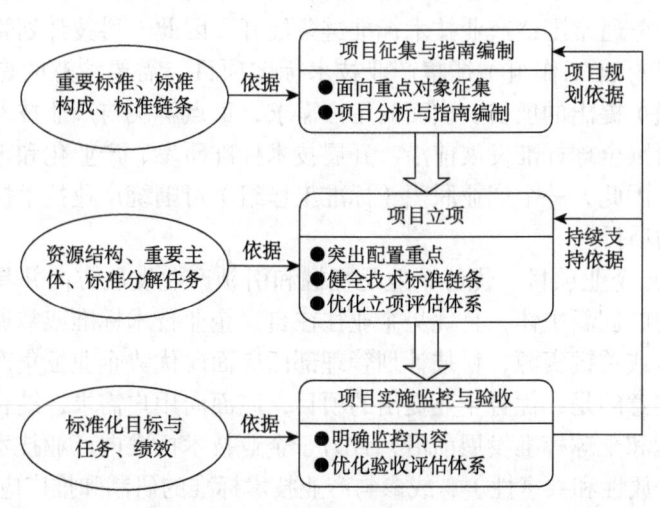

4.4.1 基于技术标准导向的科技计划项目管理思路

基于技术标准导向的科技计划项目管理思路如图 4-9 所示（王珊珊等，2017a）。

图 4-9 基于技术标准导向的科技计划项目管理思路

4.4.2 基于技术标准的科技计划项目征集

在征集技术标准化项目时：第一，要突出重点，即面向重点对象征集项目；第二，要注重项目的需求性，需求可分为两个层面，一是产业技术标准重要问题和全球标准前沿，二是面向市场的用户需求。以建立和推广应用产业技术标准为目标的科技计划项目应以需求为导向，且这些项目应主要来源于各产业联盟（标准工作组）和优势企业，此外还应包括高校和科研院所（学研）、行业协会、标准化管理部门。科技计划项目来源如图 4-10 所示。

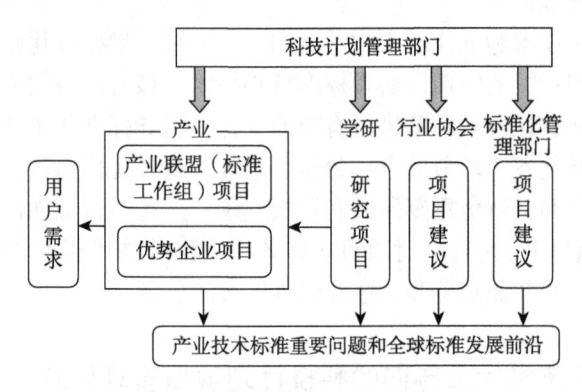

图 4-10 科技计划项目来源

（1）产业联盟（标准工作组）项目。产业联盟（标准工作组）是产业技术标准化的最优载体，掌握产业技术标准的前沿和市场动向，且产业联盟（标准工作组）创新任务通常围绕产业技术标准链条展开，因此，科技计划管理部门应面向产业联盟（标准工作组）征集产业技术标准项目。需要注意的是，产业联盟（标准工作组）提出的项目，应面向用户需求，重点解决与产业技术标准相关的重要问题和紧跟全球标准发展前沿，开展技术标准研发、产业化和市场化的全链条创新活动，因此，一个产业联盟（标准工作组）可围绕产业技术标准链条提出多个相关联的项目。

（2）优势企业项目。优势企业是把握和引领产业发展方向并具有技术实力和市场竞争力的创新主体，且优势企业往往自建企业技术标准或掌握产业技术标准的核心技术或关键资源，科技计划管理部门应面向优势企业征集产业技术标准项目。需要注意的是，优势企业提出的项目，应面向用户需求，结合产业技术标准的重要问题和全球标准发展前沿，致力于企业技术标准向产业技术标准的演化（提高标准开放性和共享性），或参与产业技术标准的研制和推广应用。

（3）高校和科研院所（学研）研究项目。高校和科研院所始终处于科学技术研究前沿，位于产业技术标准链条的最前端，因此，科技计划管理部门应面向高校和科研院所，征集标准技术研究项目。高校和科研院所的研究项目主要来源于两个方面：一是来自产业技术标准的重要技术问题及全球标准技术前沿；二是来自合作方（产业联盟和优势企业）的技术需求或合作研发需求。

（4）行业协会项目建议。产业不同细分领域的行业协会掌握其所在行业动态、发展方向及标准前沿，科技计划管理部门应向行业协会征集产业技术标准项目建议，由各行业协会根据其所在行业的发展特点、产业技术标准体系构建与实施的重要问题，以及国际标准竞争需要，提出产业技术标准项目建议。

（5）标准化管理部门项目建议。标准化管理委员会或标准化技术委员会等各级各类标准化组织，拥有制定和修订组织标准、协调及指导标准化工作、参与国际或区域标准化组织活动等职能，科技计划管理部门应向标准化管理部门征集项目建议，由标准化管理部门根据全球标准化最新动向及本国、本区域产业标准化动态与需求，从建设本国产业自主技术标准、提高本国国际标准化活动参与度出发提出产业技术标准项目建议。

在征集的项目中，产业联盟提出的项目及标准化管理部门、行业协会提出的有关项目建议，应在设立重大专项时予以重点考虑。

4.4.3 基于技术标准的科技计划项目分析与指南编制

科技计划管理部门应组织有关专家，结合科技规划、产业创新重大问题及标准化战略或规划，对征集的项目进行分析与论证，在此基础上形成指南。

1. 科技计划项目分析

对于向各类主体征集的产业技术标准项目，要进一步聘请相关专家（行业专家、标准化专家）进行项目分析、分类与整合，目的是从产业技术标准全链条出发审视项目之间的联系、项目的缺口和项目的必要性，解决重复研究、碎片化等问题，为自然科学基金、研发计划、重大专项等各类项目指南编制提供依据。

在对项目进行分析时，重点解决两方面问题：一是明确重要标准和重点环节，对于标准化管理部门和行业协会建议的项目以及某一细分产业领域多个主体建议的相似项目，可考虑列为重要的产业技术标准和科技计划重点支持的环节；二是构建标准项目链，根据征集项目之间的关系，可在将项目按照产业类别和标准化环节（标准技术研发、产品开发、产业化）两个维度进行归类的基础上，形成若干产业技术标准，将不同产业技术标准的相关项目整合到一条产业技术标准项目链条上。

2. 科技计划项目指南编制

科技计划项目指南编制应充分调动专家（尤其是标准化专家）力量，科技计划管理部门的职责是主动设计和协调组织，专家的职责是项目分析与论证、技术预测和战略决策，促进科技计划决策的科学化。

科技计划管理部门组织专家，对已征集并分类整合的产业技术标准化项目进行分类筛选与技术论证，从而确定重点支持的产业领域、产业技术标准、技术标准化环节和重点支持的项目类型，并提出项目指南建议。下面以国家确立的"十三五"科技计划体系为例，说明项目指南建议的提出依据。

第一，根据产业技术标准基础理论与方法环节的项目情况，为自然科学基金项目提出指南建议。

第二，根据从产业技术标准的基础技术到技术应用各环节中的重大战略性共性技术或重大工程，提出重大专项项目建议。重大战略性共性技术或重大工程是指产业技术标准的核心、基础性技术或工程，与其他技术或产品关联性较高，需要集中力量重点突破。

第三，根据从基础技术到技术应用各环节部分关键共性技术和基础共性技术，提出研发计划项目指南建议，这关系到产业技术升级、创新发展和标准竞争力提升的标准关键技术、基础技术、方法、工艺等。

第四，以上述重大专项和研发计划项目重点支持领域为依托，围绕产业技术标准化的资源共享、平台支撑、团队建设，提出基础和人才专项的项目指南建议。

第五，根据产业技术标准项目链条上的个体需求及链条下游的标准市场化项目，提出创新引导类项目指南建议。

科技计划管理部门根据自身掌握的产业技术标准化情况并加强主动设计，结合专家建议编制形成科技计划项目指南初稿。指南初稿经科技计划管理部门审定，确定为年度科技计划项目指南，并对外公开发布。未列入指南的项目，应保存到项目库中作为备选项目。

4.4.4 基于技术标准的科技计划项目立项决策

为了提高科技计划项目立项决策的科学性和有效性，可从项目申报主体、项目自身情况、项目间的关系出发，将科技计划项目立项决策过程分为科技计划项目初筛、科技计划项目立项评估和考虑关联性的科技计划项目决策三个阶段，从而优化项目布局与资源配置。

1. 科技计划项目初筛

科技计划项目初筛规则如表 4-6 所示。

表 4-6　科技计划项目初筛规则

标准层次		国际/国家/行业/地方标准	联盟标准	企业标准
初筛规则	项目申报单位信用	●项目申报单位无不良信用记录，未列入科技计划管理系统黑名单		
	项目必要性（2选1）	●列入科技规划、符合指南支持领域和标准项目链上的项目 ●未列入规划和指南，但是源于国家/区域/产业技术标准化需求及国际竞争需要		
	项目申报要求（多选1）	●产业联盟众多主体共同申报 ●单个主体申报，但要求是产业联盟标准链条或项目群中的项目	●联盟多个主体共同申报，标准及专利等项目成果能够向联盟外进行行业扩散，对产业整体发展具有重要贡献 ●联盟多个主体共同申报，标准仅在联盟内部使用，不对外滥用技术标准或专利	●联盟企业独立或联合其他企业、高校/科研院所申报，本领域有国家/行业/地方标准，制定高于上述标准的企业标准 ●联盟企业独立或联合高校/科研院所申报，标准是国家/行业/地方标准的有利补充或是本领域尚未有国家/行业/地方标准，需建立企业标准

（1）对于有利于建立或完善国际/国家/行业/地方标准的项目，要求由申报单位（产业联盟核心成员）牵头、联合产业内多主体共同申报，以发挥多主体在技术标准化活动中的协同作用；或者当单个主体独立申报时，要求申报项目必须是产业联盟标准链条或项目群中的项目，以保证项目成果对行业标准的贡献。

（2）对于有利于建立或完善联盟标准的项目，联盟可能会在标准中掺入大量外围专利，诱发技术垄断，因此，要求由牵头申报单位牵头、联合联盟内多个主体共同申报，同时要求标准及专利等项目成果能够向联盟外进行行业共享与扩散，对产业创新与整体发展发挥重要作用；或者要求由联盟多个主体共同申报，但标准仅限于在联盟内部使用，不能对外滥用技术标准或专利。

（3）对于有利于建立或完善企业标准的项目，要求由联盟企业独立申报，或由联盟企业牵头，联合其他企业、高校和科研院所申报，此外，还必须满足下列条件之一：一是本领域有国家/行业/地方标准，企业制定高于上述标准的企业标准；二是企业标准是国家/行业/地方标准的有利补充；三是本领域尚未有国家/行业/地方标准，需建立企业标准。

没有通过初筛的申报项目，不能进入下一环节的项目立项评估。通过初筛可以筛选有效项目，简化项目立项评估与决策流程。为了能够快速获取初筛观测点的项目信息，可以将项目必要性和申报要求两项考核要点列入项目申报通知和申报书之中。

2. 科技计划项目立项评估

根据科技计划项目的技术标准导向，从项目创新性、经济效益、社会效益、可行性四个方面设计基于技术标准的科技计划项目立项评估指标，如表 4-7 所示。

表 4-7　基于技术标准的科技计划项目立项评估指标

一级指标	二级指标	三级指标
创新性	技术水平	属于技术标准化的热点、难点和前沿问题
		与同行相比达到国际或国内领先水平
		可以取得技术、方法、工艺等的突破
	知识产权	可以形成技术标准或标准专利（群）
		可以形成除专利外的标准构成要件
经济效益	转化水平	可转化、应用和实施的程度
		成果应用价值
	市场化水平	市场需求量
		市场占有率
		市场竞争力
社会效益	产业贡献	项目成果具有一定条件下的产业开放共享性，能够带动产业升级
		推动产业规范和有序发展
		对产业技术进步和国际竞争力提升有实质性的突破、改进或补充
	生态性	技术、工艺与方法等符合绿色低碳要求
		有利于整合产业资源、促进协同创新
可行性	承担主体	项目承担单位具备良好的资源条件
		项目负责人及团队拥有良好的素质与经验
	研究方案	研究方案合理性
	研究目标	目标实现的可能性

以上基于完整性考虑，设计了适用于任何类型项目的立项评估指标，而对于不同类型的项目，立项评估也应体现不同项目性质的差异性。

以下给出了不同项目的评估指标应用策略。

（1）标准研发项目。不同类型的研发项目的评估指标应用策略如下。

对于仅在申报主体内部使用的技术标准自由探索类项目，降低"社会效益"指标权重，并可剔除"产业贡献"指标下的三项三级指标。

对于主要由高校和科研院所承担的产业重要技术标准应用基础研究类项目，提高"创新性"指标权重，降低"经济效益"指标权重，并可剔除"市场占有率""市场竞争力"两项指标。

对于产业重要技术标准共性关键技术、配套技术、产品、工艺、方法等的研发和应用示范类项目，提高"创新性"和"社会效益"两项指标的权重，并且当技术标准尚不成熟时可剔除"市场占有率""市场竞争力"两项指标或降低其权重。

（2）标准产业化项目。不同类型的产业化项目的评估指标应用策略如下。

对于产业重要技术标准的体系化、产品化、商业化或重大工程类项目，降低"经济效益"指标权重，提高"社会效益"指标权重。

对于产业重要技术标准基础设施条件和基地、平台建设，以及标准化资源开放、共享、整合类项目，尤其要加大"社会效益"指标权重，前两项一级指标选择"创新性"下的"可以形成除专利外的标准构成要件"和"经济效益"下的"成果应用价值"即可。

以上示范性地给出了评估指标应用策略，具体操作时可以灵活运用，并根据实际情况进行指标的增减和替换。

3. 考虑关联性的科技计划项目决策

由于申报项目之间存在交叉、重复研究的可能，考虑到标准产业链和各项目间的关联关系，可按照项目关联分为相似性项目、互补性项目和无关联项目，项目关系及特征如表 4-8 所示。

表 4-8 项目关系及特征

项目关系	特征
相似性项目	●与其他项目主题和关键词具有相似性 ●与其他项目主要内容和技术参数无差异或差异性不大 ●与其他项目一样能够满足同类需求
互补性项目	●项目属于技术标准链条上的基础性项目或配套性项目 ●与其他项目互相衔接或互为补充
无关联项目	●与其他项目没有关联性

设计相似性项目整合、互补性项目组合和无关联项目选择的策略。

（1）相似性项目整合。对于相似性项目，为了避免重复研究和加强协同创新，科技计划管理部门可采取的策略包括：一是建议由某一项目申报主体牵头、多个相似性项目申报主体协同联合申报；二是择优选择立项支持对象。因此，需要对项目的优先序进行排序，可用比较法进行筛选。首先，将所有的相似性项目分纵横两个方向排列，其次比较不同项目，可以横向比较也可以纵向比较，当一个项目的重要性高于另外一个项目时，该项目标记为"+"，当两个项目同等重要时，标记为"0"，当一个项目的重要性低于另外一个项目时，标记为"-"，最后对每个项目进行累积加总，得分最高的项目为最重要的项目。假设共有 5 个相似性项目，对这 5 个项目进行比较排序，具体情况如表 4-9 所示。

表 4-9　相似性项目比较

项目	A	B	C	D	E
A	0	+	−	+	+
B	−	0	−	+	+
C	+	+	0	+	+
D	−	−	−	0	−
E	−	−	−	+	0
累积得分	−2	0	−4	4	2

注：本表采用横向与纵向相比的方法

可以看出，上述 5 个项目中 D 项目最为重要，项目从最重要到最不重要的排列是 D、E、B、A、C，这种比较法的优点在于简单易行，主要适合项目数量较少的情况。

（2）互补性项目组合。当存在多个具有互补关系的项目时，科技计划管理部门可采取的策略如下：按照标准研发和产业化的整体性，尽量对于同一标准下的互补性项目统筹布局，形成项目群，以实现项目间的有效衔接和相互支撑，健全标准链条。因此，需要考虑这些互补项目间的互补关系，从而可以从标准链条出发，确定核心项目和配套项目，将项目组合形成项目群。假设有 4 个项目，项目的互补关系比较如表 4-10 所示。

表 4-10　项目的互补关系比较

项目	A	B	C	D
A		AB		
B			BC	BD
C				
D				

如果 B 是以 A 为核心开展的互补性研究或配套研究，则标注"AB"，即重要性高的项目标注位置在前。由表 4-10 可以看出，该组互补性项目，A 是核心项目，B 是 A 的互补或配套项目，C 和 D 都是 B 的互补或配套项目。由此，可以将多个有互补关系的项目联系起来，在立项时将核心项目和配套项目一揽子打包支持，可以以某一标准项目群的方式进行立项，引导这些项目加强项目间的衔接与互动；或者科技计划的安排应当顺应全球产业技术创新模块化变动趋势，将互补性项目按照核心模块和外围模块进行模块化集成。

（3）无关联项目选择。对于一项与其他申报项目没有任何关联的项目，应考虑是否立项。可以分为三种情况：第一种情况是该项目是产业发展重点领域的重要项目，但研究或涉及主体较少，此时应重点选择立项支持；第二种情况是项目属于产业发展重点领域，但是是企业个性化需求项目，此时可以选择立项，但主要列为申报主体在其内部使用的技术标准项目；第三种情况是，非重点领域的项目，对于产业创新无关紧要，此时不立项支持（王珊珊等，2016c），如表 4-11 所示。

表 4-11 无关联项目比较

情形	项目特点	立项
1	重点领域的重要项目，研究或涉及主体较少	重点选择
2	重点领域的个性化需求项目	可以选择，主要列为申报主体内部使用标准的项目
3	非重点领域，对产业创新无关紧要	不选择

4.4.5 基于技术标准的科技计划项目实施监控与验收评估

1. 基于技术标准的科技计划项目实施监控

对科技计划项目实施进展进行监控，其实质是对项目阶段性成果的考核。为简化流程，可采取提交年度进展报告的方式，必要时可举行会议汇报项目进展或现场考核。

对技术标准化项目实施情况进行监控的内容包括：一是单个项目纵向比较，监控单个项目的执行进展和阶段性成果，考核其阶段性目标和任务完成情况；二是多个项目横向比较，按照并行工程思想，统筹考核一项产业技术标准的项目群中各项目的进展及项目阶段性成果的衔接、匹配情况，旨在促进项目间的联动实施，提高各项目成果的衔接性和集成性，加快产业技术标准化进程。

2. 基于技术标准的科技计划项目验收评估

在技术标准化项目验收评估时，评估原则和要点如下。

（1）科技计划项目验收评估原则。对于科技计划项目资助产生的产业技术标准化项目成果，应强调其对产业技术标准化活动及产业有序、可持续发展的引领和支撑作用。在验收评估时，遵循以下原则：一是成果质量而非数量的原则，即产生高水平的实用性成果（尤其是标准重要专利或技术群），忽略无用或垃圾产出；二是成果应用的原则，即成果已经在产业技术标准中应用，或成果可应用于产业技术标准并且转化实施的可能性高；三是成果对标准的重要性原则，即成果对产业技术标准建设与发展有重要作用，是产业技术标准体系的重要组成部分；四是成果共享性原则，即成果已经或可在产业范围内共享，提升产业整体发展水平和技术标准竞争力，而不是具有独占性和垄断性。

（2）科技计划项目验收评估要点。在产业技术标准化项目验收评估时，以项目目标和任务为参考、以衡量项目绩效为核心，从项目完成情况、成果及水平、成果对标准的贡献度和成果应用情况四个维度进行评估。科技计划项目验收评估要点如表 4-12 所示。

表 4-12　科技计划项目验收评估要点

验收评估维度	验收评估要点
完成情况	●项目计划任务书约束性指标是否完成（超额、正常、未完成） ●项目进度（提前、正常、超期） ●经费使用情况（按预算、未按预算）
成果及水平	●取得了技术突破，技术水平高 ●产生了重要专利，专利质量与水平高 ●产生了标准体系架构中的重要元素（产品、工艺、方法、平台、团队等）
成果对标准的贡献度	●成果属于产业技术标准的构成要件（重点是核心专利） ●成果有利于完善升级已有标准或形成新的标准，提高我国在国际标准中的话语权 ●成果在产业技术标准运作载体（如产业联盟）中具有一定的开放共享性
成果应用情况	●成果已纳入或可纳入产业技术标准 ●成果许可实施性高 ●成果已在或将要在行业推广应用，扩散性强

在项目验收评估时，对于自然科学基金、重大专项和标准研发等不同类别的项目，由于目标导向和绩效体现形式各不相同，其验收评估指标、评估侧重点和评估标准也应有所不同。例如，标准研发类项目，应注重标准基础技术、共性技术、关键技术的突破和必要专利的产生，同时强调研发成果被纳入标准及转化实施的效果或可能性；重大专项注重标准核心要件的产生、重大技术的突破和标准重大工程的建设，更加强调成果的集成性、应用性和共享性；自然科学基金项目注重标准基础共性问题的解决及标准基础理论和方法的先进性、应用性等。科技计划项目验收评估结果可作为下一年度产业技术标准领域项目滚动立项、优先支持的依据（王珊珊等，2017a）。

第 5 章　技术标准下的产业联盟专利协同及管理架构

产业联盟是当今世界各国技术标准化的重要载体,技术标准下产业联盟专利管理的科学性和有效性直接关系到技术标准的构建、发展和推广应用。

5.1　产业联盟创新演化及合作博弈

5.1.1　产业联盟创新演化特征

根据产业联盟不同发展阶段,按照完成一次技术或产品创新需要经历的过程,可将联盟发展过程分为三个阶段:组建分工、协同运作和成果产出,如图 5-1 所示。

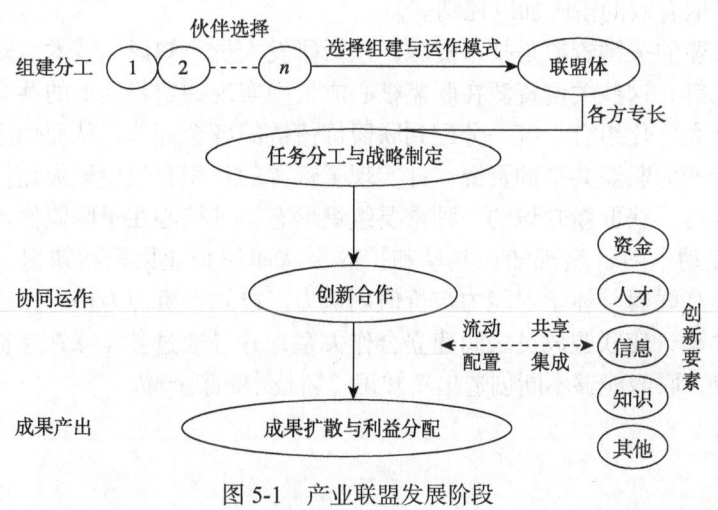

图 5-1　产业联盟发展阶段

首先，在联盟组建分工阶段，由联盟发起者选择适宜的合作伙伴，并选择适宜的组建模式和运作管理模式，根据联盟战略目标，明确创新任务与伙伴分工，制定联盟战略。其次，在联盟协同运作阶段，联盟各成员按照契约约定，投入各自的资源和开展创新合作，实现各方资源的共享和融合。最后，在成果产出阶段，联盟成员的努力转换为创新成果的产出、专利化和商业化，实现了创新成果的扩散，此时，要根据联盟各伙伴实际贡献度来合理地分配联盟创新收益（王珊珊等，2010b）。

1. 组建分工

在产业联盟组建分工阶段，选择联盟伙伴合作的组织模式，并确定产业联盟的运作管理模式，是联盟合作的首要任务。进而，根据联盟的战略目标，签订联盟契约并制定联盟战略，对各伙伴创新投入、分工与合作、技术成果和利益分配等做出初步的约定。

2. 协同运作

联盟各成员将投入的资源合理分配到其所承担的创新环节，围绕整条创新链及所有环节的创新活动开展创新合作。由于联盟创新本质上是协同创新，它超越了单个企业的创新范围和活动，因此，联盟创新的过程也就是各成员创新资源共享和协同的过程。从协同要素内容上划分，协同运作可分为资源的协同、文化的协同、关系的协同和利益的协同；从协同层面划分，可分为横向和纵向合作协同以及内部与外部的协同。协同运作的过程也就是资源共享和优化配置以及知识学习和共享的过程。在联盟成员协同过程中，不可避免地会产生冲突和风险，此时需要联盟采取有效的措施加以控制。

产业联盟的关键资源是技术资源，包括研发人员、知识、技术、知识产权、技巧、工艺等，这些关键资源在联盟核心成员中实现一定程度上的共享，并与其他资源配合和优化组合，统一分配到联盟价值链的各个环节，从而使原本个体拥有的资源转变为联盟共享的资源，并实现了资源的累积和效应最大化。联盟作为企业组织学习、获取新知识的一种重要组织形态，其核心在于联盟伙伴显性与隐性知识的互动学习，实现知识共享和扩散，从而使企业累积新知识、拓展新能力，进而提高联盟整体学习能力与价值创造力。以知识资源为核心，通过知识学习和资源共享，使联盟成员之间建立合作关系，并且通过各类互补性资源的共享和有效集成，联盟能够不断创造出新知识、新技术和新产品。

3. 成果产出

联盟通过开展协同创新活动，获得新技术、新专利、新产品，并进行创新成果的扩散，尤其是外部扩散，由此产生经济效益，赢得竞争优势。在该阶段，专利的获取、创新扩散及创新利益的合理分配至关重要。

产业联盟创新演化以多个成员为节点（网络中的点）、以创新活动为主要内容、以资源共享和配置为手段、以成员协同（各节点之间的连线）为纽带，其演化特点如表 5-1 所示。

表 5-1 产业联盟创新演化各阶段的特点

特征项	组建分工	协同运作	成果产出
结构	非均衡	非均衡与均衡之间的演化	稳定均衡或失衡
网络联结强度	强约束、弱联结	强联结和弱联结	强约束、弱联结
创新活动	构思形成	研发、共享	产业化、市场化
资源投向	合作关系的建立	以专利为主的各价值链环节、关系协调	价值链终端，关系协调和维护
共享程度	较低	高	较高
矛盾	知识产权确认、归属和评估；收益分配方案制订	共享与协调	各伙伴的贡献度评价与收益分配

5.1.2 产业联盟网络整合模式

应建立以产业联盟为核心的网络整合模式，该模式通过网络联结，可以实现资源整合、业务整合和管理整合。在某一细分的产业领域，新兴产业创新链的网络整合模式如图 5-2 所示。

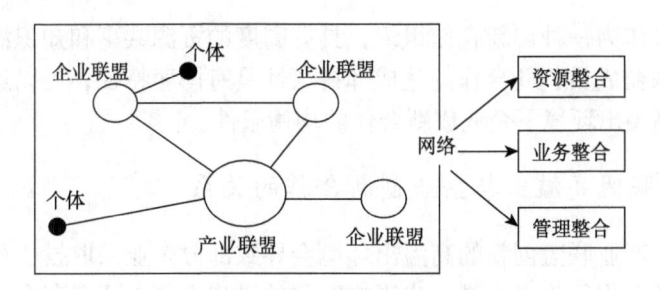

图 5-2 新兴产业创新链的网络整合模式

在该网络中，以产业联盟为核心，若干企业联盟和个体都与其直接或间接地联结，使得新兴产业创新网络产生大量的强联系和弱联系，得到充分的资源和链接，增强产业创新合作强度。其中，产业联盟覆盖创新链的全部或占据核心环节，拥有关键创新资源，承担产业创新链的核心业务活动和管理职能；企业联盟和个体位于创新链的非核心或非公共利益环节。网络中的独立个体可能是企业、高校或科研院所等，也可能是中介机构等利益相关者。以产业联盟为核心的新兴产业创新链网络整合模式，可以有效地促进新兴产业创新资源整合、业务整合和管理整合。

（1）在资源整合方面，以产业联盟为核心，能够形成网络凝聚效应，充分、有效地利用全社会优势资源，将分散的资源组合为一体，将关键创新资源配置到战略性环节，减少创新链上低增值环节的资源耗费。其中，通过加强社会文化与技术、设计资源的整合力度，加快培育技术和设计能力。

（2）在业务整合方面，新兴产业创新链上各个环节相互关联和影响，因此，应根据提高创新链战略性环节的创新效率和链条整体创新绩效的原则，以技术研发和产品语义设计两个战略性环节为核心，将各个分散、相对独立、并行工作的业务流程按照新的创新目标联系起来，实现全部业务流程的整合。由于设计与技术相结合的创新模式尤其对技术研发、产品语义设计和市场运营之间的紧密联系提出了更高的要求，因此，应充分实现三个环节的信息共享，提高三者的协同速度和匹配效率。

（3）在管理整合方面，应由零散的线性管理转变为以产业联盟为核心的网络化管理，由面向人、财、物的职能管理转变为面向创新业务流程的模块化集成管理，建立以产业联盟为载体的集中管理组织结构，将管理的重点放在创新价值驱动上，即管理的重点是业务流程及其内部联系和内外匹配（王宏起等，2014）。

5.1.3 产业联盟创新合作及其博弈均衡条件

产业联盟作为一种创新合作组织，具有高度的资源共享和知识溢出特征，高溢出环境下联盟成员创新合作的达成和持久性具有博弈特征，可以运用博弈论建模分析联盟高溢出环境下企业创新合作的均衡条件。

1. 产业联盟高溢出与企业创新合作的关系

一方面，产业联盟创新的高溢出环境会导致部分企业采取投机行为；另一方面，联盟创新合作行为也会进一步影响联盟的溢出水平，两者存在互动发展的紧密联系。

1）高溢出环境下企业的"搭便车"行为倾向

产业联盟内创新合作具有外部性，会抑制知识技术溢出方的积极性。一方面，由于企业创新的私人收益与社会收益的比例下降，会降低企业的创新意愿；

另一方面，会使得联盟内的部分企业只想坐收"溢出效应"而不进行创新投入，促使企业"搭便车"机会主义行为的产生。由于部分企业有"搭便车"的机会主义倾向，如果技术保护力度不够将会发生模仿和剽窃现象，从而导致部分创新能力强的企业技术外泄，抑制其创新积极性和合作的意愿，致使产业联盟持续合作创新活动受阻（Frishammar et al.，2015）。

2）企业创新合作影响联盟溢出水平

联盟企业的行为不仅受高溢出环境的影响，同时也对高溢出环境产生反向的作用力。随着联盟企业创新合作的加深，交流更加充分，增强了彼此之间的信任，沟通学习障碍也随着合作的次数增多而减少，企业间的文化距离、知识距离和认知距离不断缩小，联盟内的溢出水平和溢出效应会随着合作的深入而不断提高。因此，当企业的创新合作行为越频繁、越深入、越长久时，企业间的知识溢出水平就会达到越佳的状态；相反，当企业间的创新合作减少、机会主义行为增多时，会降低企业间的创新合作水平，知识溢出水平也会随着沟通的减少和矛盾冲突的增加而不断下降。

可见，高溢出环境在促进联盟企业创新合作的同时，也可能带来"搭便车"的机会主义倾向，而联盟内企业间的合作水平也影响着溢出水平，高溢出与企业的创新合作密切相关、互相影响（王珊珊和邢东兵，2010）。

2. 产业联盟创新合作的博弈均衡条件

产业联盟高溢出环境给联盟内企业带来了两种创新行为倾向：一是创新合作；二是享有溢出收益而不进行创新投入和合作。企业的创新行为成为在高溢出环境下是否进行创新合作的博弈过程，能否满足企业的创新合作条件就成为企业能否实现持续合作创新的决定因素。

以产业联盟内两家企业的创新合作博弈为例，两家企业分别为企业 A 和企业 B，两家企业共同研发与生产一种产品，有相同的单位产品成本 c，产品市场价格为 p，产品产量分别为 q_1 和 q_2，逆需求函数为 $p=a-bq$，其中 $q=q_1+q_2$，则两家企业利润表达式为 $\pi_1' = q_1(p-c)$ 与 $\pi_2' = q_2(p-c)$，两企业分别以各自利润最大化为目标确定各自产品产量，则可得方程组：

$$\begin{cases} \frac{\partial \pi_1'}{\partial q_1} = 0 \\ \frac{\partial \pi_2'}{\partial q_2} = 0 \end{cases} \quad (5\text{-}1)$$

解式（5-1）可得，两家企业的利润分别为 $\pi_1' = \frac{(a-c)^2}{9b}$ 与 $\pi_2' = \frac{(a-c)^2}{9b}$。两

家企业为降低产品单位成本而进行创新活动，创新投入分别为 c_1 和 c_2，用创新效率系数 α 来表示企业创新能力情况，并设两企业创新能力相同，则创新效率函数分别为 c_1^α 和 c_2^α，独自创新后的产品成本分别为 $\dfrac{c}{c_1^\alpha}$ 和 $\dfrac{c}{c_2^\alpha}$。设与经济外部性相关的创新溢出水平为 η，且 $0<\eta<1$，体现企业创新的溢出效应水平，当企业 B 创新而企业 A 不创新时，可视为企业 B 采取创新合作行为，而企业 A 采取"搭便车"行为享受企业 B 的溢出效益，则由于企业 B 的溢出，企业 A 的产品成本变为 $\dfrac{c}{\eta c_2^\alpha}$，可得两家企业的利润分别为 $\pi_1^{\text{非}}=\dfrac{\left(a+\dfrac{c}{c_2^\alpha}-\dfrac{2c}{\eta c_2^\alpha}\right)^2}{9b}$ 与 $\pi_2^{\text{合}}=\dfrac{\left(a+\dfrac{c}{\eta c_2^\alpha}-\dfrac{2c}{c_2^\alpha}\right)^2}{9b}-c_2$；当双方同时采取创新合作策略进行创新合作时，溢出水平视为 1，双方共享创新成果，两家企业产品成本均为 $\dfrac{c}{c_1^\alpha+c_2^\alpha}$，企业利润分别为 $\pi_1=\dfrac{\left(a-\dfrac{c}{c_1^\alpha+c_2^\alpha}\right)^2}{9b}-c_1$ 与 $\pi_2=\dfrac{\left(a-\dfrac{c}{c_1^\alpha+c_2^\alpha}\right)^2}{9b}-c_2$。

两家企业为追求各自利润最大化，选择创新合作策略或者"搭便车"机会主义行为，依据两家企业在创新合作过程中的行为策略选择，有四种可能的创新合作结果，从而可得联盟企业创新合作博弈支付矩阵，如表 5-2 所示。

表 5-2　联盟企业创新合作博弈支付矩阵

A＼B	搭便车	创新合作
搭便车	$\pi_1'=\dfrac{(a-c)^2}{9b}$，$\pi_2'=\dfrac{(a-c)^2}{9b}$	$\pi_1^{\text{非}}=\dfrac{\left(a+\dfrac{c}{c_2^\alpha}-\dfrac{2c}{\eta c_2^\alpha}\right)^2}{9b}$，$\pi_2^{\text{合}}=\dfrac{\left(a+\dfrac{c}{\eta c_2^\alpha}-\dfrac{2c}{c_2^\alpha}\right)^2}{9b}-c_2$
创新合作	$\pi_1^{\text{合}}=\dfrac{\left(a+\dfrac{c}{\eta c_1^\alpha}-\dfrac{2c}{c_1^\alpha}\right)^2}{9b}-c_1$，$\pi_2^{\text{非}}=\dfrac{\left(a+\dfrac{c}{c_1^\alpha}-\dfrac{2c}{\eta c_1^\alpha}\right)^2}{9b}$	$\pi_1=\dfrac{\left(a-\dfrac{c}{c_1^\alpha+c_2^\alpha}\right)^2}{9b}-c_1$，$\pi_2=\dfrac{\left(a-\dfrac{c}{c_1^\alpha+c_2^\alpha}\right)^2}{9b}-c_2$

由纳什均衡原理知，要达到创新合作纳什均衡必须满足不等式组：

$$\begin{cases} \pi_1 - \pi_1^{\text{非}} \geqslant 0 \\ \pi_1^{\text{合}} - \pi_1' \geqslant 0 \end{cases} \tag{5-2}$$

解式（5-2）可得

$$\begin{cases} \eta \leqslant \dfrac{2c}{c_2^{\alpha}\left(a + \dfrac{c}{c_2^{\alpha}} - \sqrt{\left(a - \dfrac{c}{c_1^{\alpha} + c_2^{\alpha}}\right) - 9bc_1}\right)} \\ c_1^{\alpha} \geqslant \dfrac{c\left(2 - \dfrac{1}{\eta}\right)}{a - \sqrt{9bc_1 + (a-c)^2}} \end{cases} \tag{5-3}$$

可以看出，式（5-3）中的第一个不等式是一个关于溢出水平的不等式，可命名为溢出水平不等式；第二个不等式的左边为创新效率函数，可命名为创新效率函数不等式。由创新效率函数不等式可以看出，创新效率函数不等式在满足一定条件时存在恒成立的状态。例如，当溢出水平小于 1/2 时，此时只需满足溢出水平不等式，企业间便能达成创新合作纳什均衡，这说明当与经济外部性相关的溢出水平不超过某一临界值时，企业间更容易达成合作。

又对式（5-3）进行变换可得

$$\begin{cases} \eta \leqslant \eta' \\ \alpha \geqslant \alpha' \end{cases} \tag{5-4}$$

其中，η' 和 α' 分别为合作溢出水平上限和创新效率系数下限，具体表达式为

$$\eta' = \dfrac{2c}{c_2^{\alpha}\left(a + \dfrac{c}{c_2^{\alpha}} - \sqrt{\left(a - \dfrac{c}{c_1^{\alpha} + c_2^{\alpha}}\right) - 9bc_1}\right)} \tag{5-5}$$

$$\alpha' = \dfrac{\ln\left(\dfrac{c\left(2 - \dfrac{1}{\eta}\right)}{a - \sqrt{9bc_1 + (a-c)^2}}\right)}{\ln c_1} \tag{5-6}$$

可以看出，当溢出水平超过临界值时，要达到创新合作均衡必须满足创新效率系数 α 大于创新效率系数下限 α'，且溢出水平 η 小于合作溢出水平上限 η'。通过具体的表达式可以看出合作溢出水平上限是关于创新效率系数 α 的增函数，即创新能力越强，合作均衡要求的合作溢出水平上限越大；创新效率系数下限 α' 是溢出水平的增函数，即溢出水平越高，对于创新效率系数的要求越高，即较高的

溢出水平需要较高的创新效率系数与之对应，溢出水平和创新效率系数之间存在着协调互动关系。

可见，在溢出水平和创新能力满足一定协调关系的情况下，企业创新合作可以保持均衡状态，溢出水平和创新能力均可以不断提高。然而溢出水平和创新能力并不总是能满足协调关系，企业间知识的学习比创新更容易实现，溢出水平的发展常常不能与创新能力的提高保持同步，当溢出水平过高，超出了企业创新能力所能承受的范围时，将不能满足创新合作均衡条件，也容易导致"搭便车"行为的发生。随着创新合作的减少，产业联盟创新能力降低，同时合作溢出上限也随之下降，直到回落到初始相对较低的溢出水平，方能再次满足创新合作均衡条件。因此，从长期来看，企业创新合作的规律表现为由合作到不合作，溢出水平先升后降的循环发展过程。因此，为了保持产业联盟企业持续的创新合作，还需要有其他外生变量的作用。

5.1.4 产业联盟创新合作的知识产权保护

将知识产权保护系数引入博弈模型，分析知识产权保护对联盟企业创新合作均衡条件和溢出水平的影响。

由于溢出水平和创新能力是不能随时变动的变量，当溢出水平超出企业创新能力所能承受的上限时，创新的合作均衡条件就很难在这两者之间得以维持，此时"外生变量"的设置就显得尤为重要。知识产权保护作为克服经济外部性和"搭便车"行为的有效手段，可以影响企业创新合作的均衡条件。

知识产权保护主要从知识溢出方和溢出接受方两个方面对知识的溢出过程产生作用，最终结果都是增加了知识溢出成本。不妨设知识产权的保护强度系数为 ρ（$0<\rho<1$），知识产权保护通过增加溢出接受方的成本，影响溢出效果，如对于产品销售按一定的比例提取专利权使用费用；设 η^* 为加入知识产权保护系数的溢出水平，经知识产权保护修正的溢出水平为 $\eta^* = \eta(1-\rho)$，η^* 是关于 ρ 的减函数，则加入知识产权保护系数的不等式组变为

$$\begin{cases} \eta \leqslant \dfrac{2c}{(1-\rho)c_2^\alpha \left(a + \dfrac{c}{c_2^\alpha} - \sqrt{\left(a - \dfrac{c}{c_1^\alpha + c_2^\alpha}\right)^2 - 9bc_1} \right)} \\ c_1^\alpha \geqslant \dfrac{c\left(2 - \dfrac{1}{\eta(1-\rho)}\right)}{a - \sqrt{9b(c_1 - \Delta\pi) + (a-c)^2}} \end{cases} \quad (5\text{-}7)$$

其中，$\Delta\pi = \dfrac{\rho}{3b\eta(1-\rho)}\left(a + \dfrac{c}{c_1^\alpha} - \dfrac{2c}{\eta(1-\rho)c_1^\alpha}\right)\dfrac{c}{c_1^\alpha}$，$\Delta\pi$ 为由于知识产权保护而从模仿企业转移到创新企业的创新收益。由于转移的创新收益总是正值，因此可视 $\Delta\pi$ 为一个大于零的常数，则修正后的创新效率系数下限 α'' 和合作溢出水平上限 η'' 分别为

$$\alpha'' = \dfrac{\ln\left(\dfrac{c\left(2 - \dfrac{1}{\eta(1-\rho)}\right)}{a - \sqrt{9b(c_1 - \Delta\pi) + (a-c)^2}}\right)}{\ln c_1} \tag{5-8}$$

$$\eta'' = \dfrac{c}{(1-\rho)c_2^\alpha\left(a + \dfrac{c}{c_2^\alpha} - \sqrt{\left(a - \dfrac{c}{c_1^\alpha + c_2^\alpha}\right)^2 - 9bc_1}\right)} \tag{5-9}$$

比较可得 $\alpha'' \leqslant \alpha'$，$\eta'' \geqslant \eta'$，可见知识产权保护通过增加溢出接受方的成本，降低了创新效率下限，扩大了合作溢出水平上限，进而扩大了合作均衡区间，放宽了企业创新合作均衡的条件。知识产权保护对合作均衡的影响如图 5-3 所示，图中斜线部分为由于知识产权保护而增加的合作策略均衡区。

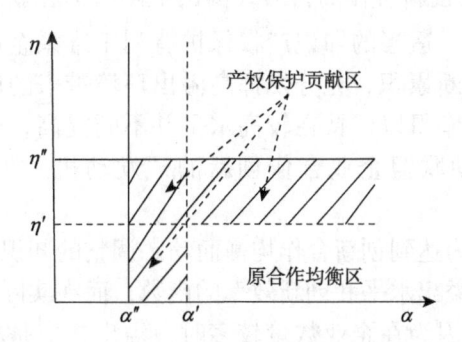

图 5-3 知识产权保护对合作均衡的影响

可见，知识产权保护可以起到"调节器"的作用，通过动态调整知识产权强度，与一定的知识溢出水平和创新效率相对应，可扩大企业创新合作均衡区。知识产权保护对于溢出水平的调节作用如图 5-4 所示。

在 O 点以前，合作溢出上限曲线为企业创新效率的函数，随着创新合作的持续和创新效率的提高，溢出上限不断提高；在达到 O 点时，进入拐点位置，此时溢出水平的增长超出了创新能力的提高速度，如果不采取适当的知识产权保护，

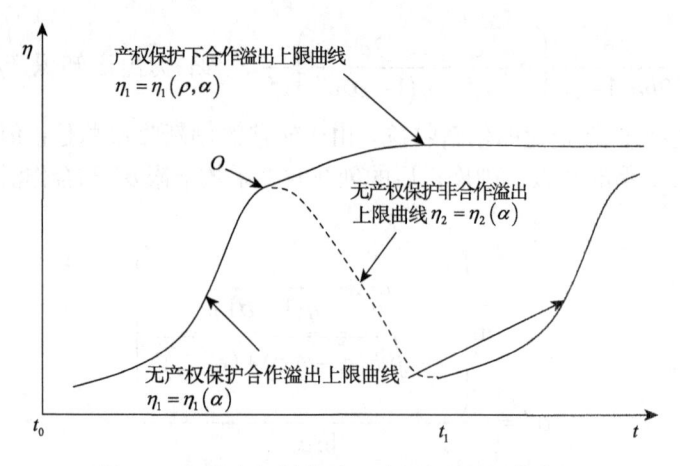

图 5-4　知识产权保护对于溢出水平的调节作用

将进入 $\eta_2 = \eta_2(\alpha)$ 曲线阶段，由于不能形成创新合作，创新能力下降，溢出上限亦随之下降，直到 t_1 时刻方能开始再次满足创新合作均衡条件，联盟企业创新合作表现为周期为 $t_1 \sim t_0$ 的循环发展过程；而当采取适当的知识产权保护强度时，溢出上限曲线表现出上升趋势，合作溢出上限曲线为知识产权保护强度和创新效率的函数，且较高的溢出水平与较高的知识产权保护强度和较高的创新效率相对应，而采取恰当知识产权保护强度的创新合作溢出上限曲线变化规律将为 $\eta_1 = \eta_1(\rho,\alpha)$，且随着创新合作的持续，溢出上限将为创新效率和知识产权保护强度的增函数。因此，适当的知识产权保护有利于维系企业的持续创新合作，并通过创新能力的不断累积，充分发挥高溢出环境带来的创新优势，使得联盟的溢出水平和创新效率得以保持在较高水平并不断提高，适度的知识产权保护和知识溢出成为推动联盟企业合作创新的"发动机"（王珊珊和邢东兵，2010）。

需要指出的是，为达到创新合作均衡而动态调整的知识产权保护系数是溢出水平的函数，表达为溢出水平和创新效率的函数，而在实际中，还应与联盟内合作企业的数量相关，因为在企业数量较多时，溢出效应是相应增加的，相应的知识产权保护强度也应提高。由于多家企业的博弈模型较为复杂，在此不做详细分析。

5.2　产业联盟与技术标准化的一致性与冲突

世界各国的技术标准之争日益以产业联盟或技术标准联盟为竞争利器，这种现象在信息通信、生物医药等高技术领域尤为普遍，其中，依托产业联盟来制定和运作技术标准，成为各国重点产业和技术领域发展与创新的必然选择。

5.2.1 产业联盟与技术标准化的一致性

产业联盟是一种产业组织形态，技术标准化是一个过程并涉及一系列活动，在知识经济、全球化和开放式创新时代，产业联盟是解决知识产权和标准化矛盾、加快产业标准化步伐和应对全球标准竞争的最有效载体，两者在公共利益和互为需求等方面具有一致性，表现如下：第一，产业联盟的目标是推动产业创新与发展，而技术标准化的目标是形成关于产品、技术和工艺特性及参数的规范并得到采用，赢得标准竞争力。随着全球科技竞争的焦点日益演变为更高层面的技术标准之争，各国政府都加强了重要技术标准的部署和干预支持力度。从一国产业发展角度出发，产业联盟和技术标准化都具有公共利益，两者的融合有利于加快提升产业创新能力和国际竞争力。第二，在开放式创新时代，产业联盟需要运用技术标准来提高其产业影响力、控制力和竞争力，技术标准化活动更需要以产业联盟为抓手。这是因为，在日益激烈的全球技术标准之争中，标准的复杂性、技术集成性和开放性要求，以及知识产权开发、基础设施建设、产品开发等技术标准化的一系列活动，需要产业内大量相关主体的广泛参与，而这正是产业联盟这种产业组织形态的优势所在，且符合全球标准化发展趋势，从而使两者的结合成为必然。

5.2.2 产业联盟与技术标准化的冲突

产业联盟与技术标准化的冲突主要源于公共利益与私人利益的协调性，体现在：第一，产业联盟技术标准化以产业竞争力而非垄断利润为目标，具有面向本国产业的公共属性和显著的社会效益，由于产业联盟内部各成员在本质上是追求经济利益的，如果联盟及其成员的前期大量投入无法获得回报或得到补偿，它们将会丧失建设产业技术标准和带动产业整体发展的积极性；第二，技术标准对掌握标准知识产权的企业来说，意味着对产业和市场的控制力，联盟如果将标准必要和非必要专利进行一揽子打包许可，或限制受许方产品数量和销售渠道，则构成专利权滥用，这与产业联盟技术标准化的初衷以及技术标准相关的法律法规相违背。

产业联盟与技术标准化的一致性决定了以产业联盟来制定和运作技术标准具有独特的优势，而产业联盟与技术标准化的冲突也使联盟技术标准化过程中存在诸多联盟自身难以解决的问题，需要政府的协调和支持。

5.3 产业联盟技术标准化的优势

1. 参与主体多

借助于产学研优势资源发展产业重点领域技术及其标准是一种最佳选择（侯建和陈恒，2017），产学研合作专利在技术前沿以及专利转化和市场应用方面具有一定的优势（王珊珊等，2018a）。由产业联盟主导的技术标准化过程，吸纳了各创新主体的广泛参与，如 3G 标准领域的 WCDMA 联盟和 TD 联盟。在技术标准化过程中，产业联盟构成主体主要包括企业、高校和科研院所，这些主体在技术标准化过程中起到主导作用。另外，政府、标准化组织和行业协会也在产业联盟技术标准化过程中发挥重要的引导、支持、协调和监管作用，是产业联盟标准化活动的支持主体。上述参与主体表现出类型多和数量多两方面的特性，以 TD 标准为例，其技术标准化依赖于我国政府的倡导和推动，并以 TD 产业联盟为载体，联盟成员达上百家，涵盖清华大学、电信科学技术研究院等高校和科研院所，以及大唐电信、三星等中外企业，并带动了众多企业参与 TD 产业化活动。

根据产业联盟技术标准化活动参与主体类型及其作用不同，可将主体分为联盟构成主体和联盟支持主体两类，如表 5-3 所示。

表 5-3 产业联盟技术标准化的主体及其作用

类别	参与主体	主体作用
联盟构成主体	企业	标准技术研发与实施主体
	高校、科研院所	标准技术研发，为企业提供技术支持
联盟支持主体	政府	引导、支持和监管技术标准化活动，进行政策、资金扶持和市场干预
	标准化组织、行业协会	起管理、指导和协调作用

2. 专利共享程度高

由于国际标准的激烈竞争和技术的高度复杂性，产业联盟的技术标准表现出与专利技术高度融合的特性，技术标准化以强大的专利群及专利的高度共享为支撑。产业联盟内部成员之间共同进行新兴技术研发、标准专利共享及标准体系建设等活动，联盟对外通过标准专利的许可实施推动标准专利的大范围共享。例如，WCDMA、TD-SCDMA、AVS 和闪联等技术标准，均依托产业联盟或标准工作组，以专利池为基础实现标准专利的共建共享。

3. 技术领先

技术标准是由多个相关的专利技术以某种方式组合在一起而形成的"专利库"。通过产业联盟这样一个组织，联盟内的企业或者其他个体开放彼此的专利技术，实现专利共享，更快地制定技术标准，并通过资源共享和优势互补，使联盟的技术力量呈几何倍数增强，从而快速取得以专利群为支撑的技术领先优势，使标准更加具有先进性和难以模仿性。

4. 成本优势

产业联盟技术标准化过程中，各联盟成员共享彼此的资源尤其是专利技术，能够大幅度减少单个组织独自制定和运作技术标准的成本与风险。例如，单个组织自行组织实施标准化活动有以下弊端：一是标准研发要投入巨资，单个组织难以承受，而联盟则可以分摊费用；二是单个组织将不可避免地独自承担如技术评估、技术匹配、分散权利等在内的多项支出成本，因为这个组织为获取部分知识产权的使用许可，就必须分别寻找各产权所有者进行议价、谈判、协商，这一过程不仅隐含着巨大的风险，而且环节复杂、手续繁多，将为交易带来难度，同时会大大提高交易成本，而组建产业联盟，由产业联盟负责协调内外部各相关知识产权的所有者，按照联盟规则实行许可，可以降低交易成本，节省谈判时间，提高交易效率。

5. 标准先行优势

通过组建产业联盟来建设的技术标准通常是高新技术或新兴技术，是引领未来发展方向的前沿技术。且通过组建产业联盟来建设的技术标准多是为了满足未来潜在需求，技术和市场前景不确定，但其技术标准往往关系到一国新兴产业的国际竞争地位及国家重大利益。所以，出于国家战略和竞争需要，通常采取标准先行的战略，即在已有技术或少量专利基础上先建立技术标准（或标准框架），制定技术标准的总体目标和任务，然后开展技术标准的研发与实施等活动，不断取得技术突破，构建专利群，并形成各项子标准，健全标准体系。例如，随着全球物联网的快速发展，为了在物联网核心技术方面取得突破，我国于 2009 年组建了国家传感器网络标准工作组，目的是加快开展标准化活动，其标准先行战略有效地促进了我国传感器网络研究和产业化迅速发展。

6. 政府支持力度大

由于产业联盟技术标准通常是国家战略性技术标准，政府积极引导和参与标准建设。一方面，为了抢占国际市场，提升本国产业竞争力，世界各国政府通常会制定产业技术标准化战略并参与其中；另一方面，技术标准的研发投入巨大、联盟各方利益难以均衡等特点，使得政府需要通过战略规划、科技计划、政府采购、财政支持等手段对联盟技术标准化进行引导和扶持。实践表明，无论是发达国家还是发展中国家，政府都在产业技术标准化活动中发挥了重要作用。例如，为了加快我国云计算产业的发展，在北京市委、市政府和中关村科技园区管理委员会、市经济和信息化委员会等有关部门的大力推动下，中关村云计算产业联盟于2010年成立，其任务之一就是建立我国云计算标准。

5.4 产业联盟专利协同影响因素

产业联盟专利协同是指产业联盟围绕技术标准下的专利群布局，开展的专利高度共享、共同创造和综合集成运用等协同创新活动，包括技术标准下的专利共享、协同创造和集成运用三个方面。

5.4.1 产业联盟专利协同影响因素及其作用方式

产业联盟专利协同活动及水平受到联盟内外多因素影响，这些因素可分为联盟战略、伙伴、知识产权管理等联盟内部因素维度，以及政府支持、标准化组织或行业协会等联盟外部因素维度，如图5-5所示。

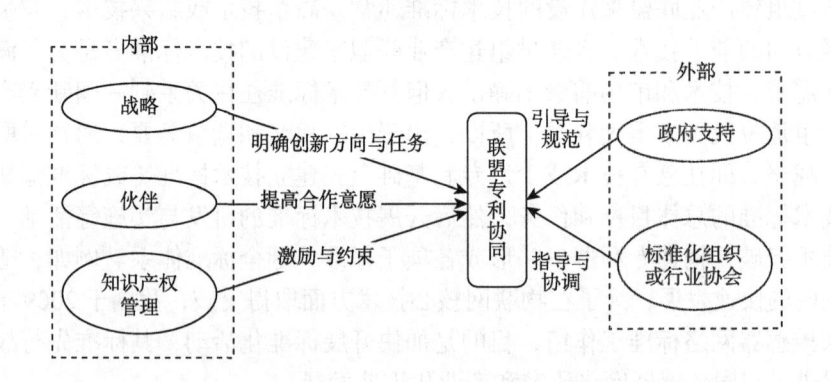

图5-5 产业联盟专利协同影响因素框架

产业联盟专利协同受到上述五个维度的因素影响，具体地，每一个维度又可分解为若干因素，各因素及其作用于产业联盟专利协同的方式如表 5-4 所示。

表 5-4 各因素对产业联盟专利协同的作用方式

维度	因素	作用方式
战略	标准化任务	明确联盟成员分工，提高专利研发、共享和许可等活动的有序性和协调性
	专利群布局	提高联盟成员对技术标准化目标及其专利构成和专利战略的认知度，明确专利共享范围、专利申请时机与方式、专利竞争策略等，促使联盟成员专利战略匹配
伙伴	资源与能力	决定了联盟成员的合作意愿，促进联盟成员按照优势互补原则进行分工与协作
	贡献度	决定了联盟成员资源投入与专利共享的意愿及持续合作的动力
知识产权管理	标准管理机构	实现专利的专门化、集中化和规范化管理，规范标准下的主体协同和资源集成行为
	专利评估	明晰技术标准所需专利及专利重要性，为联盟成员无偿或有偿使用技术标准相关专利，以及专利的协同创造和许可收益分配等提供决策依据
	专利许可方案	协调专利权人与非专利权人、核心专利与外围专利拥有者之间的关系
	专利权归属	明晰联盟成员自有和共有专利申请权、使用权等权利归属，保障专利贡献者权益
	专利收益分配方案	为联盟成员前期投入和后续持续投入提供激励与保障，促进技术标准下的专利整合、协同创造与转化，保障专利贡献者权益
政府支持	知识产权制度	提供专利活动行为准则、激励专利创造、解决专利纠纷和保护专利权人利益
	产业专利信息服务平台	为联盟成员获取产业专利发展动态、加快专利开发与保护提供支持，提高联盟成员的专利协同创造和综合集成效率
标准化组织或行业协会	协调与监管	发挥产业指导、协调与监管作用，强化联盟及其成员行为规范，协调联盟成员关系

5.4.2 产业联盟专利协同关键影响因素及作用关系

为了识别产业联盟专利协同的关键影响因素，向两类专家共 30 余人进行咨询，对关键影响因素进行选择。第一类专家是黑龙江省科技厅、黑龙江省知识产权局、黑龙江省科技成果转化中心等有关部门的科技管理人员，这些人员都是直接管理联盟或知识产权工作的人员；第二类是研究联盟创新与知识产权的有关专家。根据咨询结果，识别出产业联盟专利协同的关键影响因素，即专利权归属、专利评估、专利许可方案、贡献度、标准管理机构、专利收益分配方案。总体而言，联盟内部因素对专利协同的影响程度高于外部因素，联盟内部因素中知识产权管理的重要性高于其他因素。进一步分析这六个因素及其与联盟专利协同的作用关系，如图 5-6 所示。

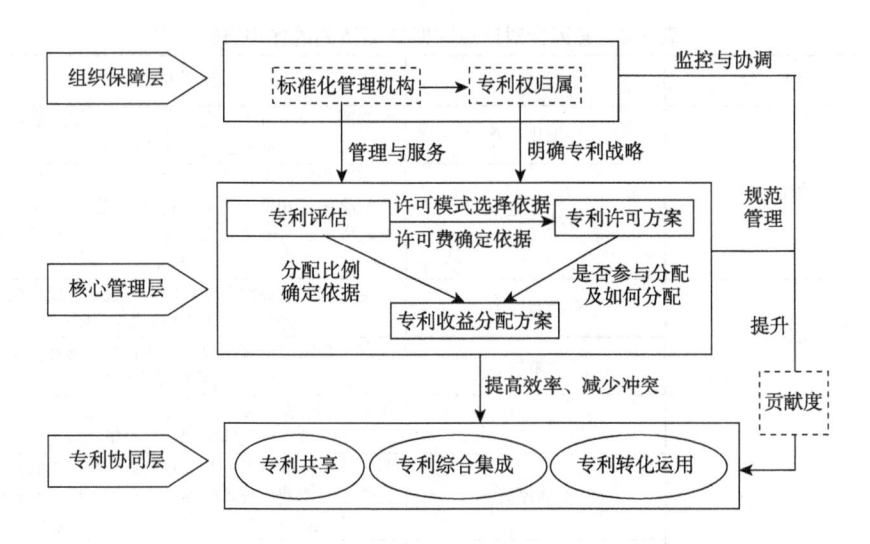

图 5-6　产业联盟专利协同关键影响因素作用关系

由图 5-6 可知，标准管理机构和专利权归属是联盟专利协同组织以及联盟专利战略制定环节的重要因素，设立专门的标准管理机构，实际上是强化对联盟专利相关活动的管理与服务，在协调联盟成员利益、促进联盟良性运行等方面发挥作用；专利权归属的事先约定是专利协同活动的起点和伙伴合作的必备要件。由于联盟专利协同是重点围绕专利许可活动展开的，因此，专利评估、专利许可方案和专利收益分配方案（以伙伴实际贡献度为依据）作为联盟专利许可和收益分配的必备管理方法，构成了联盟专利协同的三个核心环节和一体化解决方案，可以防范或减少联盟专利冲突和风险。由于联盟专利冲突和风险不可避免，因此联盟要对专利冲突及风险管理做出科学的预案（王珊珊等，2015a）。

5.5　产业联盟专利管理架构

根据产业联盟技术标准化过程，结合产业联盟专利协同的影响因素分析结果，设计产业联盟专利管理架构，如图 5-7 所示。

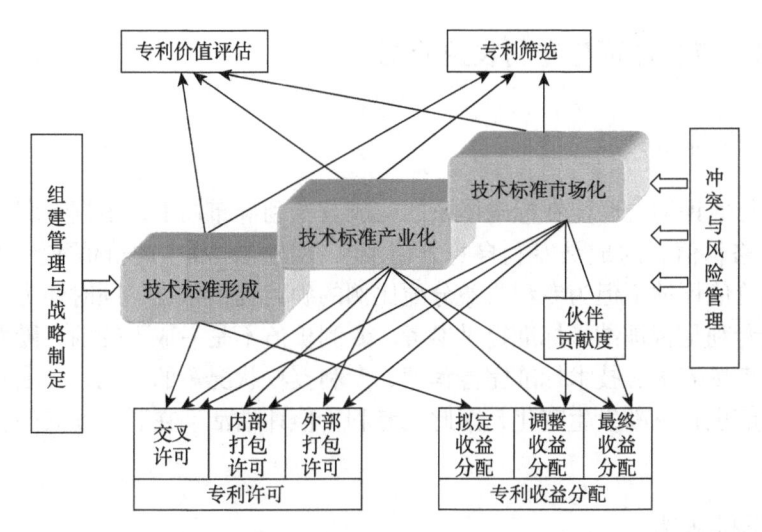

图 5-7　产业联盟专利管理架构

5.5.1　组建管理与战略制定

1. 组织和运作管理模式

在产业联盟组建及其标准形成的初级阶段，联盟需要确定合作的组织模式，并确定创新任务及其伙伴分工，将创新任务进行模块化分解与集成设计；同时，基于技术标准下的专利运作过程与特点，选择适宜的专利运作管理模式。

2. 联盟专利开发方法

产业联盟应采用先进的创新方法与工具，明确专利技术开发方向，加速联盟专利开发速度和促进伙伴专利的协同创造。TRIZ（拉丁文 teoriya resheniya izobreatatelskikh zadatch）理论是有效的发明问题解决理论，是建立在专利分析基础上的，产业联盟适宜采用 TRIZ 理论方法和工具进行专利开发。

3. 联盟专利战略决策

专利战略的分析、制定和选择，是产业联盟在组建初期的重要工作任务。专利地图可应用于产业联盟专利战略分析与制定，因此，可基于专利地图，设计联盟专利战略分析框架、专利战略制定方法，明确总体专利战略定位、确定专利产出和资源配置结构、制定具体的专利战略，并为联盟提供专利战略的选择方法，从而提高联盟专利战略决策的科学性。

5.5.2 专利许可与专利收益分配

1. 专利价值评估

专利价值评估是联盟在标准体系的构成及专利群布局下，根据专利的技术、经济与战略价值，对成员专利自身价值及其在技术标准中的价值重要度进行评估。专利价值评估不但为专利收益分配比例的确定提供依据，同时还为专利筛选从而决定专利是否被纳入标准提供参考。专利价值不是一成不变的，随着技术发展动态、市场需求、技术标准完善程度、专利授权状况等的变化，一项专利在联盟中的价值也在不断发生变化，因此，专利价值评估活动在联盟发展的各个阶段均会发生。

2. 专利筛选

专利筛选是指由联盟识别并筛选出标准的必要专利，将其纳入技术标准，并区分技术标准的核心专利与外围专利。专利筛选活动发生在产业联盟技术标准化的各个阶段，联盟在发展演化中要不断进行必要的专利更新，筛选新的专利纳入技术标准，并从技术标准中剔除失效或无用专利。

3. 专利许可

专利许可是联盟专利的综合集成运用活动。通常情况下，联盟成员通过专利的交叉许可开展合作创新，同时在联盟标准专利集中管理模式下，由联盟标准或专利管理机构将成员专利统一打包开展对内对外许可，此时，联盟要确定专利集中许可价格。一般而言，产业化与市场化两个阶段的专利许可受众范围较大。产业联盟专利许可模式因标准化阶段、主体关系层次不同而有所差别。

4. 基于伙伴贡献度的专利收益分配

联盟专利收益主要是指联盟专利组合许可收益，是联盟通过标准专利包的许可，向标准使用者收取的专利使用费，专利收益分配则是包括拟定、调整成员收益分配比例及实际分配在内的一系列活动。专利收益分配比例的拟定主要发生在标准形成阶段，而收益分配比例的调整与分配活动多发生在标准产业化与市场化阶段，且要以联盟伙伴贡献度为调整分配比例和确定最终分配方案的重要依据。一般情况下，联盟专利管理机构只将统一对外打包许可获得的专利许可收益进行分配，而成员单独许可不涉及分配问题。

5.5.3 冲突与风险管理

在产业联盟技术标准的形成、产业化和市场化各个阶段，均可能存在各类专利冲突和风险，这些冲突和风险的有效管理将关系到联盟整个标准化过程的稳定性和持续性。

1. 专利冲突管理

产业联盟专利冲突管理首先要明确可能存在的专利冲突类型，并选择适宜的矛盾冲突解决办法。可根据专利冲突发生的主体范围划分专利冲突类型，借鉴可拓学的问题解决思路与方法，对联盟专利冲突进行识别与管理。

2. 专利风险管理

产业联盟作为一个复杂的创新组织，其专利活动受到内外环境因素的影响，要从可能存在风险的环节出发，采取不同的风险防范和有效应对措施，从而避免风险的发生，或将风险损失降到最低。

第6章　产业联盟专利管理模式与专利战略

6.1　产业联盟合作组织模式与创新任务模块化管理

6.1.1　产业联盟合作组织模式

根据联盟成员合作方式不同,可将产业联盟合作组织模式分为非股权技术协议、共建研发机构、共建社团组织、共建合资企业、股权投资五种类型,产业联盟可采用其中一种模式,也可同时采用多种模式。产业联盟可根据实际需要,形成多样化、更加灵活和紧密合作的小型联盟。

(1)非股权技术协议。该模式是指联盟成员不涉及股权关系的以签署框架协议为标志的联盟形式,协议包括技术转让、技术开发、技术服务、分包、许可、授权等。

(2)共建研发机构。该模式是指联盟成员投入一定资源,共同建立研发机构,包括实验室、研发中心、工程技术中心、人才培养基地、博士后科研工作站、技术平台、创新平台等,它通常是一种长期研发合作模式,涉及股权和非股权两种方式。

(3)共建社团组织。它是指某个行业从事研发、生产和市场销售的众多企业、研发机构或政府机构等企事业单位组成的行业性科技型社会团体组织,致力于该行业的自主创新、技术标准和规范制定,推动产业发展,通常属于非股权参与形式。

(4)共建合资企业。该模式是指联盟成员主体各自以资金、无形资产或其他实物资产作价入股的方式共建一个独立的企业,联盟各方在新企业中拥有不同份额的股权,通过持有股份以产权为纽带对新企业加以控制或施加影响。

(5)股权投资。该模式是指联盟成员以资金、无形资产或其他实物资产直接投资于某一个或几个单位，联盟成员之间属于股权投资伙伴关系，这些单位通常是联盟成员，他们之间往往相互持有股份。

在选择联盟合作组织模式时，基于不同的动因，产业联盟会选择不同的适用类型和组织模式，如图 6-1 所示。

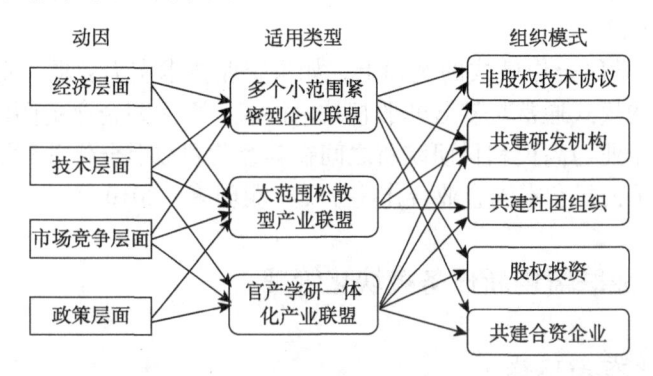

图 6-1 基于不同动因的联盟适用类型和合作组织模式

随着全球化竞争日益激烈，各国的产品、技术竞争上升到标准竞争和产业竞争，并且各国在产业联盟技术标准化发展方面的引导和支持作用越来越强，联盟形式也更加多样化。当然，产业联盟既可以采取一种模式，也可以在不同的时期采取不同模式，或在同一时期采取多种模式。受联盟伙伴资源和能力特点、外部环境及联盟目标的影响，产业联盟应根据联盟组建的不同动因，选择适宜的合作组织模式，从而有利于最大限度地实现伙伴优势互补和提高合作成功率。经济层面的动因包括降低成本和获取经济利益；技术层面的动因包括共享知识与技能、规避和分担研发风险、提高标准专利研发成功率、完善标准体系等；竞争层面的动因包括提高标准竞争力和市场地位；政策层面的动因主要是为了获取政策支持或满足政策要求。

（1）如果联盟是以行业优势企业为主导，以完善技术标准体系为目的，适宜大范围松散型产业联盟的形式，一般可采取共建社团组织的模式，要求联盟成员必须拥有建立标准的必要专利或有利于标准推广的各类资源，成员之间通常也签署技术协议，就专利使用等问题做出明确的规定。

（2）当政府倡导建立联盟，或以科技计划支持联盟发展，或企业与高校和科研院所有紧密的合作需求时，适宜采取政策导向型的产业联盟或官产学研一体化产业联盟，组建模式以共建社团组织为主，一般不涉及股权关系。在该模式中，政府不直接参与联盟，而仅是搭建一个平台，作为引导者和支持者为联盟提供良好的政策支持和创新环境。该联盟既可能包含产业链上各环节的互补性企业，又可能包含同质性企业，要求联盟成员必须具备的条件是拥有有利于完善标准链布局或能够解决技术标准发展的共性和关键技术。

（3）当联盟成员之间的核心业务或核心资源互补性较强，主要以拓展和占领市场为目的时，可以采取共同出资建立合资企业的模式。虽然合资企业的稳定性较高，但是由于缺乏灵活性且管理难度较大，有联盟经历的企业一般会采取更为灵活的其他模式。

（4）在产学研合作模式的选择上，如果企业技术实力较弱，此时与高校和科研院所合作的模式通常是签署非股权技术协议；而大型企业更倾向采用的模式是企业之间、企业与高校和科研院所之间在其经营领域上合作共建研发中心或实验室，多由跨国公司和本国企业合作建立（王珊珊等，2010c）。

6.1.2 产业联盟创新任务模块化管理

1. 模块化布局思路

通过对产业联盟创新任务的模块化设计与运作管理，提高联盟创新链条分工与协作效率，提升链条运作效果。

（1）布局科学。围绕核心企业，按照联盟创新链和标准链进行多个模块的合理布局，各模块的规模、结构、分工合理，资源配置有效。

（2）特色突出、模块运作高效。联盟发展特色突出，以核心企业为中心的优势特色明显，具有凝聚力、吸引力和可持续发展能力，联盟核心模块、配套模块、辅助模块等各联系紧密、竞合有序，实现互动和协调发展。

（3）有效整合内外资源。产业联盟作为一个开放的创新生态系统，不仅能够协调内部主体、资源和要素，而且能够积极利用外部优势资源和环境条件，通过内外资源整合和系统集成，形成综合优势并实现动态增长（王宏起和王珊珊，2009；王珊珊和王宏起，2007）。

2. 模块化管理内容

产业联盟创新模块化管理内容与功能如表 6-1 所示（柴国荣等，2008；戴魁早，2008）。

表 6-1　产业联盟创新模块化管理内容与功能

角度	内容	功能
模块分解原则	根据各成员的资源与能力差异，将各环节业务活动按创新功能进行模块化分解，各个功能模块由若干项目活动构成； 多个成员从事同一模块的工作，一个成员从事多个模块的工作	在全球选择各环节价值最优的模块供应商组成"最优价值系统"； 降低各模块资产专用性并锁定风险，进而减少创新风险

续表

角度	内容	功能
模块关系	各模块之间的关系可能是并行关系，也可能是紧前约束关系；各模块既存在合作又存在竞争关系	各模块创新活动具有自主性和衔接性，提高分工协作效率；各模块有很强的创新愿望，促使产业持续创新
模块工作方式	各模块平行开展工作，平行交叉作业	使创新进度优化，提高创新效率
模块集成方式	项目式集成，形成技术或产品解决方案	模块集成时，有多个备选项目来防范风险与不确定性，组合方式多样化，技术和产品品种更丰富，满足个性化需求，提高应变能力

模块化运作与管理要点如下：一是根据创新主体资源与能力的差异，按照联盟创新任务划分为若干功能模块，各模块由标准化分工项目活动构成，模块分解结构合理，在功能、技术上要协调与互补；二是将创新链战略性环节确立为核心模块，其中，核心企业主导和关键要素密集环节、研发和标准必要专利活动环节是核心模块；三是提高产业联盟对协同创新活动的控制力，建立联盟模块协同管理机制；四是模块集成采取项目式集成管理模式，各模块对接方式要多样化（王珊珊等，2010b）。

6.2 产业联盟专利运作流程与管理模式

6.2.1 产业联盟技术标准化专利运作流程

以产业联盟为载体，在产业技术标准建立和实施的过程中，标准专利往往在联盟契约的基础上实现共享与扩散。产业联盟技术标准化专利许可运作流程如图 6-2 所示，图中虚线箭头为出现频次相对较少的专利许可活动。

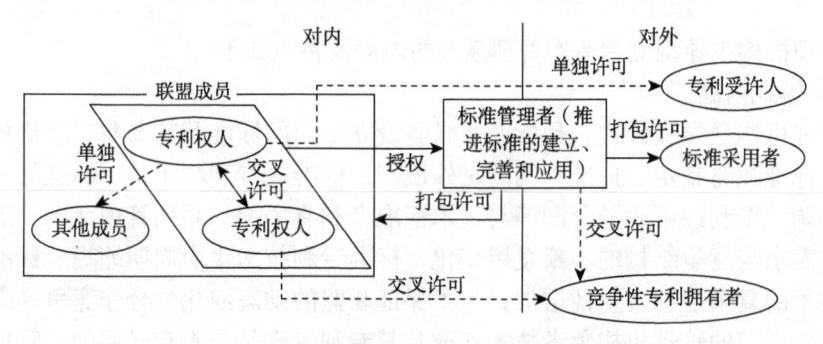

图 6-2 产业联盟技术标准化专利许可运作流程

在技术标准的形成和推广应用过程中，产业联盟一般以契约为纽带，以制度化的方式来开展专利许可活动，其专利许可包括联盟专利的内部共享和外部扩散，专利权人、标准管理者、标准采用者等各主体之间的关联方式是许可协议。联盟的专利许可通常是联盟专利权人将标准专利授权给标准管理者（由于联盟成员类型和数量众多，为了实现统一管理和提高伙伴的协同度，应建立专门的技术标准管理机构），然后由标准管理者对标准涉及的专利进行打包，将打包的专利许可给联盟成员和联盟外部标准及其专利采用者（张运生和张利飞，2007）。对联盟内部伙伴而言，专利权人之间往往也以专利交叉许可的方式来共享各自的专利，专利权人也可能向其他成员单独许可专利；在联盟的外部许可过程中，也有个别联盟在采取管理者统一将专利打包进行对外许可的同时，允许专利权人单独对外许可，也有可能以伙伴名义或联盟名义和联盟外部专利权人交叉许可使用专利。

从许可范围来看，联盟的专利许可包括内部和外部许可。由于联盟内部的专利许可目的主要是基于已有专利开发新专利和集成各伙伴专利形成标准专利群，建立和不断完善技术标准体系，联盟对外许可专利的目的主要是促进标准的推广应用，因此，应该明确专利内部和外部许可的原则。从专利权人的专利地位来看，不同的专利价值决定了联盟及其伙伴的专利许可模式也不同，因此，选择合理的专利许可模式，有利于实现对伙伴的激励与约束，有效地协调专利权人与非专利权人、核心专利拥有者与外围专利拥有者、联盟内部与外部之间的关系。

6.2.2 产业联盟技术标准化专利运作管理模式

根据标准专利管理者不同，产业联盟技术标准化的专利具体运作模式可分为管理机构主导型和核心企业主导型两种类型。

1. 管理机构主导型

管理机构主导型专利运作管理模式的内涵及特点如下。
1）模式内涵
管理机构主导型模式，是指产业联盟设立专门的标准及其专利管理机构，负责技术标准战略制定、标准专利的对外谈判、标准的专利群布局、标准的专利许可与协调、专利许可收益分配等与技术标准专利有关的一系列管理活动。随着技术标准需求与竞争结构的不断发展变化，标准专利技术生命周期缩短、标准制定所需技术的复杂性和多重性增加，为了保证联盟的动态演化、合作竞争和高效运作，设置专门的管理机构负责技术标准及其专利管理是非常有必要的。管理机构主导型模式通常可以分为以下两种类型。

（1）联盟标准管理机构由联盟代表组成，通过定期的或者事件驱动制召开理事会，来决策联盟技术标准涉及的相关管理问题。管理机构的成员不仅包括成员单位代表，还需要有国家相关部委官员、标准采用企业代表、专利许可人代表、联盟工作组组长和联盟管理执行机构的负责人等积极参与。

（2）联盟采用独立于联盟之外的、专业的第三方机构作为标准管理机构。将产业联盟技术标准专利的相关运营与管理业务委托给一家与专利权人没有任何关联的独立的第三方机构，因其专业性，可以为联盟的标准专利管理提供高效、优质、精准化、专业化的管理与服务。

2）组织结构特点

与单个企业的组织结构不同，产业联盟标准管理机构的组织结构通常是比较松散的，通常会设立理事会、秘书处等机构。根据大多数联盟实践，一般应由以下几个部分构成。

（1）机构理事会。它是联盟的最高权力机构。

（2）机构管理委员会。它是代表机构理事会行使权力的常设机构，制定专利管理制度，负责组织专利评估、定价与利益分配等管理事项。

（3）机构秘书处。它是机构的行政管理和协调机构。

（4）专家技术委员会。该委员会由技术专家和联盟成员代表组成，主要负责联盟技术标准的起草与制定、技术指导和咨询等工作，以及对标准必要专利的评估、专利许可相关主体资格的认定等（张运生和张利飞，2007）。

（5）专题工作组。专题工作组通常不是技术标准管理机构的常设机构，仅在特定时期或特定需要时组建临时性专门议题工作机构。

产业联盟标准管理机构的组织结构如图 6-3 所示。

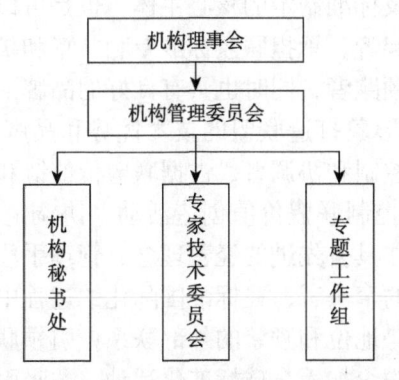

图 6-3 产业联盟标准管理机构的组织结构

2. 核心企业主导型

核心企业主导型专利运作管理模式的内涵、组织结构特点和核心企业特征如下。

1）模式内涵

核心企业主导型管理模式，是指由产业联盟内一个或几个在技术标准链条中处于核心位置的企业组成的管理核心层，负责联盟技术标准的管理工作。在核心企业主导型管理模式下，核心企业发挥重要的组织管理作用，负责联盟的技术标准制定与专利许可、协调等相关工作。

2）组织结构特点

核心企业主导型管理模式的组织结构，很大程度上是以核心企业自身的组织结构为依托构建的，联盟的技术标准化工作由核心企业进行统一管理，其他参与企业负责向联盟提供技术支持以及从联盟中获得标准相关技术许可。核心企业可以根据标准发展要求设立下设机构，如专项技术委员会、知识产权委员会、市场委员会等。技术委员会可下设若干分技术委员会、专题工作组等，负责联盟标准的起草制定工作；知识产权委员会负责联盟知识产权相关问题的管理，如专利评估、专利申请与授权、涉及侵权纠纷等的管理工作；市场委员会负责标准市场推广的一系列活动。

3）核心企业特征

对于核心企业主导型专利运作管理模式，产业联盟在专利运作的战略布局和管理上，要注重核心企业的识别和选择管理，从而抓住标准化战略关键点并围绕核心企业进行资源配置。

第一，核心企业是产业联盟技术标准化的主体，是技术标准的研制者、标准核心技术专利的拥有者及标准制定的核心主体，也是可以有效联合产业力量开展协同创新的标准体系发起者，承担联盟标准专利共享和扩散的重任。第二，核心企业在产业中既是技术领跑者，同时也具有良好的品牌形象和运营绩效，有利于依托核心企业已有品牌形象打造联盟的技术优势和品牌，为联盟带来价值。第三，核心企业是联盟的控制和协调者，占据联盟价值链和标准链条的关键环节，处于领导地位，指导和控制联盟价值创造活动，协调链条上各参与者的利益关系，因此，核心企业往往具备先进的经营理念、管理手段和良好的信誉。第四，核心企业是标准国际化的牵头者，在标准国际化的过程中，核心企业通过自身已建立的国际国内技术优势地位和频繁的外部联系，引领联盟内其他企业借助标准化活动频繁的网络联系纷纷加入全球标准化活动，并吸引外部主体和资源加入联盟标准化活动之中，从而提高联盟在标准国际化中的整体优势（S. S. Wang and H. Q. Wang，2006）。

6.2.3 不同专利运作管理模式的选择依据

产业联盟技术标准化的不同专利运作管理模式，其选择依据如表 6-2 所示。

表 6-2　产业联盟技术标准化不同专利运作管理模式的选择依据

特征项	管理机构主导型	核心企业主导型
标准化目的	以共建和推广应用标准、促进产业创新为主	以实施技术标准、获得市场垄断地位为主
成员差异化程度	成员实力均衡	成员实力相差悬殊
技术标准特点	复杂性、多样性	相对简单、单一
成员数量	较多	不是特别多
专利分布	构成标准的必要专利分散	标准的必要专利主要集中在少数企业

（1）标准化目的。当成员企业组建产业联盟以在产业内共建和推广应用标准、促进产业创新为目的时，适宜选择管理机构主导型管理模式，可以最大范围地使技术标准扩散。当产业联盟以实施技术标准、获得市场垄断地位为主要目的时，可以选择核心企业主导型管理模式，联盟核心企业可以更好地控制标准化活动和市场。

（2）成员差异化程度。当技术标准涉及的专利技术权利主体贡献的必要专利比较均衡、差异化程度不是非常高时，适合管理机构主导型模式，有利于更好地整合产业链优势资源，也有助于统一管理和保持联盟的稳定性。当产业联盟中一个或少数优势企业技术优势突出，以其贡献的专利技术为核心构建技术标准，其他联盟成员企业属于从属、参与企业，属于技术跟随者或技术配套者时，可采用核心企业主导型管理模式。

（3）技术标准特点。当技术标准涉及的专利数量巨大、技术复杂度高、技术多样时，管理机构主导型模式更加适用；当技术标准涉及的专利技术相对单一时，可以采用核心企业主导型管理模式，选取联盟中相对领先、拥有标准基础专利的企业作为联盟标准专利的管理者。

（4）成员数量。当产业联盟成员数量较多时，由于专利权利主体的管理难度加大、专利分布较分散，此时，适宜采取管理机构主导型模式；当产业联盟成员数量不是特别多时，可采用核心企业主导型模式，有利于提高响应速度和降低管理成本。

（5）专利分布。在产业联盟中，若只有少数核心企业拥有标准的必要专利，专利相对集中，可采用核心企业主导型模式运作技术标准，联盟管理者是拥有较多必要专利的核心企业，往往是联盟的发起者；若很多企业都拥有标准必要专利，也即构成标准的必要专利分布较分散，可采用管理机构主导型模式，由管理机构统一管理标准专利（邓敬斐，2012）。

6.3 产业联盟应用 TRIZ 加速专利开发的方法

6.3.1 TRIZ 基本内容及解决创新问题的流程

1. TRIZ 的基本内容

TRIZ 是由阿奇舒勒在研究了 250 万件专利的基础上提出的发明问题解决理论，已形成成熟的理论方法体系。TRIZ 建立在专利分析基础上，借鉴系统科学和思维科学的有关思想，提供解决创新问题的理论方法和工具，分为理论基础、分析工具和知识数据库三个部分（王珊珊和王宏起，2010）。

1）理论基础

目前，TRIZ 已抽象概括出技术系统、工程参数、矛盾、发明原理、分离原理、创新等级、理想化等基本概念和原理，TRIZ 提出的技术系统进化的八种模式，可用于理解技术系统本质、分析技术演化趋势、预测技术发展方向、开发新技术、选择和制定发展战略等创新活动（王伯鲁，2009；丁俊武等，2004）。TRIZ 的八种技术系统进化模式属于宏观层次，具体到微观层次，不同进化模式下有不同的进化路线（包括宏观到微观、柔性持续增加、一维变多维等）（檀润华等，2005）。

2）分析工具

TRIZ 总结和演绎出一系列解决矛盾的实用分析工具，如矛盾矩阵、物—场模型、最终理想解、发明问题标准解法、发明问题解决算法（拉丁文 algotinm resheniya izobreatatelskikh zadatch，简称 ARIZ）等。按照 TRIZ 对发明问题的 5 级分类，较为简单的 1~3 级发明问题，运用发明原理或发明问题标准解法就可以解决；而对于复杂的 4~5 级非标准发明问题，往往需要应用 ARIZ，ARIZ 是一个对初始问题进行一系列变形和再定义的非计算性逻辑过程，通过对问题的逐步深入分析和转化来解决问题（王伯鲁，2009）。

3）知识数据库

知识数据库在解决问题的过程中提供转换系统的方法，其中，成果库是知识数据库的重要组成部分。研发人员除自身领域外对其他领域可能一无所知，在搜索技术成果时比较困难，而 TRIZ 成果库使研发人员可以首先根据物—场模型决定需要实现的基本功能（技术目标），然后很容易地选择所需实现方法。TRIZ 还建立了科学效应和现象知识库，总结概括了解决发明问题需要实现的 30 种功能，以及经常用到的 100 个科学效应和现象。此外，还有矛盾矩阵表、76 个标准解决方法、40 条发明原理、解决物理矛盾的分离原则等知识库（王伯鲁，2009；郑称德，2002）。

随着 TRIZ 理论研究的深入及其应用范围的拓展，TRIZ 理论体系也在不断充实。例如，一些科学家在矛盾矩阵中补充了通用工程参数及组合发明原理，同时，面向软件和商业领域的矩阵也在发展之中；还有学者将 40 条原理分为 22 个类别，也有公司提出了新物—场三元分析法 Triads，开发了新的问题解决算法；此外，新的技术进化模式和进化路线也不断涌现（丁俊武等，2004；Cong and Tong，2008）。

2. TRIZ 解决创新问题的流程

TRIZ 解决创新问题的流程，如图 6-4 所示。

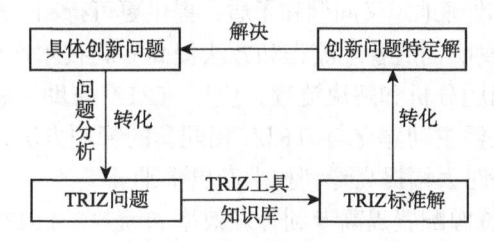

图 6-4　TRIZ 解决创新问题的流程

应用 TRIZ 解决创新问题的思想如下：先将具体的创新问题转化为 TRIZ 标准问题，利用 TRIZ 分析工具和知识数据库，快速地获得创新问题标准解，再将标准解转化为原问题的解（王珊珊和王宏起，2012d）。

6.3.2　产业联盟应用 TRIZ 加速专利开发的机理与管理框架

在技术标准化过程中，产业联盟伙伴的认知差异和匹配程度将影响标准体系建设和专利开发进程与效果。虽然联盟标准化目标明确，但是创新问题和标准专利技术复杂，能否清晰地刻画创新问题和专利技术开发要点，找到技术问题的关键矛盾并提出理想的解决方案，关系到联盟标准化的成败。

1. 产业联盟应用 TRIZ 加速专利开发的机理

产业联盟在标准专利开发过程中存在的诸多问题可视为创新时间内耗因子，TRIZ 作用于产业联盟标准专利开发进程，其本质是通过作用于联盟专利开发创新时间内耗因子来缩短创新时间，提高专利开发效率和成功率，提升专利产出水平，具体如下。

（1）通过培养研发人才创新思维缩短技术构思和研发时间。传统的创新方法如头脑风暴法、试错法、移植法等虽然在一定程度上有助于加快发明创造，但主要是在研发人员的经验摸索、灵感和发散思维及反复试验的基础上进行的，这些方法的经验色彩浓厚，规范性、科学性、普适性和可重复性差。TRIZ 包含一整套理论思想、分析工具和知识库，其分析和解决问题的系统思想有利于培养研发人员的创新思维，激发创新灵感，减少盲目性，能提高创新构思的科学性，缩短专利技术构思时间。另外，研发人员利用 TRIZ 分析工具和知识库，可以打破知识领域限制，缩短合作研发时间。

（2）通过发明创造问题定义和求解快速提供有效的解决方案。TRIZ 综合了多领域知识，提供了解决发明创造问题的一系列原理、法则、方法和工具，具有系统化、结构化等特征，可使研发人员通过对发明创造问题的系统分析，快速地发现和掌握问题的本质，准确地定义问题和矛盾，提供更可行和合理的解决方案。

（3）通过优化发明创造管理流程和方法提高专利技术产出水平。TRIZ 提供了清晰的发明创造问题分析和解决流程，应用 TRIZ 有助于联盟明晰整个发明创造流程，同时要求联盟主动建立与 TRIZ 相配套的管理方法，使得联盟在提高发明创造管理水平的同时大幅提高专利技术产出水平。

（4）通过优化资源配置提高专利开发效率和绩效。TRIZ 的一个重要思想就是要合理配置创新资源，认为理想的方案应能够实现创新资源最优配置，从而得到理想结果。因此，在设计技术创新方案时，将资源是否达到合理的配置作为判定方案可行性的重要标准；在专利开发过程中，指导联盟各环节、各伙伴的专利、技术、资金等资源配置，进而提高专利开发速度和产出质量。

（5）通过提高伙伴合作能力加速专利开发进程。由于产业联盟各伙伴的知识背景、专业技能和资源基础各不相同，伙伴间的配合至关重要，联盟应用 TRIZ 解决伙伴合作中可能存在的问题如表 6-3 所示。

表 6-3 伙伴合作中存在的问题及 TRIZ 解决办法

存在问题	解决办法	效果
伙伴对创新问题认识不统一	利用 TRIZ 语言刻画技术创新问题	将复杂、晦涩难懂的问题规范化和简单化，便于各伙伴理解和准确把握发明创造问题及解决方案
伙伴协调有难度	利用 TRIZ 工具和知识库来解决复杂的发明创造问题	使涉及不同创新环节、拥有不同专业知识和技能的人员按照 TRIZ 解决问题的流程有秩序地衔接和合作来完成专利开发活动

可见，TRIZ 可使联盟伙伴合作创新的能力大幅提高，加速联盟专利开发。

2. 产业联盟应用 TRIZ 加速专利开发的管理框架

将 TRIZ 应用于产业联盟专利开发活动，其管理思路如下：利用 TRIZ 进化论，确定产业联盟新一代技术方向；运用 TRIZ 基本思想、方法、工具和知识库，对联盟专利开发过程中的时间内耗因子加以控制，提高专利开发效率（王珊珊和王宏起，2012d），缩短专利开发时间，如图 6-5 所示。

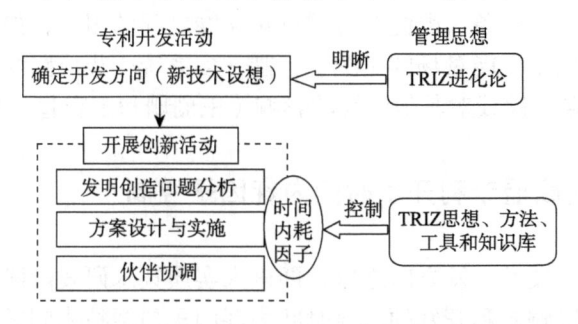

图 6-5　产业联盟应用 TRIZ 加速专利开发的管理框架

6.3.3　产业联盟专利研发方向的确定

专利活动的首要环节就是明确专利技术方向，可采用 TRIZ 技术进化论通过分析技术系统进化模式和进化路线，明确专利技术开发方向，如图 6-6 所示。

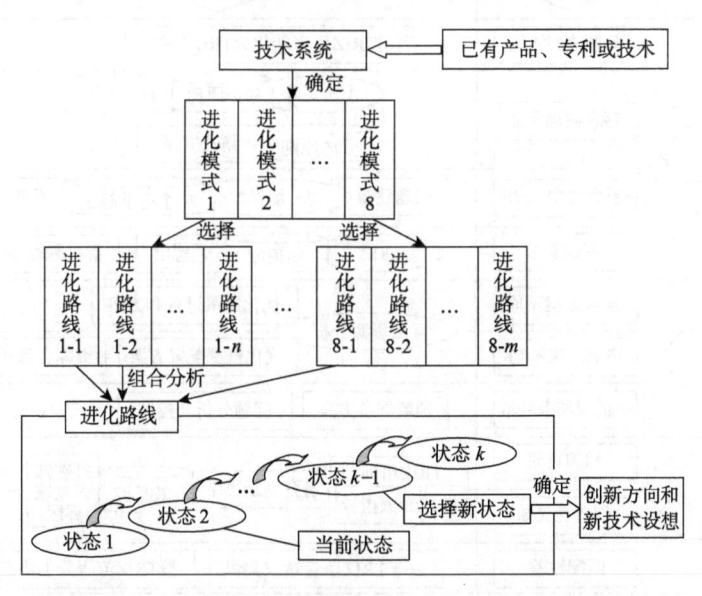

图 6-6　基于 TRIZ 技术进化论的专利技术开发方向确定

TRIZ 技术进化论旨在通过解决不断发展中的设计问题，预测技术发展趋势，从而明确新一代技术创新方向。联盟应首先根据已有产品及其专利技术，判断其进化模式并选择进化路线，确定当前技术在进化路线上所处的状态，并预测新一代技术的结构特点，根据进化路线提出新技术设想。该过程需要注意以下问题：①多种进化模式可同时选择，如模式5、模式6和模式7相结合；②在选择进化路线时，要根据其技术结构特点，对比所有进化路线，确定最具相关性的路线；③进化路线可能不止一条，因此要考虑进化路线之间的组合，如小型化路线、柔性增加路线、使用不同能量场的路线、分割—多系统—集成路线等可同时选择，在组合时要注意某一路线对其他路线的影响（王珊珊和王宏起，2012d）。

6.3.4 产业联盟专利开发时间内耗因子控制

在确定新一代技术开发方向之后，即进入实质技术研发阶段。根据产业联盟专利活动特点，影响专利开发的主要时间内耗因子包括技术问题、技术方案、伙伴协调三个方面。通过控制时间内耗因子，能够尽可能地缩短专利开发时间内耗，提高专利产出速度和效果。基于 TRIZ 的产业联盟专利开发时间内耗因子控制方法如图 6-7 所示。

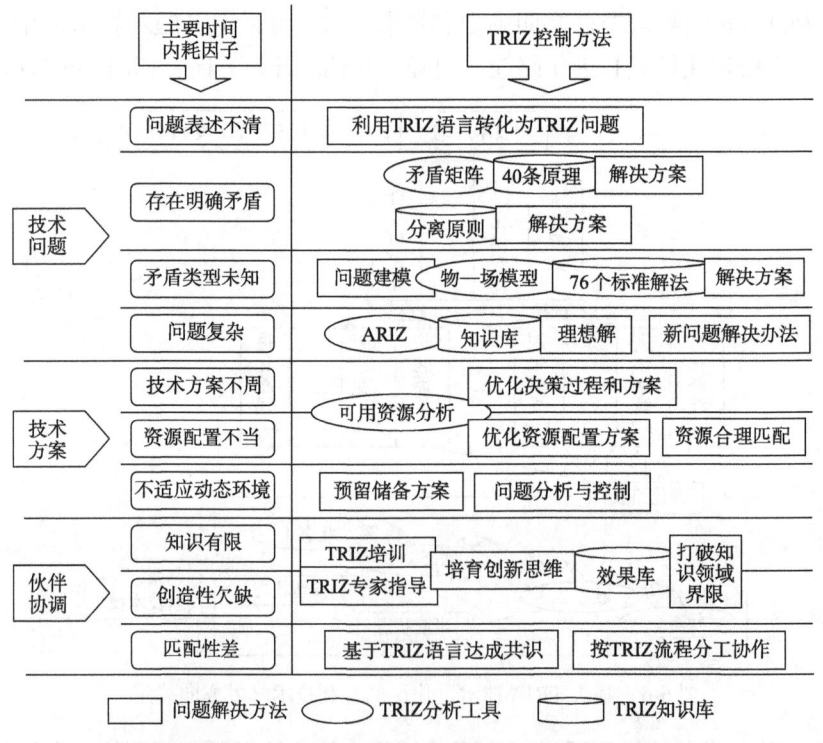

图 6-7 基于 TRIZ 的产业联盟专利开发时间内耗因子控制方法

从图 6-7 可以看出，在专利开发过程中，问题是否表述清晰、矛盾是否明确、技术方案是否合理、资源配置是否得当、伙伴是否协调等问题是产业联盟专利开发的主要时间内耗因子，总体来说，可将时间内耗因子归为三大类：技术问题、技术方案、伙伴协调。应用 TRIZ 加速专利开发进程，实际上是将 TRIZ 思想、分析工具和知识库应用到从研发者的创新思维训练开始到发明构思、技术方案设计与实施的全过程之中，对不同环节的时间内耗因子加以控制，能够减少时间消耗。

1. 技术问题

技术问题（瓶颈是矛盾）能否清晰地描述，进而找出矛盾并提出解决方案是专利开发活动能否顺利开展的重要影响因素，因此，首先需要定义问题。例如，如果确定某产品及其专利技术走小型化和集成化路线，此时可将问题定义为减少体积及重量、增加功能等，即可采用 TRIZ 矛盾解决办法。如果无法清晰地表述问题，TRIZ 也提供了相应方法。

产业联盟在专利开发之初和开发过程中不断出现新技术问题，通过用 TRIZ 语言描述问题，可直接利用 TRIZ 原理和方法形成理想或满意的解决方案来消除矛盾。以下根据问题明晰度及技术复杂度由低到高，分别设计问题表述不清、矛盾明确、矛盾类型未知、问题复杂四种情况下的 TRIZ 控制方法。

（1）问题表述不清。当产业联盟不明确技术性能要求时，很难清晰地描述技术问题，即对问题缺乏清晰的定义时，用 TRIZ 术语来刻画这个问题，从而将特定技术问题转化为 TRIZ 问题。

（2）矛盾明确。当产业联盟能够将待解决的技术问题定义为若干个明确的工程矛盾，包括物理矛盾、技术矛盾和管理矛盾时，可分别用分离原则和矛盾矩阵等来解决，此时应用 TRIZ 的目的就是在 TRIZ 体系中寻找问题解决方案。以下介绍不同矛盾的解决办法，如表 6-4 所示。

表 6-4 不同矛盾的解决办法

矛盾类型	解决办法
物理矛盾	用四个分离原则来解决
技术矛盾	构建矛盾矩阵，利用 39 个通用工程参数来描述矛盾并利用 40 条发明原理来消除矛盾
管理矛盾	将矛盾转化为具体子系统的物理矛盾或技术矛盾，也可通过伙伴间协调管理的手段来解决

需要指出的是，在解决技术矛盾的过程中，要顺利解决矛盾，确定技术矛盾类型及其工程参数是关键，这需要创新人员具备较强的技术经验和判断能力。

（3）矛盾类型未知。当产业联盟专利研发人员无法确定技术矛盾类型时，可利用物—场模型分析工具来对问题进行描述和分析求解，采用的解法是 76 个标准解法，并利用知识数据库。此时，通过 TRIZ 问题建模识别技术矛盾类型，选择相应的标准解法和确定解决方案。需要指出的是，对于某些问题，不局限于一种解法，可综合运用多个解法，从而更好地解决问题。

（4）问题复杂。当技术问题复杂、矛盾不明确时，属于高难度创新性问题，采用 ARIZ 算法并利用知识数据库中的效果库、40 条发明原理和 76 个标准解法等进行分析和求解。此时，应用 TRIZ 的 ARIZ 算法对初始问题进行变形和再定义，将初始问题不断标准化，使其矛盾凸显，产生解决技术矛盾或物理矛盾的解决方法。

2. 技术方案

技术方案的可行性和合理性关系到专利开发活动的顺利开展，因此，TRIZ 应用思想是优化设计技术方案（包括技术路线和资源配置结构），并根据方案实施效果和环境变化调整方案。技术方案设计与实施可能存在的问题及解决办法如下。

（1）技术方案不合理。运用 TRIZ 的目的是尽快制订出合理的技术方案。由于技术方案不合理源自决策的制订过程，可利用 TRIZ 提供的一整套解决问题的程序和工具，明确联盟可用的内外部资源并优化整个决策过程，提高决策的科学性。

（2）资源配置结构不合理。产业联盟的资源配置结构不合理，会导致某些技术问题解决方案因为受到资源约束或资源分配不合理而无法实施，运用 TRIZ 可以科学地确定最优资源配置结构，提高其科学性、可行性和合理性，促进联盟充分利用可用资源和合理配置各类资源，提高资源使用效率。一方面，TRIZ 的一个重要思想就是要尽可能使用理想资源，从而在一定程度上解决创新资源不足的问题；另一方面，TRIZ 在论证解决方案的可行性时，以可用资源是否实现优化配置作为方案可行性的重要评判标准，其确定的解决方案将现有的内部资源重新整合，或者以相对低的成本引进外部资源，方案本身就是实现创新资源优化配置的方案。因此，关于资源配置结构，TRIZ 应用流程首先分析联盟内外可用资源（包括外部可用资源和内部全部资源），然后设计联盟资源整合利用和配置结构，通过资源优化配置来加速专利产出（林艳和王宏起，2008）。

（3）方案未能适应动态环境变化。如果产业联盟的技术方案和资源配置结构未根据环境和各种条件的变化及时调整，导致创新活动无法持续进行或延缓，此时，TRIZ 的解决办法如下：第一，在前期的问题分析时，TRIZ 会提供多套可供选择的解决方案，未被选择的方案可作为备选方案储备起来；第二，在技术方案实施之后，对于新出现的问题（包括技术发展趋势变化、出现新的技术难题等），仍利用 TRIZ 的矛盾分析与解决方法，对新出现的问题做出快速响应。

3. 伙伴协调

产业联盟伙伴的协调性关系到联盟专利活动的持续性和专利研发目标的实现，如果伙伴知识有限、缺乏创造力或匹配性较差，将直接影响联盟的专利产出水平。因此，TRIZ 的控制思想是改善伙伴个体能力和提高伙伴合作水平。以下从伙伴知识有限性、伙伴缺乏创造性和伙伴匹配性差三个方面设计 TRIZ 控制方法。

（1）伙伴知识有限性。技术创新不单纯是一个技术问题，更是一项融各领域知识为一体的复杂工程，它与伙伴的专业技能、知识覆盖范围和决策能力息息相关。如果伙伴知识有限，对创新问题的认识不统一或不到位，专利研发活动将无法开展，此时 TRIZ 解决办法如下：通过提供问题转换系统（如 TRIZ 知识数据库）或系统的培训和专家指导，消除伙伴知识受限的影响，激发伙伴创新思维并使伙伴掌握 TRIZ 应用技巧，提高联盟决策力。首先，联盟各伙伴的研发人员不可能具备全部知识，可能除自身领域外对其他领域一无所知，此时搜索和掌握技术信息就很困难，应用 TRIZ 可以打破知识领域界限，即使研发人员不具备某一方面的知识，仍可利用 TRIZ 快速地解决问题（如查找 TRIZ 效果库，根据技术目标搜索实现方法）；其次，伙伴很难在短时间内分析和整理大量的信息（包括竞争者、联盟及其伙伴的行业信息、技术信息等）并做出正确的决策，应用 TRIZ 使联盟决策者和研发人员形成良好的思维逻辑并掌握科学的方法，而非仅仅凭经验判断；最后，通过面向联盟的 TRIZ 理论培训，加强问题导向学习，使其能够掌握并运用 TRIZ 方法及其工具，培育研发人员的创新敏感性和创新思维。

（2）伙伴缺乏创造性。当联盟伙伴缺乏创造性，也即伙伴常常陷入惯性思维和路径依赖时，TRIZ 的解决办法如下：通过引入 TRIZ（包括系统培训、引入 TRIZ 专家和自学），打破传统的思维定式，从问题矛盾出发，提高解决问题和适应变化的能力。

（3）伙伴匹配性差。当联盟伙伴沟通不顺畅、难以达成共识、资源与能力整合不足或协同度不高时，TRIZ 的解决办法如下：第一，利用 TRIZ 语言来描述技术问题，使各伙伴能够理解联盟创新意图，正确地把握专利技术问题，打破合作障碍；第二，TRIZ 理论从联盟创新的系统层面明确了解决问题的流程，同时也给出了创新各子系统的运行轨迹，联盟伙伴按照 TRIZ 的解题流程进行分工与协作。

将 TRIZ 应用于产业联盟专利开发活动及其管理，有助于产业联盟更深刻地认识发明创造问题和确定专利开发管理关键域，从而提高创新效率和效果。需要指出的是，本书提出的产业联盟应用 TRIZ 加速专利开发的方法是以基本的、经典的 TRIZ 理论体系为例设计的，在实际中可采用灵活的策略：一是可将 TRIZ 结合其他创新方法一起使用，如将 TRIZ 与逻辑推理等理论相结合；二是许多研究人员对 TRIZ 理论进行了改进和完善，因此，可结合 TRIZ 理论的最新进展，选择更为先进适用的原理和方法；三是 TRIZ 知识库中缺乏部分产业技术领域的技术成果，因此在某些领域，TRIZ 的工程参数等工具和知识库可能不完全适用，但其解决问题的思想和原理可以借鉴；四是 TRIZ 不仅能够解决技术问题，还可为解决管理问题提供思路，以提高管理效率；五是为了更好地在联盟内推广应用 TRIZ，需辅以相应的配套管理机制；六是 TRIZ 是一个庞大的理论体系，联盟专利研发人员不一定掌握全部 TRIZ 知识，因此，可以通过 TRIZ 专家指导或通过系统的培训来提高专利研发人员应用 TRIZ 快速和协同开发专利的能力。

6.4 基于专利地图的产业联盟专利战略分析与制定方法

专利战略的形成来源于专利信息的分析，专利文献记载了世界上最新的发明创造成果和技术情报，是承载技术信息的有效载体，而专利地图作为分析、解读和处理专利文献信息的有效工具，用简单的方式将庞杂的信息进行处理，可视化强，因而成为知识经济时代专利技术分析的重要工具。虽然不同组织将专利地图应用于专利分析的思路大体相同，但是由于组织形式的差异以及创新特点和目标各不相同，运用专利地图制定专利战略的方法也有所差异。产业联盟与单个组织不同，具有网络主体多样、结构复杂等特点，因而对于产业联盟这样复杂的网络组织，专利地图应用的重点不在于图表绘制，而在于根据联盟特点和目标有效地解读和把握专利信息，制定专利战略。

专利地图可分为专利管理图、专利技术图和专利权图。专利管理图主要服务于经营管理，可帮助企业获取市场竞争状况、寻找商业机会等；专利技术图主要服务于技术研发，以确立技术开发方向，避开竞争对手的"专利陷阱"，为技术研发决策提供参考；专利权图主要服务于权利范围的界定，一方面可规划自身的研发计划和权利要求，规避已有专利技术保护，另一方面可评估自身技术的可专利性和产业利益，明确专利研发和产业化空间（王珊珊和田金信，2010）。

6.4.1 专利地图应用于产业联盟专利战略分析与制定的流程

基于专利地图的产业联盟专利战略分析与制定流程如图 6-8 所示。

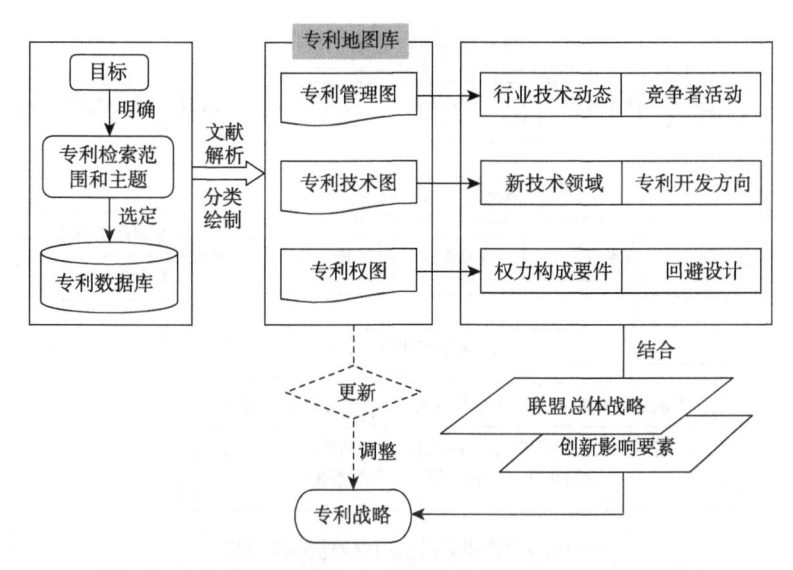

图 6-8　基于专利地图的产业联盟专利战略分析与制定流程

基于专利地图的产业联盟专利战略分析与制定流程如下：明确分析目标→确定专利检索范围、主题和检索策略→选择专利数据库→筛选和解析专利文献→分类绘制专利地图、建立专利地图库→基于专利信息的战略问题分析→结合联盟总体战略和创新影响要素制定专利战略→不断更新专利地图库从而调整专利战略。具体来说，就是首先根据联盟的战略目标或拟解决的关键问题，确定专利检索的对象和范围（包括国家、地区、行业和企业）、主题和检索策略与方法，进而有针对性地选择专利数据库，通过对专利文献的筛选和解析，利用专利地图软件，分别绘制专利管理图、专利技术图和专利权图，将其存储到专利地图库，通过对专利地图的比较分析，可以明晰战略问题（如行业技术态势、竞争对手状况、伙伴间的技术关联以及总体技术方向等），进而结合联盟总体发展战略和创新影响要素，制定总体和具体专利战略。需要注意的是，在专利战略的实施过程中，还要不断获取专利信息更新专利地图库，并适时调整和优化专利战略。

6.4.2　基于专利地图的产业联盟专利战略分析框架

产业联盟运用专利地图分析专利战略的思路必然与单个企业不同，除了传统的专利地图分析思想，对联盟而言，最为重要的是联盟内部资源、专利构成和成员技术关联分析，并绘制图表（主要是专利技术图）反映这种关系，从而确定专利产出结构以及资源配置结构，进而为制定具体专利战略提供决策依据。

产业联盟专利战略分析框架如图 6-9 所示。

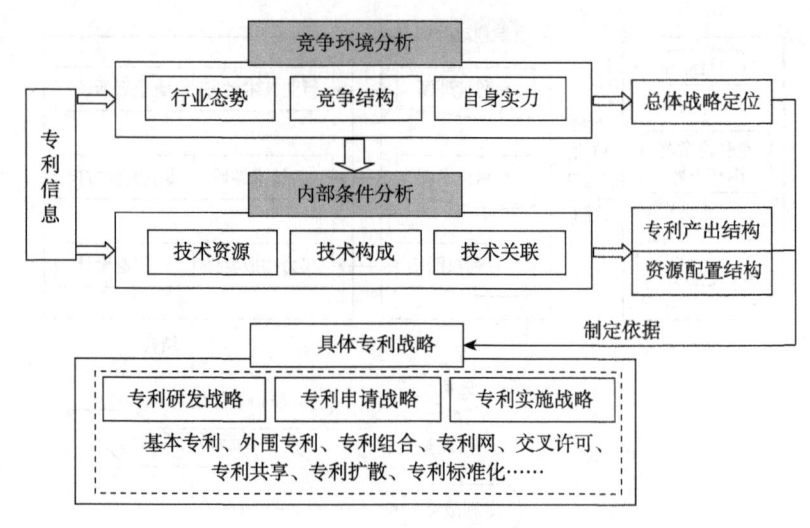

图 6-9　产业联盟专利战略分析框架

6.4.3　基于专利地图的产业联盟专利战略制定方法

专利战略应围绕产业联盟总体战略目标与创新特点来制定。首先要运用专利地图分析思想与工具，根据专利信息绘制专利地图，在战略分析的基础上，确定专利产出目标、资源配置结构及具体的专利战略，使专利战略更具科学性、指导性和可操作性，从而提高专利战略实施效果。

运用专利地图工具分析与制定产业联盟专利战略的方法及步骤如下。

1. 竞争环境分析：产生创意、明确研发重点和总体专利战略定位

在竞争环境分析阶段，主要是运用专利地图来分析行业技术环境现状、趋势及竞争结构。结合文献，总结竞争环境分析常用的专利地图图表内容及功能如表 6-5 所示。

表 6-5　竞争环境分析常用的专利地图图表内容及功能

图表名称	图表形式	内容	功能
历年专利件数动向图	折线图	在特定的年度时期内（X 轴），某技术领域的专利申请数或授权数（Y 轴）	判断某技术领域内历年专利发展情况，预测技术的研发和发展趋势
各国专利占有（或申请）分布图	饼图、柱状图	某一时期该技术领域的主要专利在各国的分布情况	了解该技术领域主要专利为哪些国家拥有、哪些国家是主要竞争国及其竞争实力的强弱，从而为参与全球竞争提供依据
专利权人分析图	柱状图、饼图	某一时期内该技术领域的主要专利在其专利权人之间的分布情况	找出主要竞争对手，明确竞争对手及自身专利状况和技术实力

续表

图表名称	图表形式	内容	功能
IPC 分析图或竞争者 IPC 分析图	柱状图	●IPC 分析图：X 轴为国际专利分类号的部/类/组，Y 轴为该部/类/组的专利数 ●竞争者 IPC 分析图：分析主要竞争企业的 IPC 专利情况，X 轴是主要竞争企业名称及其国际专利分类号的部/类/组，Y 轴是其 IPC 专利数；或者 X 轴为国际专利分类号的部/类/组，Y 轴为该部/类/组不同竞争企业专利数的分割柱形	●IPC 分析图：了解在该技术领域，专利技术主要集中在哪些部类，从而获知技术的发展重点和专利保护程度，挖掘空白点 ●竞争者 IPC 分析图：掌握竞争对手的技术发展重点和实力
专利技术分布图表	柱状图、表格	●件数 VS 技术/功效类别图（表）：X 轴（横栏）是技术/功效类别，Y 轴（纵栏）是专利件数 ●技术/功效年代分布图：三维柱状图，X 轴是年份，Y 轴是技术/功效类别，Z 轴是专利件数	了解一定时期内研发重点集中的类别以及技术发展趋势
专利技术领域累计图	雷达图	一个雷达图代表一个技术领域，雷达图的一角是各公司，专利累计数用点表示	掌握主要竞争公司在各技术领域的分布及其实力大小
专利技术/功效矩阵表	表格	横（纵）栏代表专利技术类别，纵（横）栏代表功效类别，表中填写专利编号	明确专利分布密度，挖掘技术空白，避免侵权
技术生命周期图	折线图	X 轴表示一定年度内的专利申请或授权数，Y 轴表示一定年度内的专利申请人数或专利权人数	判断技术所处的发展阶段，如起步期、发展期、成熟期、衰退期、再发展期，作为研发投入的依据
权利要求图		现有专利权利要求点	挖掘权利空白，避免侵权

注：IPC: international patent classification，国际专利分类

此外，还可绘制专利寿命分析图和失效专利分析图等各类图表。运用专利地图对竞争环境进行分析的作用在于：了解联盟所处技术领域的技术动态；识别竞争对手，明确竞争态势；了解联盟自身研发实力，识别核心技术和挖掘技术空白点。通过竞争环境分析，能够使联盟产生新创意或新发现，并根据自身在行业中的地位，结合联盟总体战略目标，确定联盟总体专利战略。

2. 内部条件分析：确定专利产出和资源配置结构

以往的研究主要提供了单个组织（企业）的专利地图应用方法，其分析思路难以为联盟结构特殊性及其发展要求提供有效的支撑，而产业联盟作为专利技术整合的最佳载体，与单个组织在结构、目标、技术资源构成等方面存在很大的差异。因此，在专利决策时，要对联盟内部专利/技术状况及其成员关联进行分析，并绘制能够反映这种关系的专利地图。用于联盟内部分析的专利地图图表内容及功能如表 6-6 所示。

表 6-6 用于联盟内部分析的常用专利地图图表内容及功能

图表名称	图表形式	内容	功能
联盟专利（技术）状况图	柱状图、饼图	联盟及其成员的专利总数及技术构成、联盟专利权人分析	明确联盟及其成员的研发实力以及在行业的地位，结合竞争环境分析结果，确定专利产出结构（专利名称、数量、专利权人等）

续表

图表名称	图表形式	内容	功能
专利技术构成表	表格	根据联盟专利产出结构,把拟开发的专利技术进行分解,即把构成一项专利的主要技术部件描绘出来	明确待开发和已有关键技术,找出技术需求和技术缺口,有针对性地进行自主开发或从外部引入
联盟成员技术关联图	气泡图	X 轴代表各主要技术部件,Y 轴代表联盟成员,气泡大小代表成员拥有该技术部件的专利数量或技术实力	根据拟开发专利的技术构成,找出关键技术涉及的联盟成员,明确成员现有专利(技术)实力所能支撑专利开发的强度及联盟成员间的技术关联程度
专利技术组合表	表格	横栏代表拟开发的专利及其技术部件,纵栏代表技术功效,表中填写专利编号、技术名称、成员名称,根据不同功效和技术要求,形成多个组合方案	根据特定专利开发目标,选择最佳资源整合效果的技术(专利)组合方案,从而为将资源配置到相应的环节和对象提供依据

从专利技术构成表的技术分类到专利技术组合表的技术组合,体现为研发任务"模块化分解→集成管理"的思想。通过上述分析,可以明确专利产出和资源配置结构。专利产出结构包括预期专利数量、性质、涉及的技术及技术主体等;资源配置结构是根据预期专利所需的投入而对联盟资源在各伙伴之间配置状况设置的方案,其中,包括已有技术组合方案(已有技术/专利组合等)及新生专利的资源配置重点环节等。由于联盟伙伴的资源和能力具有有限性、差异性和互补性特征,专利战略应有利于优化配置联盟成员各方的资源,实现各方能力互补和优势整合,有利于使关键创新资源配置到联盟网络的集散点及联结最为密切的小世界(关键研发环节)。

基于专利地图的联盟内部条件分析作用在于:结合竞争环境分析结果,根据联盟自身技术实力和技术关联,进一步明确联盟专利产出结构和资源配置方案。由于一项专利可以是相关技术或专利整合而形成的技术或专利群,将已有专利技术进行组合是联盟通常所采取的一种专利战略形式,往往多发生在专利联盟或技术标准联盟之中。尤其是在以技术整合竞争为主导的时代,组织间的竞争从单项专利竞争升级到专利组合竞争,专利技术组合成为专利战略的首选。

3. 制定具体专利战略

制定具体的专利战略,即根据专利活动过程,设计专利研发、申请和实施战略,其中要重点关注联盟专利的研发和实施。具体而言,主要根据专利管理图和专利技术图,制定专利技术研发战略和专利实施战略,根据专利权图,制定专利申请和实施战略,从而为联盟参与竞争提供支持。此外,结合联盟内部条件的专利地图分析,制定专利协调和收益分配策略和方法,为联盟协同管理提供支持。在专利技术研发上,应确定是投入全新资源开发基本专利,还是利用伙伴现有技术组合开发新专利或外围专利;在专利申请上,需要考虑的问题包括申请时间、申请方式（只申请一项专利还是形成专利网）、专利对象和类型、专利保护范围和力度、专利技术的公开程度（为减少泄密和模仿的损失）等。在专利的实施上，需要考虑的问题如下：是否选择将专利发展为技术标准；专利的内部实施和外部实施的方式如何；专利是归一方使用还是多方共同使用，如果共同使用，应确定使用的方式（许可、免费共享等）。

6.5 产业联盟专利战略

产业联盟要在国家和产业总体专利战略指导下，选择适宜的联盟专利战略。随着当今世界各个创新体的专利战略变得越来越复杂和综合化，产业联盟专利战略的制定与选择，既要基于眼前又要面向未来，既要考虑合作又要应对竞争，既要加强专利技术应用又要考虑一定的策略性运用（王珊珊等，2018b）。

6.5.1 产业联盟总体专利战略

如前所述，根据竞争态势不同，可将专利战略分为进攻型专利战略、跟随型专利战略和防御型专利战略，该战略为联盟根据自身实力及竞争态势而确定的联盟总体专利战略，其实质为基于竞争的专利战略。

1. 进攻型专利战略

当产业联盟处于行业领先地位，拥有较多的专利，且主要为基础专利，其专利技术被其他组织引用频繁时；或当产业联盟虽不是行业先锋，但在行业中具有独特的技术优势时，其技术研发的基础为自有专利技术，属于自主研发型联盟，立足于核心和关键技术的研发时，适宜采取进攻型专利战略，从而抢先占据和控制市场，对竞争对手构成技术壁垒，始终保持先进性和领先地位。

2. 跟随型专利战略

当产业联盟拥有一定的专利基础和技术优势，但竞争对手实力强大，联盟在行业中处于追随者地位；或联盟的专利分布相对松散，技术研发多建立在他人专利基础上时，联盟可以采取跟随型专利战略，从而牵制竞争对手或缩小竞争差距。例如，可以对构成技术标准的必要专利或与他人基本专利相关的外围专利进行研发，或对联盟现有技术进行改进申请为新专利，或在他人先进技术的基础上进行改进和完善，从而占领一定的市场。

3. 防御型专利战略

当产业联盟面临强大的竞争对手，技术优势有限，立足于保护自身技术不受侵犯和维持现有市场份额时，应采取防御型专利战略，巩固已有技术和市场，防止竞争对手进一步扩张市场，逐步改变自己在竞争中的被动地位。

6.5.2 产业联盟具体专利战略

借鉴国内外学者对专利战略的划分，从产业联盟演化过程和专利活动进程的角度出发，将联盟具体专利战略分为专利研发战略、专利申请战略和专利实施战略。

1. 专利研发战略

专利研发战略是指联盟在把握相关行业领域的国内外技术水平、发展趋势和主要竞争结构的基础上，结合联盟技术实力及联盟总体专利战略，明确研发目标、技术方向、研发时机和方式。产业联盟专利研发战略如表6-7所示。

表 6-7 产业联盟专利研发战略

维度	内容
制定依据	①技术成熟度和技术预测；②研发实力和可用资源（包括政策资源）；③竞争对手研发态势；④行业专利分布；⑤联盟专利分布
研发技术	按市场竞争划分：①空白技术；②竞争性技术；③互补性技术 按技术状况划分：①核心技术（领先技术、改进技术）；②外围技术
研发时机	①根据技术生命周期，选择研发时机；②根据竞争对手研发态势和自身的研发实力，选择研发时机；③根据政府要求，选择研发时机
研发方式	①联盟成员独立研发；②联盟成员合作研发；③委托学研合作方式

2. 专利申请战略

专利申请战略是指产业联盟以其总体专利战略为依据，为了达到特定目的，根据行业技术特点与发展趋势，结合竞争者的专利分析能力和联盟自身技术实力，对其创新成果选择合理的专利保护方式、申请方式、申请时机、申请地域和申请策略等，从而实现权利获得和技术保护的双重作用。联盟专利申请战略如表6-8所示。

表 6-8 产业联盟专利申请战略

维度	内容
制定依据	①技术成熟度和产业化前景；②竞争对手和自身发展态势；③行业专利分布；④联盟专利分布；⑤政府支持需求
目的	按市场竞争划分：①抢先申请的需要；②防卫的需要；③技术储备的需要；④削弱竞争对手优势的需要；⑤干扰竞争对手视线的需要；⑥市场战略的需要；⑦产业发展的需要 按技术使用划分：①以自实施为目的；②以转让为目的；③以扩散为目的

续表

维度	内容
保护方式	①研发时间长、耗资巨大，申请专利；技术先进，申请专利；②技术易于模仿，容易通过反向工程破译，申请专利；③市场潜力大，经济效果可观，申请专利；④技术更新速度快、经济寿命短，技术公开会造成核心技术泄露，采用技术秘密；⑤仅掌握一定技术，但不足以公开，为阻止竞争对手获得专利可采用文献公开
申请种类	①发明专利；②实用新型；③外观设计
申请方式	①基本专利；②外围专利；③专利网；④相似专利组合；⑤差异专利组合
申请时机	①技术具有一定的成熟度和产业化前景，立即申请；②技术的成熟度或产业化程度不高，推迟申请；③只掌握行业基本技术，联盟及竞争对手没有相关技术，推迟申请
申请地域	①根据国外及本土竞争对手专利部署，申请本土专利；②根据国际竞争需要，申请海外专利；③根据保护范围大小，申请一国或多国专利
申请策略	按申请时机划分：①集中申请；②分散申请 按公开内容划分：①全部申请；②部分申请 按技术配套划分：①系列申请；②单项申请 按实施时间和市场拓展需要划分：①在用技术申请；②储备技术申请 按专利权人构成划分：①联合申请；②独自申请

在申请专利时，产业联盟可采取的申请策略有以下几种。

（1）集中申请或分散申请。在同一段时期内，集中将全部技术申请为若干项专利，也可以分不同的时期分别申请。

（2）全部申请或部分申请。当为了防止他人利用专利说明书公开的技术内容进行模仿时，可以仅对技术的基本轮廓申请保护，而将核心或关键技术内容作为技术秘密保留起来不予申请。当技术不易模仿时，可以将全部技术要点公开。

（3）系列申请或单项申请。在申请专利时，需要考虑的是将单项技术申请为专利，还是将与之相配套的系列技术全部申请为专利，形成专利保护网。当技术易于保密或对联盟竞争作用不突出时，可不申请专利。

（4）在用技术申请或储备技术申请。对于近期正在实施或将要实施的技术，联盟应申请为专利，与此同时，对于近期虽不采用但未来有待更新换代或拓展市场的技术，应作为储备技术申请专利。

（5）联合申请或独自申请。按照专利权人的构成不同，可以分为多个伙伴联合申请专利和单个伙伴作为独立专利权人申请专利两种情况。联合申请专利适用于专利是伙伴联合开发（包括联合开发全新专利和改进专利，或将各伙伴原有专利组合申请为新专利）的情况。单个伙伴独自申请专利又可分为两种情况：一是专利为伙伴独立开发；二是专利虽为伙伴联合开发，但各伙伴达成协议，以某个伙伴为专利权人申请专利，而其他伙伴无意占有专利所有权，但可获得经济补偿或获得专利使用权。

3. 专利实施战略

专利实施是指专利技术的应用和交易，通过专利实施，可以达到预期效果和产生经济效益。以发明专利为例，发明专利既可以是产品发明，也可以是方法发明，当专利技术为产品时，实施指生产、使用和销售专利产品；当专利技术为方法时，实施指使用该专利方法。专利实施战略是对专利实施时间、方式和途径的谋划，既包括专利权人自身实施专利，也包括专利权人许可他人实施专利（专利技术的许可和转让）。无论是产业联盟组建前伙伴独立拥有的专利，还是联盟组建后以伙伴或联盟为专利权人新获得的专利，都要付诸实施。产业联盟专利实施战略如表6-9所示。

表 6-9　产业联盟专利实施战略

维度	内容
制定依据	①产业化前景；②竞争对手和自身发展态势；③实施条件；④政府支持需求
实施时间	①暂无他人赶超，可推迟实施；②条件不成熟，可推迟实施；③政府支持形成的技术在规定的时间内实施
实施方式	①联盟内部实施（专利权人自实施、联盟成员合作实施）；②联盟外部实施
实施途径	①专利产品；②技术标准；③交叉许可；④独立许可；⑤打包许可；⑥专利转让

对产业联盟而言，专利实施的方式可分为内部实施和外部实施两种，而其内部实施和外部实施的途径和内涵都与单个组织有所不同。

1）专利内部实施途径

产业联盟专利内部实施主要通过专利交叉许可、专利独立许可、专利打包许可、生产专利产品和专利技术标准化等途径来实现，其中，专利许可的类型既可以是独占许可，也可以是排他许可或普通许可。在许可技术方面，存在如下情况：一是从许可的专利技术重要性划分，可能以多数非核心技术交互使用某项核心技术，或核心技术交互使用核心技术；二是从许可的专利技术关联性划分，既可以是同类技术交互使用，也可以是不同类技术交互使用。

（1）专利交叉许可。联盟伙伴（主要是专利权人）签订专利交叉许可协议，在协议期限、地点和范围内，将各自拥有的专利相互许可给对方使用，被许可方拥有专利技术的使用权或产品生产和销售权。伙伴间交叉许可专利大多数情况下属于对等交换，一般不发生专利许可费用，如果伙伴间专利价值差异较大，则专利许可费会有一定的优惠。

（2）专利独立许可。联盟内专利持有者独立许可专利给被许可方，允许其在协议约定的条件下实施其专利技术并支付一定的专利使用费，由于被许可方是联盟成员，可以以优惠价格使用专利。

（3）专利打包许可。它是一种集中管理专利的模式，专利管理者（一般是专门的管理机构）将联盟伙伴一系列专利集中起来，将这些专利打包，统一许可给联盟伙伴，联盟伙伴不需要就对每项专利寻求单独许可。打包许可的专利可能全部是必要专利，也可能包含非必要专利，由专利管理者统一定价。

（4）生产专利产品。专利权人或联盟批量生产专利产品，或将专利批量使用在产品上，或将专利方法用于产品生产线上。

（5）专利技术标准化。专利技术标准化即将专利技术制定为技术标准，并且在标准发展的过程中，不断融入新的专利技术，控制标准发展方向从而达到控制市场的目的。通常为具有较强竞争实力和创新能力的联盟（行业领跑者）所采用，联盟内企业一般都拥有大量的核心技术专利。

2）专利外部实施途径

产业联盟专利外部实施途径主要包括专利许可（包括独立许可、打包许可、交叉许可、基于技术标准的许可）和专利权转让。

（1）专利独立许可。拥有专利的联盟伙伴独自向外部许可专利，属于个体行为，当伙伴的专利是联盟的必要专利时，一般不允许对外独立许可。

（2）专利打包许可。联盟专利管理者将各伙伴的专利打包，统一对外许可，并收取专利许可费，同时根据各伙伴的专利价值在伙伴间按比例分配。

（3）专利交叉许可。联盟对外交叉许可专利，可以是联盟行为，也可以是伙伴个体行为，一般是在为了牵制竞争对手或为了获取互补技术时所采用。

（4）基于技术标准的专利许可。技术标准推广的实质是专利许可，基于技术标准的专利许可是向联盟外部标准的采用者许可构成标准的专利，一般由专门的专利管理机构来对外统一许可，许可费定价可以较高。由于技术标准中捆绑了大量专利，专利能够在更大的范围内发挥其效用，但是，专利的使用者既可以选择标准的全部必要专利，也可以只选择其中的几项专利。一方面，由于联盟是标准的制定者，标准的推广会为联盟带来可观的经济利益，采用该标准的组织必然要使用构成标准的专利，向联盟支付专利技术使用费；另一方面，标准的推广还具有更大的战略意义，拥有标准就意味着掌握了竞争的主动权，为联盟控制市场提供基础。

（5）专利权转让。专利权转让是将专利的所有权转让给他人，受让人在转让合同生效后成为该项专利的合法专利权人。联盟专利权转让的适用条件：联盟专利权人对外转让非核心专利，获得转让费用，但其转让的前提是，其核心技术已受到基本专利或专利网保护，受让人很难通过反向工程破译该专利技术，并且受让方同联盟及其专利权人的实力差距较大，不会威胁到专利权人和联盟的发展。如果专利是构成联盟技术标准的必要专利，一般不允许专利权人独立对外转让专利；当联盟将构成标准的专利打包许可时，一般不允许专利权人拒绝许可专利。

需要指出的是，对产业联盟来说，根据联盟创新目标和竞争态势，可以只采用一种专利实施途径，也可以同时采用多种途径（王珊珊和田金信，2010）。

6.6 产业联盟专利战略的空间选择模型

产业联盟在选择与制定专利战略时，要根据资源结构、技术实力及市场竞争情况，确定总体专利战略定位，进而根据联盟总体专利战略定位、创新难度及所处的专利活动阶段来选择具体的专利战略。因此，产业联盟具体专利战略就是从不同的维度进行专利战略的设计与优化组合。从创新难度、总体战略定位和专利活动三个维度出发，构建产业联盟专利战略的空间选择模型，如图6-10所示。

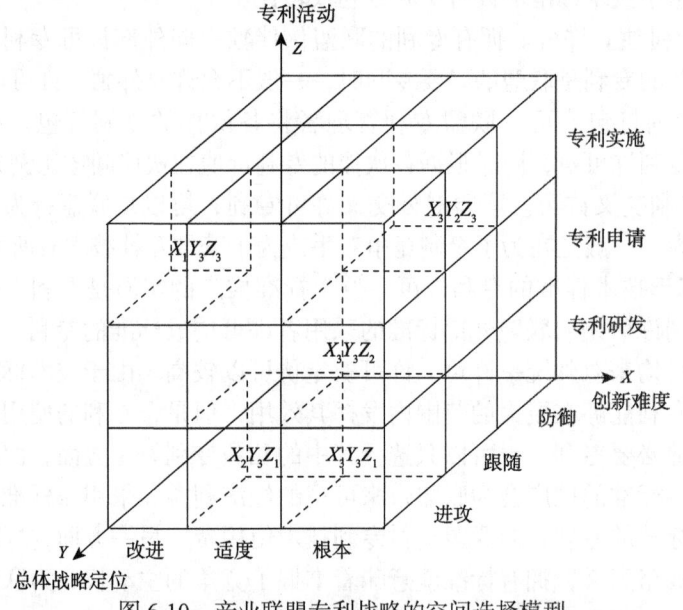

图6-10 产业联盟专利战略的空间选择模型

6.6.1 空间选择模型构成

产业联盟专利战略空间选择模型由三个维度构成，X轴是创新难度维，按照联盟创新难度由低级到高级，可分为改进性创新、适度性创新和根本性创新；Y轴是总体战略定位维，按照联盟总体专利战略定位由低级到高级，分别是技术防御、技术跟随和技术进攻；Z轴是专利活动维，根据联盟的专利活动阶段不同，从专利战略的实施角度出发，分为专利研发、专利申请和专利实施。由 X 轴、Y 轴和 Z 轴构成的产业联盟专利战略空间选择模型，又可分为 27 个不同的状态空间，代表了联盟所处的 27 种不同状态，在不同的状态空间中，专利战略有所不同。需要指出的是，产业联盟不是始终锁定在一个状态空间，既有可能同时涉及多个状态空间，也有可能随着时间流逝、联盟变革和竞争环境的变化由一种状态空间向其他状态空间转化。例如，对同一个联盟而言，在不同的技术领域，其总体专利战略定位有所不同，导致具体的专利战略也不同。

6.6.2 基于不同状态空间的具体专利战略选择

1. $X_3Y_3Z_1$ 空间的专利战略

在产业联盟专利战略空间的选择模型中，由 X 轴的根本性创新、Y 轴的技术进攻战略定位和 Z 轴的专利研发阶段，构成了 $X_3Y_3Z_1$ 状态空间。此时适宜的专利战略为核心技术研发战略，即联盟致力于开发核心技术和关键技术，或开发有利于建立和完善技术标准的专利。

2. $X_2Y_3Z_1$ 空间的专利战略

在产业联盟专利战略的空间选择模型中，由 X 轴的适度性创新、Y 轴的技术进攻战略定位和 Z 轴的专利研发阶段，构成了 $X_2Y_3Z_1$ 状态空间。此时的专利战略适宜采取以联盟各成员先进技术或专利有效整合为基础的联盟核心技术研发或专利组合开发，或在联盟已有专利基础上进行改进和更新。

3. $X_3Y_3Z_2$ 空间的专利战略

在产业联盟专利战略空间的选择模型中，由 X 轴的根本性创新、Y 轴的技术进攻战略定位和 Z 轴的专利申请阶段，构成了 $X_3Y_3Z_2$ 状态空间。此时的专利战略为将联盟的核心技术申请为基本专利，或将核心技术及其外围技术共同申请形成专利网，在申请基本专利时，既可以申请单一专利，也可以将核心技术分解为多项专利技术进行申请。

4. $X_3Y_2Z_3$ 空间的专利战略

在产业联盟专利战略空间的选择模型中，由 X 轴的根本性创新、Y 轴的技术跟随战略定位和 Z 轴的专利实施阶段，构成了 $X_3Y_2Z_3$ 状态空间。此时的专利战略可广泛采取内部专利共享和外部统一打包许可，或与强有力的竞争对手打成交叉许可的协议，联盟也可能成为技术标准的参与者。

5. $X_1Y_3Z_3$ 空间的专利战略

在产业联盟专利战略空间的选择模型中，由 X 轴的改进性创新、Y 轴的技术进攻战略定位和 Z 轴的专利实施阶段，构成了 $X_1Y_3Z_3$ 状态空间。此时，由于联盟的专利是在引进的先进技术和自有专利改进的基础上创造出来的，虽然专利技术的创新程度不高，但是联盟拥有的专利也构成行业技术发展的组成部分，对同行竞争者构成了一定障碍，因此，联盟既可将专利在内部合作实施或进行专利交叉许可，又可凭借其相似或外围专利与基本专利拥有者进行专利交叉许可谈判。

由于联盟专利战略千差万别，无法一一列举，因此，本书仅给出专利战略的选择模型及部分状态空间的专利战略，联盟可以根据自身的创新难度、总体专利战略定位及所处的不同专利活动阶段，来选择适宜的专利战略。

6.6.3 基于总体定位的具体专利战略选择

根据产业联盟总体专利战略定位及专利活动阶段不同，联盟选择的专利战略也各不相同。根据总体专利战略定位不同，产业联盟具体专利战略类型及适用条件如图 6-11 所示。

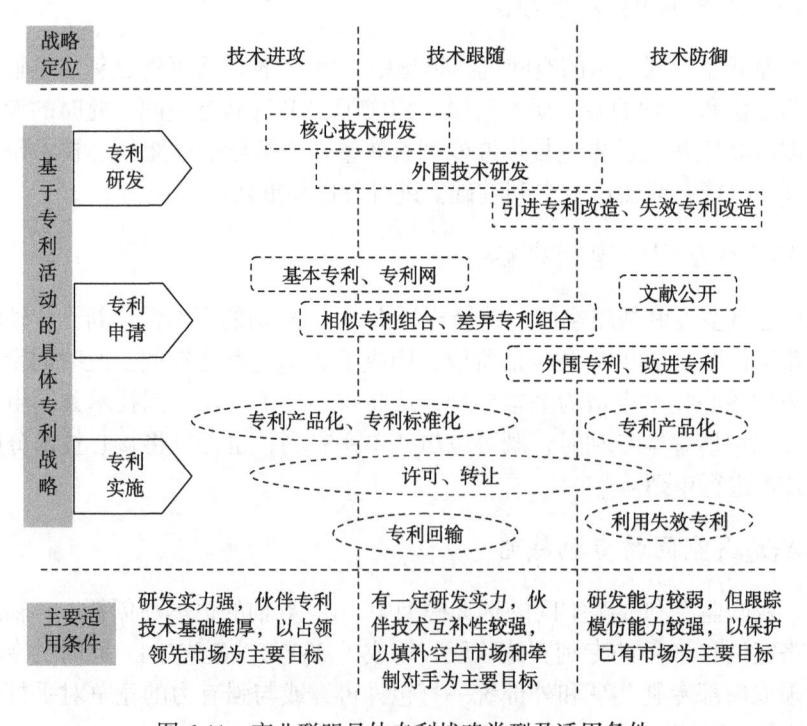

战略定位	技术进攻	技术跟随	技术防御
专利研发		核心技术研发	
		外围技术研发	
			引进专利改造、失效专利改造
专利申请		基本专利、专利网	
			文献公开
		相似专利组合、差异专利组合	
			外围专利、改进专利
专利实施	专利产品化、专利标准化		专利产品化
		许可、转让	
	专利回输		利用失效专利
主要适用条件	研发实力强，伙伴专利技术基础雄厚，以占领领先市场为主要目标	有一定研发实力，伙伴技术互补性较强，以填补空白市场和牵制对手为主要目标	研发能力较弱，但跟踪模仿能力较强，以保护已有市场为主要目标

图 6-11 产业联盟具体专利战略类型及适用条件

1. 技术进攻下的专利战略选择

当联盟的总体战略定位于技术进攻型战略时,其条件是联盟研发实力较强,伙伴专利技术基础雄厚,具有较高的技术水平和技术成熟度,联盟目标是通过专利技术的研发和实施来占据市场领先地位。

(1)在联盟专利研发上,应以获取基本专利为着眼点,开发以核心技术和关键技术为基础的专利,与此同时,围绕联盟核心技术专利,开发相关的外围技术专利,从而为申请形成强大的专利网奠定基础。

(2)在申请专利时,可采取的专利申请战略包括:将新开发的核心技术申请为基本专利,可申请为单一专利或分解申请多项专利;将新开发的核心技术和外围技术共同申请为基本专利和外围专利,形成专利网;通过联盟企业已有相似专利组合和差异专利组合来形成强大的专利网。

(3)在专利实施上,一般采取在联盟内部打包许可和交叉许可的形式来实现专利共享,或者通过在联盟内部将该项专利转化为产品的方式来获取经济收益,并通过对外打包许可或转让的方式来获取直接经济补偿。如果联盟处于行业领先地位且专利技术代表了该行业的技术前沿,具有广泛的市场化前景,应积极推进专利技术标准化,一方面有利于形成和推广技术标准,另一方面也对其他竞争者构成了技术壁垒。

2. 技术跟随下的专利战略选择

当联盟的总体战略定位于技术跟随战略时,其条件是联盟具有一定的研发实力,各伙伴虽然有一定的资源优势而技术优势不突出,但是伙伴技术互补性较强,联盟的目标是填补空白市场或牵制竞争对手。

(1)在专利研发上,联盟应注重伙伴现有资源的整合,也即整合联盟伙伴现有的专利或技术形成有效的专利网,或致力于该行业技术标准中某些必要专利的开发,或者在联盟现有专利或竞争者专利基础上开发外围专利并进行技术更新,或在竞争者未涉足的狭小空白市场从事核心技术和外围技术的开发。此外,也可对引进专利和失效专利进行改进和再创新。

(2)在申请专利时,专利网、外围专利、改进专利是首选。其中,专利网主要是依靠联盟现有的相似或互补专利组合而形成的,或者是由空白市场的全新核心技术和外围技术构成的。与此同时,也可将构成技术标准的必要补充技术和延伸技术申请为专利。

(3)在专利实施上,可采用专利产品化、许可、转让、专利回输等各种战略。如果联盟拥有该行业技术标准的必要专利,应与标准拥有者进行专利的交叉许可,参与技术标准的制定。

3. 技术防御下的专利战略选择

当联盟的总体战略定位于技术防御战略时，其条件是联盟整体研发实力较弱，但跟踪模仿能力较强，联盟的目标是保护已有市场和在一定程度上遏制竞争对手。

（1）在专利研发上，联盟应以竞争对手的基本专利为出发点，研究开发外围专利，或者在引进专利基础上加以改造，也可以积极挖掘竞争对手的失效专利，将即将到期、已到期、因故提前终止的失效专利，选择相关技术作为继续研发的起点，并加以改进，从而降低研发成本和风险，既经济又省力。

（2）在申请专利时，积极申请外围专利，并将引进或失效专利进行改进后申请为新专利，或将联盟伙伴现有的专利有效组合申请为新专利。如果联盟认为开发的新技术没有必要申请获得专利权，但又担心他人取得专利权，还可以采取抢先公开技术内容的方式，使其丧失新颖性，从而阻止竞争对手获得专利权。

（3）在专利实施上，联盟内部可以交叉许可专利，也可将专利技术融入产品之中，此外还可利用失效专利技术进行产品的生产和销售；对外实施方面，由于联盟申请了与竞争对手基本专利相关的外围专利，可以利用这种优势来进行专利的许可和转让（王珊珊和田金信，2010）。

第 7 章 产业联盟专利许可与收益分配方法

产业联盟的专利许可活动具有复杂性，因此，联盟的专利许可管理是一项系统工程，如图 7-1 所示。

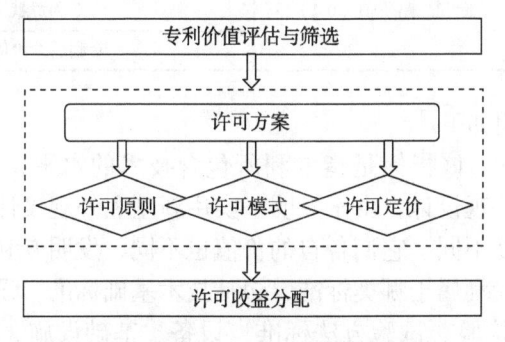

图 7-1 产业联盟的专利许可管理框架

在开展产业联盟专利许可与收益分配活动之前，要对联盟伙伴持有的专利价值进行科学的评估，筛选标准专利，从而基于专利价值确定许可方案，包括明确专利许可原则、许可模式，并对集中许可专利进行定价。在许可收益分配环节，一方面，前期初始收益分配方案的确定要以专利价值为重要依据；另一方面，在后期实际分配时，要进一步结合联盟伙伴实际贡献度，来确定最终收益分配比例。

7.1 产业联盟专利价值评估与专利筛选

7.1.1 专利价值评估指标

已有的研究很好地解决了专利价值评估问题，但多数是从专利自身的价值出发，未能充分考虑专利在技术标准中的重要性和价值体现形式。因此，结合有关文献和专家意见，根据科学性、简便性、易获取性和标准导向性等原则，设计产业联盟专利价值评估指标，如表 7-1 所示，表中给出的指标权重值是示意性权重值，具体应用时，可根据技术标准的实际情况及其专利特征进行调整。

表 7-1 产业联盟专利价值评估指标

一级指标	二级指标	三级指标
专利价值（1）	专利技术价值（0.4）	技术含量（0.15）
		技术生命周期（0.15）
		专利引证次数（0.1）
	专利经济价值（0.2）	同类专利市场价格（0.05）
		专利实施概率（0.08）
		剩余有效期（0.07）
	专利战略价值（0.4）	专利覆盖国家数（0.1）
		专利贡献（0.15）
		专利后续价值（0.15）

指标内涵与说明如下。

（1）技术含量。该指标是指专利所包含技术的水平，一要考虑专利是发明、实用新型还是外观设计，由于发明、实用新型和外观设计三种专利的技术含量和获取的难易程度不同，它们各自的价值也不同，发明专利最能代表专利的技术水平；二要考虑专利属于哪类标准，包括技术基础标准，设计技术标准，产品标准，工艺标准，检验、试验方法标准，设备、基础设施、工艺装备标准，包装、运输、储存标准等，其中，技术基础标准的技术含量最高。

（2）技术生命周期。该指标用专利引证的所有专利年龄的中位数来表示，指标值越低，越说明专利是基于新技术而进行的创新，技术越先进。

（3）专利引证次数。对新生专利进行评估，用引证其他专利的数量，即专利引用之前专利的数量，数量越多，说明该专利技术越成熟，主要是对先前技术的改进；对已有专利进行评估，专利被引次数越多，则代表该专利技术属于基础性或领先性技术，技术含量越高。其中，专利被引证是指自专利申请公开日起至今，专利的被引情况。

（4）同类专利市场价格。该指标是指市场上同类或相似专利的价格或价值。

（5）专利实施概率。该指标是指专利在未来能够许可实施的可能性，实施概率越大，越说明专利能够被纳入标准专利体系并转化为可观的经济效益。

（6）剩余有效期。该指标是指已经授权专利的剩余保护年限，剩余有效期越长，专利潜在价值越大。

（7）专利覆盖国别数。该指标是指同一项专利获得授权的国家总数，由于一项专利可以在多个国家和地区申请专利保护，而且部分发达国家专利申请和维护的费用远高于国内，因此，部分国家的专利更能体现专利的价值，且反映了专利的地域保护范围和专利的技术、经济价值。一项高价值专利应该覆盖欧、美、中、日四国（地区）。

（8）专利贡献。该指标是指专利对技术标准的贡献度，一项重要的专利远比几十项一般专利的作用大得多，它决定了联盟的专利战略取向和标准竞争地位。

（9）专利后续价值。该指标是指能否在该专利基础上进行后续深入研究和改进，申请新的专利，完善技术标准。

当评估对象不同时，可对指标进行筛选和处理，以简化评价过程。例如，当评估单项专利价值时，可应用全部指标；当评估某一伙伴贡献的全部专利对联盟技术标准的价值时，可只考虑指标"专利贡献"和"专利后续价值"。

7.1.2 专利价值评估方法

根据实用性和易操作性的原则，专利价值评估可采用专家打分法，参与专利价值评估的专家应包括联盟标准管理者、联盟下设的技术委员会和联盟伙伴代表。

一级、二级和三级指标的定性评语和量化分值及其所属等级如表 7-2 所示。

表 7-2　一级、二级和三级指标的定性评语、量化分值及其所属等级

等级	定性评语	量化分值
Ⅰ	高	91~100
Ⅱ	较高	71~90
Ⅲ	中	51~70
Ⅳ	较低	31~50
Ⅴ	很低	0~30

在专家对三级指标进行打分后，可通过加权求和方法得到一级指标"专利价值"的得分值。对于一项专利，设其专利价值总得分为 A，其第 i 个三级指标的权值和得分分别是 ω_i 和 A_i。其中，A_i 是多位专家打分的平均值，则该项专利价值总得分为

$$A = \sum_{i=1}^{9} \omega_i \times A_i \tag{7-1}$$

7.1.3 专利筛选规则

制定专利筛选规则是因为：一方面，产业联盟技术标准要纳入大量专利，需要联盟各专利权人贡献各自的专利，然而并非所有专利都能被纳入技术标准，只有标准的必要专利才能被纳入标准；另一方面，选择哪些专利作为标准专利将会使联盟的利益格局发生变化，由于联盟各伙伴拥有不同价值的专利，其专利共享意愿也各不相同，一旦专利被纳入标准，需要制定合理的价格，并遵守相应的规则，避免专利权人借助标准的强制力或公信力放大其实际价值。因此，在对联盟伙伴专利价值进行评估之后，需要对专利进行筛选，以科学地选择技术标准所包含的必要专利，实现标准的全面覆盖。专利被纳入技术标准的流程如图 7-2 所示。

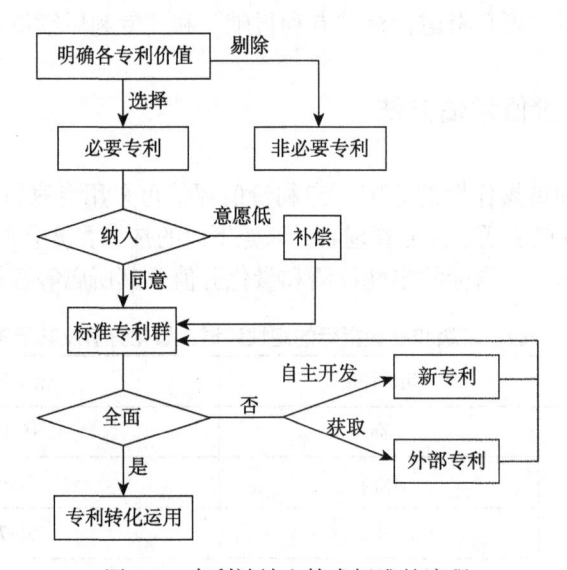

图 7-2　专利被纳入技术标准的流程

根据联盟各伙伴的专利价值，选择标准的必要专利，剔除非必要专利，征得专利权人同意后，将必要专利纳入标准专利群。如果标准的必要专利尤其是核心专利的专利权人由于加入标准使其私有利益受损从而降低专利被纳入技术标准的意愿，则联盟可以给予一定的补偿使其能够加入技术标准。通过专利的筛选，可以审查标准专利构成是否全面，若不全面，则根据联盟技术标准的专利群布局，明确有待开发或可从外部获取的专利；若标准体系较健全，则标志着联盟可以着手于标准的商用，将标准专利广泛地转化运用。在筛选专利的过程中，需要决定专利是否应被纳入标准及被纳入标准的条件，专利的筛选规则如表 7-3 所示。

表 7-3 专利的筛选规则

维度	筛选规则	说明
先进性	在本标准领域，技术、工艺或方法等先进，行业指导性强	核心专利重点考虑该维度
必要性	是标准的必要专利，包括核心专利和标准所必需的外围专利	根据专利价值及专利地位判断
重复性	与已有专利具有显著区别，功能相似的专利不再被纳入	在具有替代性的专利中择优选择纳入标准
意愿性	自愿加入标准并开放，接受联盟的统一管理	对于加入意愿低的必要专利，给予专利权人一定的补偿
合理性	要求加入的专利必须遵循合理价格，也即许可的价格不能过高	核心专利价格相对高，外围专利价格相对低
可共享性	可在联盟伙伴间许可使用	伙伴能利用该专利开发新专利和生产新产品等
可集成性	能够有效组合，配合其他专利共同构成完整的专利群	外围专利重点考虑该维度
可转化性	专利转化运用难度不高，便于实现专利价值	要具有较强的应用和操作性

其中，必要性需要根据专利价值判断其是否属于标准的必要专利。判断方法如下：在求得专利价值的分值之后，得到其对应的专利价值定性评语和等级，从而判断出专利在技术标准中的地位（是必要专利还是非必要专利，是核心专利还是外围专利），如表 7-4 所示。

表 7-4 专利价值等级及所处地位

分值	91~100	71~90	51~70	31~50	0~30
等级	I	II	III	IV	V
专利价值	高	较高	中	较低	很低
专利地位	核心专利 AAA 是标准关键技术方面的原始专利，是标准的基本专利	核心专利 AA 是标准关键技术方面的改进创新专利，是标准的基本专利	核心专利 A 围绕关键技术应用形成的专利，属于关键技术的配套专利	外围专利 BBB 基于核心专利的技术改进，与核心专利有较强的技术关联性	外围专利 BB 围绕外围专利应用形成的专利，是标准无法绕开的专利	外围专利 B 不是标准的必要专利
专利性质	必要专利				非必要专利

表 7-4 中，标准核心专利 AAA、AA、A 和外围专利 BBB、BB 都是联盟技术标准所必须使用的专利，其中，外围专利 BBB 和 BB 两类专利也是构成技术标准的必要专利，是标准实施无法绕开的专利，有利于实现标准专利的全面覆盖，它们共同构成了联盟技术标准专利群。只有标准的必要专利，才能被纳入标准专利群（王珊珊等，2015b）。

7.2 产业联盟专利许可方案

7.2.1 专利许可原则

根据技术标准许可的国际规则,专利许可分为对内许可和对外许可。一般而言,在联盟对内许可专利时,遵守"充分保护专利权人利益"的原则,在对外许可专利时,应遵守标准必要专利许可的国际惯例"公平、合理和无歧视性"(fair, reasonable and non-discriminatory, FRAND)原则。上述对内许可的原则,是从专利权人利益出发的,未从产业联盟整体利益角度考虑;而对外许可的FRAND原则,主要是从专利受许人的利益出发,忽视了联盟技术标准的特点及其专利权人的利益,同时对于一国政府支持产生的重要专利并不完全适用。因此,根据专利许可的目的和利益相关者不同,产业联盟专利内部许可应在"充分保护专利权人利益"的基础上增加"降低成员交易成本"和"建设标准专利群"原则;专利外部许可应在"FRAND"的基础上增加"保证各专利权人的利益"和"政府资助产生的专利按照国家有关规定进行许可"原则,如表7-5所示。

表7-5 专利许可原则

许可范围	许可目的	利益相关者	许可原则
内部许可	共享专利、建立和完善标准	联盟、联盟成员	充分保护各专利权人的利益+降低成员交易成本+建设标准专利群
外部许可	推广应用标准	联盟、联盟成员、外部受许人	FRAND+保证各专利权人的利益+政府资助产生的专利按照国家有关规定进行许可

7.2.2 专利许可模式与策略

1. 专利许可模式

产业联盟专利许可的层次与模式如表7-6所示。

表7-6 产业联盟专利许可的层次与模式

许可层次与模式			内涵
内部许可	A_1	单独许可	联盟专利权人单独向其他成员许可专利
	A_2	交叉许可	联盟专利权人之间相互许可专利
	A_3	打包许可	联盟管理者将标准专利统一打包对联盟成员实施许可
外部许可	B_1	单独许可	联盟专利权人单独向外部许可专利或从外部获得许可

续表

	许可层次与模式		内涵
外部许可	B_2	交叉许可	联盟专利权人与外部专利权人（可能是竞争对手）相互许可专利
	B_3	打包许可	联盟管理者将标准专利统一打包向外部受许人实施许可

联盟的专利许可分为内部许可和外部许可两个层次，在联盟内部，主要是为了建立和完善技术标准而开展专利许可活动，专利许可模式根据联盟的专利分布、标准化特点不同而有所不同；在联盟外部，一般应符合产业技术扩散的要求，进行非独占许可，主要方式是打包许可标准专利，优先将专利许可给有利于标准产业化和市场化进程的受许人，同时对于联盟与外部专利权人（通常是拥有联盟标准相关专利的竞争对手）相互持有对方所需专利的情况，联盟可通过与其进行交叉许可或单独获得许可的模式使用其专利以解决专利诉讼问题，对于联盟专利权人单独对外许可的情形，其许可的专利一般是标准非必要专利。

在联盟开展内外部的专利许可过程中，会采取多种许可模式的组合，即联盟内部和外部专利许可模式的组合，联盟通常根据其专利分布及统一管理程度等不同条件，采用一种模式组合。例如，A_2B_3即内部交叉许可、外部打包许可的模式，适用条件如下：专利统一管理水平较高，专利尤其是重要专利集中在少数成员手中，专利权人的专利技术互为基础，标准的对外谈判能力较强。又如，A_3B_3即内部打包许可、外部打包许可的模式，适用条件如下：专利统一管理水平极高，专利分布相对分散，各专利的相互关联性较强，联盟的专利组合价值突出，标准的对外谈判能力较强。再如，$A_2A_3B_3$即内部交叉许可和打包许可、外部打包许可的模式，适用条件如下：专利统一管理水平高，重要专利集中在少数成员手中且互为基础，一般是核心专利和核心专利的专利权人之间交叉许可、外围专利和外围专利的专利权人之间交叉许可，标准管理者对需要实施技术标准的专利权人和非专利权人打包许可专利，标准的对外谈判能力较强。

2. 各模式专利许可策略

对于不同的专利许可模式，其专利要求、许可价格及许可收益分配等专利许可策略也各不相同（李力，2014），如表7-7所示。

表7-7 各模式的专利许可策略

许可模式			许可策略		
			专利要求	许可价格	许可收益分配
内部许可	A_1	单独许可	分为两种情况：一是专利权人向联盟成员许可标准的核心专利，让联盟成员可以在该专利的基础上进行标准技术或产品的开发及标准应用方案的设计；二是专利权人将独立于标准之外的自有专利许可给联盟成员	优惠价格	不涉及

续表

许可模式		许可策略		
		专利要求	许可价格	许可收益分配
内部许可	A₂ 交叉许可	或者是核心专利和核心专利的交叉许可，或者是外围专利和外围专利的交叉许可	免费或优惠价格	不涉及
	A₃ 打包许可	打包的专利既可能是标准的全部专利，也可能是部分专利；受许人主要是非专利权人，也可能包括专利权人	免费或优惠价格	免费不涉及，收费按专利许可收益分配方案分配
外部许可	B₁ 单独许可	联盟专利权人将标准非必要专利或独立于标准之外的自有专利对外单独许可；或联盟成员独自获得外部专利权人的许可	正常价格	不涉及
	B₂ 交叉许可	外部专利权人拥有与联盟技术标准相关的专利（通常是标准的必要专利），联盟对外许可的是标准必要专利	免费或正常价格	免费不涉及，收费按专利许可收益分配方案分配
	B₃ 打包许可	打包的专利既可能是标准的全部专利，也可能是部分专利	正常价格	按专利许可收益分配方案分配

7.2.3 专利集中许可定价

现有关于专利许可定价的研究主要集中于单项专利许可定价及专利组合定价，较少涉及联盟技术标准下的专利集中许可定价。而且关于标准专利许可定价的研究主要是从固定与变动提成支付模式的角度考虑定价，或是基于专利拥有的期权特征运用实物期权理论方法进行定价，已有研究对于技术标准联盟专利集中许可模式下的专利定价影响因素的分析有所欠缺，同时未能从联盟及其专利权人、专利受许人、标准地位、市场环境、行政力量及国际通行专利许可要求等综合角度出发，设计技术标准下的联盟专利集中许可定价原则与方法。因此，充分考虑技术标准下的产业联盟专利特征及其定价的内外部影响因素，研究设计联盟专利集中许可定价原则与方法，能够平衡联盟、联盟成员、标准采用者等各方利益，有效地促进技术标准的推广应用与广泛实施。

1. 联盟专利集中许可内涵与特征

产业联盟专利集中许可，是指以建立与推广实施技术标准为目标，对联盟中各主体持有的标准必要专利进行整合，由联盟集中管理，将标准全部专利或部分专利对联盟内部成员或外部企业提供许可。与单项专利许可相比，技术标准联盟专利集中许可有以下特征。

（1）提供系统的技术解决方案。联盟专利集中许可是将标准的全部或部分专利组合并由联盟统一进行许可，标准专利组合的协同作用能够有效提升标准及其专利的价值及技术解决能力，相较于单项专利许可只能解决某一具体领域或环节的问题而言，联盟专利集中许可能为用户提供系统的技术解决方案。

（2）涉及利益主体众多，多实行专利集中管理。技术标准体现为复杂的专利技术体系，且各项专利分别由不同的专利权人持有，因此，联盟通过成立专门机构或委托某一专门机构，或授权联盟内某一成员进行专利集中许可管理，可有效提高专利协同运用效果和实现各主体利益均衡。由于涉及利益主体较多，各方利益均衡是联盟实施专利集中许可的前提。

（3）往往受到 FRAND 原则约束。联盟专利集中许可包含的专利都应为标准必要专利，然而，出于利益最大化动机，部分联盟出现标准专利滥用行为，即将非必要专利纳入标准专利包进行许可，如 3C、6C 联盟利用其"事实标准"地位，在 DVD 必要专利中加入大量非必要专利许可给我国企业，以收取高昂的专利许可费。为了维护公共利益，国际标准化组织要求专利许可方进行专利许可前，必须遵守公平、合理、非歧视原则，严格禁止许可中搭售非必要专利的行为。因此，联盟专利集中许可行为往往受到 FRAND 原则约束，以保证集中许可的专利都是标准必要专利。

（4）对内对外许可目的及价格的差异性。基于联盟标准建设和健全产业链需要，联盟将专利集中许可给联盟内部成员，在这些专利基础上继续开发新专利或促进专利的实施运用，联盟一般会采取低价甚至是免费许可方式；为了加速标准推广应用，联盟会对外部企业实施专利集中许可，在对外许可定价时兼顾联盟整体、成员、被许可企业三方利益，许可价格往往高于内部许可价格。

2. 联盟专利集中许可定价的影响因素分析

专利集中许可涉及的专利组合由数量不等的标准专利组成，且各专利在类型与价值上存在差异性。同时，由于专利分布在不同专利权人手中，集中许可相关利益主体较多，且联盟外部竞争环境与国家宏观政策都会对许可定价产生影响。因此，联盟在专利集中许可定价时，应综合考虑各影响因素，确定适宜的价格。影响专利集中许可定价的因素如下。

1）标准专利组合价值

产业联盟专利集中许可涉及的专利组合价值是制定许可价格的重要依据。集中许可的专利应都是标准必要专利，且许可的标准专利往往具有专利间的协同效应。然而，由于各联盟成员的专利价值不同，同时集中许可的专利数量和价值也因许可用途、许可对象而有所不同，因此，标准专利组合价值影响集中许可价格，但专利组合的价值并不是分散的专利价值之和，而是取决于专利协同作用。

2）标准专利成本

标准专利成本主要包括专利研发、申请和维护产生的费用。专利研发成本可记为 C_r，专利申请成本记为 C_a（包括审查费、登记费、代理费等），专利维护成

本记为 C_m（包括维持专利权有效的年费、发现侵权的调查取证费、诉讼费、律师费等）（詹映和张弘，2015）。标准专利成本=专利研发成本+专利申请成本+专利维护成本，即 $C=C_r+C_a+C_m$。

3）标准成熟度

标准成熟度主要体现为标准体系的健全性、专利的完备性和标准商用的可能性三个方面，但标准成熟度与标准专利集中许可价格不是一个简单的线性关系，通常越成熟的标准，在进行专利集中许可时其专利包拥有的专利就越多，联盟专利集中许可定价的自由度就越高。从技术基础到实施应用和商用的标准体系越健全，或标准体系包含的子标准越多，反映出技术标准成熟度越高，集中许可的标准专利价格也应越高。标准所包含的专利越完备，尤其是行业核心专利越多，相应的标准技术价值越高，外围专利越充足，标准就能够为核心专利实施提供越好的支持，因此，核心专利与外围专利的完备性共同决定了标准专利集中许可价格。联盟技术标准商用的可能性越高，说明越能基于标准开发相关系统设备、软硬件设施、终端标准产品等。标准从技术研发到终端产品生产与配套服务的产业链条越完善，就有越多的企业能够采用和实施该标准，标准成熟度就越高。

4）标准竞争地位

技术标准在同类标准尤其是国际标准竞争中所处地位的高低，决定了专利集中许可价格的高低。一般而言，越具竞争力的技术标准，其在制定专利集中许可价格时就越有发言权和自由度。技术标准的竞争力越强，说明其技术越领先，对潜在用户的吸引力越强。

5）行业标准竞争强度

行业标准竞争强度是指在某一行业内各相关技术标准的竞争激烈程度，行业标准竞争强度越高，说明产业联盟在同类竞争性技术标准中面临的竞争压力越大、价格竞争越激烈。但是处于不同竞争地位的联盟对集中许可的专利拥有不同程度的定价自由度。竞争强度主要是从行业结构特征考虑，这些特征包括行业内竞争者数量、集中化程度等。赫芬达尔指数（Herfindahl-Hirschman index，HHI）是一种能够反映行业整体竞争程度的指标，为市场占有率的平方和，计算公式如下：$HHI = \sum_{i=1}^{n}\left(\frac{X_i}{X}\right)^2$，$X = \sum_{i=1}^{n} X_i$，$X_i$ 为市场中第 i 项技术标准的用户基础，$\frac{X_i}{X}$ 为第 i 项技术标准的市场占有率，n 为行业中同类竞争性技术标准的数量。HHI 数值越大，表明同类竞争性技术标准之间用户规模差距越大，行业集中度越高，竞争强度越低；HHI 数值越低，表明各技术标准的用户规模大致相同，行业集中度越低，竞争强度越高。标准竞争强度可通过 HHI 指数间接反映，二者呈反向作用。竞争强度的高低反映了标准专利许可定价受影响程度的大小，竞争强度越高，表明同类竞争性技术标准之间在用户规模等方面的差异性越小，对联盟制定标准专利许可价格的影响就越大；当竞争强度较低时，处于不同地位的联盟会持有不同的定价策略。

6）标准的用户基础和需求

基于技术标准具有的网络外部性特点，潜在用户在选择采用哪种技术标准时，会将技术标准的用户基础作为一项重要的参考依据。技术标准的用户基础越大，意味着该技术标准的网络规模也越大，围绕技术标准提供的相关产品和服务也越完善或价格越低，能够为潜在用户带来的价值越大，进而标准被采用的可能性也越高。因此，在同类竞争性技术标准的推广与应用过程中，对于用户基础较大的技术标准，联盟在制定集中许可价格时的自由度也较高。

用户对技术标准需求的大小，决定了其支付意愿的高低，进而影响集中许可价格。用户对标准的需求程度取决于该项标准在实现用户效用上的贡献度大小，而标准的贡献度可以通过标准对于用户的重要性来判断。技术标准对用户越重要，用户对其需求程度越大，采用技术标准的可能性就越高，此时联盟制定集中许可价格的自由度也越高。

7）政府政策

当前各国的技术标准化活动往往得到本国政府的规划与大力支持，同时在国际化过程中还受到有关政策约束或规制，但是本国政府作为技术标准化的利益相关者与参与者，发挥更为重要的作用，如设定强制性标准、制定标准专利许可规则、干预市场、科技计划和专项资金支持、税收减免等，这些政策都会对联盟标准专利集中许可行为及价格产生影响。有些技术标准如果涉及国家重大利益或出于国家战略的需要，则需要在国家指导或建议下制定许可价格。

3. 联盟专利集中许可定价原则

国际标准化组织规定采用 FRAND 原则进行技术标准专利许可活动，然而 FRAND 原则主要是从被许可者角度出发制定的维护被许可者利益的许可原则，对于产业联盟而言，既要遵循 FRAND 原则，更要从多因素角度出发制定出满足自身利益、具有竞争力的专利许可价格。尤其是产业联盟与单个企业在专利许可定价上有很大不同，联盟在制定许可价格时需要考虑的因素更多，需要协调和权衡的关系更多，因此要在不违背 FRAND 原则的基础上，结合对定价影响因素的分析，设计能够平衡联盟、联盟成员及标准被许可方三方利益且更符合实际的许可定价原则。

1）FRAND 原则

FRAND 原则是标准专利许可定价的基本原则，联盟在进行标准专利集中许可时，要总体上遵循公平、合理、非歧视的原则，但在制定具体价格时可综合考虑多种因素自主定价。

2）用户价值匹配原则

技术标准体系由系列标准构成，包括基础技术标准、设计标准、工艺标准、产品标准等。用户类型分为配套技术研发商、制造商、终端产品生产商等，不同用户对标准专利的需求不同，联盟集中许可的专利数量、内容及价格也因用户不同、使用目的不同而有所差异，如终端产品制造商可能对工艺标准、产品标准等的需求程度更大，还有一些用户采用标准的主要目的是获得进入市场的资格，此时他们可能需要获得标准全部专利的许可。因此，联盟要依据用户需求灵活进行专利组合，并根据标准专利能够为用户带来的价值来确定许可价格。

3）国家战略与联盟效益协调原则

一些企业技术标准联盟是由少数企业联合组建的，而更多的技术标准联盟是产业联盟，产业联盟往往是在国家标准化战略指导下，由政府支持、推动建立的，如我国的 TD 联盟。无论是产业联盟还是企业联盟，都应响应或服从于国家标准化战略需要，其制定的专利集中许可价格要有利于加速本国技术标准的发展与提升标准竞争力，最好是能够在产业范围内得到广泛推广与应用，促进本国产业创新发展与升级。然而，由于联盟在推进标准化进程中投入大量资源，因此，专利集中许可价格在满足国家标准化战略需要的同时，要能够实现理想的标准化效益，以维护联盟持续发展和激励成员持续创新。

4）联盟利益与成员利益均衡原则

产业联盟在建立和推广应用标准的过程中，始终以联盟整体发展及其标准化水平提升为首要目标，追求联盟整体协同发展及联盟整体利益最大化。因此，联盟专利集中许可价格的制定，既要考虑联盟整体利益，又要考虑成员（尤其是纳入标准专利集中许可的专利权人）自身利益，实现联盟利益与成员利益的均衡。

5）灵活性和动态性原则

联盟在综合考虑标准专利成本、标准专利组合价值、行业竞争强度等因素的基础上，确定专利集中许可的基础价格，然后可依据标准竞争地位、标准成熟度、政府政策环境等实际情况，进一步调整价格，因此，专利集中许可定价具有灵活性。同时，随着技术进步、竞争环境和市场需求等的变化，专利集中许可的价格还应根据联盟运行过程中各种确定和不确定因素的变化而变化，具有动态、可调整性。

4. 联盟专利集中许可定价方法

联盟集中许可定价方法包括定价流程和定价函数。

1）专利集中许可定价流程

产业联盟专利集中许可定价要充分考虑各影响因素的协同作用，针对用户采用技术标准的主要目的，考虑由专利组合价值与因标准用户基础形成的网络效应价值共同决定的标准为用户带来的价值,设计用户关于专利组合(因集中许可的专利数量不同,专利组合也不同)的需求函数;考虑行业竞争强度,构建专利集中许可基础价格函数,并根据标准竞争地位、标准成熟度、政府政策等因素对基础价格进行调整,确定专利集中许可最终价格。专利集中许可定价流程如图7-3所示。

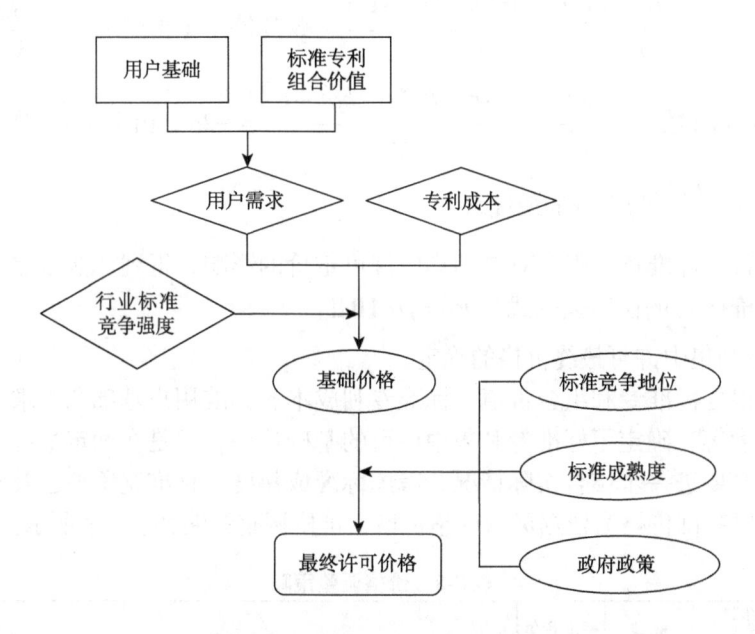

图7-3 专利集中许可定价流程

2)专利集中许可基础价格函数构建

技术标准的用户基础、标准专利组合价值都会影响标准的被采用程度,用户基础大的技术标准能够为潜在用户提供更大的效用,因此能够刺激用户需求的产生。集中许可所包含的专利不同,相应的标准专利组合价值也存在差异,价值高的技术标准更受到潜在用户的青睐。同时,标准专利组合的价值对于基于用户基础形成的网络效应价值也存在影响,当专利组合价值较高时,基于用户基础形成的网络效应的价值提升幅度远大于用户基础的增加量。结合 Metcalfe 法则,网络总价值以用户数量平方的速度增长(赵丹和王宗军,2010),将上述影响用函数的形式表示为 $\theta(u,v) = \beta u^v$。其中,$\theta(u,v)$ 代表基于用户基础形成的网络效应的价值,u 代表用户基础,v 代表专利组合价值,β 代表网络效应强度系数,$0 \leqslant \beta \leqslant 1$。

基于上述分析,将用户基础、标准专利组合价值作为技术标准用户需求函数的基本影响因素，构建需求函数的表达式 $D(u,v,p) = v + \theta(u,v) - bp$，其中，$b$ 表示价格敏感系数，$b>0$。

因此，利润函数可以表示为 $L = D(u,v,p)p - C = [v + \theta(u,v) - bp]p - C$，将 $\theta(u,v) = \beta u^v$ 代入上式得 $L = (v + \beta u^v - bp)p - C = vp + \beta u^v p - bp^2 - C$。求 L 对 p 的一阶偏导数，$\frac{\partial L}{\partial p} = \frac{\partial(vp + \beta u^v p - bp^2 - C)}{\partial p}$，令其等于零得到 $p = \frac{v + \beta u^v}{2b}$。求 L 对 p 的二阶偏导数，即 $\frac{\partial^2 L}{\partial p^2} = \frac{\partial^2(vp + \beta u^v p - bp^2 - C)}{\partial p^2} = -2b$，由于 $b>0$，所以 $\frac{\partial^2 L}{\partial p^2} < 0$，即 $p = \frac{v + \beta u^v}{2b}$ 为求得的最优解。

结合行业标准竞争强度对专利集中许可定价的影响，得到产业联盟专利集中许可基础价格 P_f 的函数表达式为 $P_f = p \cdot \text{HHI}$。

3）专利集中许可最终价格的确定

以上根据标准专利组合价值、标准专利成本、标准用户基础和需求、行业标准竞争强度等，确定了标准专利集中许可的基础价格，但是在确定最终许可价格时，还有必要进一步结合实际情况，考虑标准成熟度、标准竞争地位及政府政策等因素，以基础价格为依据灵活调整价格，价格调整策略如表 7-8 所示。

表 7-8 价格调整策略

行业标准竞争强度	竞争性标准/专利定价	标准成熟度	标准竞争地位	最终价格
高	高	高	高	对基础价格进行一定程度的上调，表示为 $P_f(1+\sigma_1)$，其中，σ_1 为上调幅度，且 $0<\sigma_1<1$
		低	低	可维持基础价格 P_f 不变
		高	低	
		低	高	可维持基础价格 P_f 不变，或对基础价格进行一定程度的上调，表示为 $P_f(1+\sigma_2)$，其中，σ_2 为上调幅度，且 $0 \leq \sigma_2 < \sigma_1 < 1$
	低	高	高	可维持基础价格 P_f 不变
		低	低	在基础价格的基础上下调一定比例，表示为 $P_f(1-\varepsilon_1)$，$0 \leq \varepsilon_1 < 1$
		高	低	
		低	高	可维持基础价格 P_f 不变，或下调，表示为 $P_f(1-\varepsilon_2)$，$0 \leq \varepsilon_2 < \varepsilon_1 < 1$
低	高	高	高	对基础价格进行一定程度的上调，或者维持基础价格不变，表示为 $P_f(1+\sigma_3)$，$\sigma_3 \geq 0$，定价自由度较高
		低	低	可维持基础价格 P_f 不变
		高	低	
		低	高	可维持基础价格 P_f 不变，或对基础价格进行一定程度的上调，表示为 $P_f(1+\sigma_4)$，$0 \leq \sigma_4 < \sigma_3$

续表

行业标准竞争强度	竞争性标准/专利定价	标准成熟度	标准竞争地位	最终价格
低	低	高	高	可维持基础价格 P_f 不变
		低	低	对基础价格大幅下调，表示为 $P_f(1-\varepsilon_3)$，$0<\varepsilon_3<1$
		高	低	
		低	高	可维持基础价格 P_f 不变，或下调，表示为 $P_f(1-\varepsilon_4)$，$0\leqslant\varepsilon_4<\varepsilon_3<1$

以上给出了产业联盟专利集中许可最终价格的确定策略，若联盟技术标准为国家战略性标准或受到国家政策扶持，需要根据国家战略或指导意见，在同等条件下对有利于技术标准产业链条建设的专利受许者给予更加优惠的价格（王珊珊等，2017b）。

7.3 产业联盟伙伴贡献度评价

7.3.1 伙伴贡献度评价因素分析

从产业联盟开始组建到完成联盟标准化任务并获取收益的整个过程，伙伴对联盟的贡献也随着联盟的运行和各种不确定性因素的变化而变化。联盟伙伴贡献度评价需要重点考虑四个方面的因素：一是伙伴重要程度，二是伙伴资源投入，三是伙伴努力程度，四是伙伴任务完成水平。

（1）伙伴重要程度。伙伴的重要性体现在：①伙伴拥有的与联盟创新任务相关的技术水平；②伙伴所承担的技术研发等各项任务的难度和因此而承担的风险；③伙伴资源的独特性，由于资源既包括有形的资源，又包括知识、经验等无形资源，难以量化，因此资源独特性用伙伴资源的可替代性来衡量，反映出联盟获取该伙伴同类资源的难易程度及伙伴资源的重要性；④伙伴角色重要性，即伙伴在联盟创新中所处的地位和拥有的职权。

（2）伙伴资源投入。该因素可从资金、人才和技术投入三个方面来衡量：①在资金投入方面，重点考虑伙伴研发资金投入在联盟中所占份额；②在人才投入方面，不但要考虑研发人员比例，还要对这些人员在联盟中的重要性做出判定，其重要性可用研发人员获取和培养的成本来体现；③在技术投入方面，要综合考虑伙伴相关专利对联盟创新的支撑作用，以及伙伴拥有的关键技术比例。

（3）伙伴努力程度。联盟伙伴付出的努力主要体现在伙伴的知识共享水平以及与其他成员的配合程度两个方面：①伙伴的知识共享水平可用其知识溢出水平来反映,知识溢出水平越高,说明伙伴的自主合作和努力程度越高;②伙伴与其他成员的配合程度可用合作系数和诚信度来反映。

(4)伙伴任务完成水平。该因素是指联盟伙伴承担特定分工任务的目标实现情况和完成的质量水平,用目标实现度和任务完成质量来衡量。目标实现度是根据联盟组建初期契约约定的任务及目标,来考察伙伴的实际目标达成情况;任务完成质量则表明该伙伴完成任务的程度和水平。

以上分析表明,联盟伙伴的贡献度受到多种因素影响,是一个复杂的综合评价问题。例如,虽然伙伴完成了自身任务和既定目标,但是如果与其他成员配合度不高,存在窃取其他伙伴技术或不愿共享知识的现象,则其贡献度也应有所下降(王珊珊和王宏起,2012e)。

7.3.2 伙伴贡献度评价指标

通过对产业联盟伙伴贡献度评价因素的分析,构建产业联盟伙伴贡献度评价指标,如表 7-9 所示。

表 7-9 产业联盟伙伴贡献度评价指标

评价目标	一级指标	二级指标	三级指标
伙伴贡献度 A	重要程度 B_1	技术实力 C_1	技术水平 D_1
		任务难度 C_2	技术开发难度 D_2
			风险系数 D_3
		资源独特性 C_3	资源的可替代性 D_4
		角色重要性 C_4	职权大小 D_5
	资源投入 B_2	资金投入 C_5	研发资金投入比例 D_6
		人才投入 C_6	研发人员投入比例 D_7
			研发人员获取和培养成本 D_8
		技术投入 C_7	相关专利拥有量 D_9
			关键技术比例 D_{10}
	努力程度 B_3	知识共享水平 C_8	知识溢出水平 D_{11}
		配合程度 C_9	合作系数 D_{12}
			诚信度 D_{13}
	任务完成水平 B_4	任务完成情况 C_{10}	目标实现度 D_{14}
			任务完成质量 D_{15}

上述指标中除"资源的可替代性"为逆指标外,其余指标均为正指标,以下以部分指标为例说明指标含义。

(1)风险系数。风险系数即某一联盟伙伴为完成其特定分工任务所承担的风险大小,也可称作风险的级别或等级,取值区间[0,1]。由于伙伴可能面临着技术开发、技术外泄等各种风险，风险系数越高，反映出伙伴承担任务的难度就越高，其成功率和收益就越缺乏保证。

（2）资源的可替代性。该指标是指联盟向外部获取伙伴同类资源的可能性，该指标值越低，说明伙伴资源获取难度越高，该类资源越稀缺，伙伴就越重要，越难以被其他组织取代。

（3）知识溢出水平。知识溢出水平是指在合作过程中，某一联盟伙伴的知识向其他联盟成员扩散的程度。知识溢出水平越高，伙伴所贡献的知识就越多，其承担的技术流失风险也越高。但是当一个伙伴的知识溢出水平过高而其他伙伴的知识溢出水平很低时，如果伙伴自身利益得不到保障，高溢出的伙伴将不会继续开展合作。

（4）合作系数。合作系数是指某一联盟伙伴与其他成员的合作程度，取值区间[0, 1]。合作系数越高，伙伴与其他成员的资源共享条件越充分，越有利于提高联盟成员之间的交流层次和效果。

7.3.3 伙伴贡献度评价方法

投影寻踪（projection pursuit，PP）方法就是将高维数据向低维空间投影，并通过极小化（极大化）某个投影指标，寻找出能反映原始多元数据结构或特征的投影，通过低维投影空间来分析高维数据的特征。投影寻踪方法能够有效地进行多指标样本评价，是处理复杂非正态非线性问题的有效方法，在很多领域得到了广泛应用，但是为了找到最佳投影方向，通常采取遗传算法来优化投影指标函数。基于投影寻踪的产业联盟伙伴贡献度评价流程如图7-4所示。

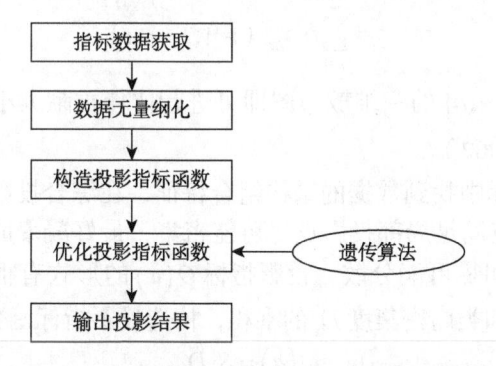

图7-4 基于投影寻踪的产业联盟伙伴贡献度评价流程

运用投影寻踪方法对联盟伙伴贡献度进行综合评价，包括以下五个步骤。

（1）指标数据的获取。由于伙伴对联盟贡献度的评价指标有很多是定性指标，因此采取决策者打分方法。对于定性指标，设有四个评价等级，评语 $v = \{v_1,$

v_{II}、v_{III}、v_{IV}）代表第 j 个指标的评语分别是高、较高、中和低的概念，由决策者根据评价规则给出某一联盟伙伴该项指标的值，指标评价等级及其定性描述和定量标度如表 7-10 所示。

表 7-10 指标评价等级及其定性描述和定量标度

评价等级	评语或定性描述（v）	标度
I	高	9~10
II	较高	7~8
III	中	5~6
IV	低	0~4

（2）评价指标值的无量纲化处理。设有 m 个指标，n 个待评价伙伴，样本集为 $\{x_{ij}^0 | i=1,2,\cdots,n; j=1,2,\cdots,m\}$。其中，$x_{ij}^0$ 是第 i 个伙伴第 j 个指标值。采用下式对原始指标数据进行无量纲化处理，正指标和逆指标分别为

$$x_{ij} = \left(x_{ij}^0 - x_{j_{\min}}^0\right) / \left(x_{j_{\max}}^0 - x_{j_{\min}}^0\right) \quad (7\text{-}2)$$

$$x_{ij} = \left(x_{j_{\max}}^0 - x_{ij}^0\right) / \left(x_{j_{\max}}^0 - x_{j_{\min}}^0\right) \quad (7\text{-}3)$$

其中，x_{ij} 为第 i 个伙伴第 j 个指标无量纲化处理后的值；$x_{j_{\max}}^0$ 和 $x_{j_{\min}}^0$ 分别为第 j 个指标下样本的最大值和最小值。

（3）构造投影指标函数。投影就是从不同角度观察数据，寻找能够最大限度地反映数据特征和最能充分挖掘数据信息的最佳观察角度即最佳投影方向。设 a 为 m 维单位投影向量，把 m 维数据 $\{x_{ij} | j=1,2,\cdots,m\}$ 综合成以 $a=(a_1,a_2,\cdots,a_m)$ 为投影方向的一维投影值 z_i 为

$$z_i = \sum_{j=1}^{m} a_j x_{ij} \quad (i=1,2,\cdots,n) \quad (7\text{-}4)$$

根据 $\{z_i | i=1,2,\cdots,n\}$ 的一维散布图即可进行伙伴贡献大小的排序和分类比较（倪长健和崔鹏，2007）。

为了在多维指标中找到数据的结构组合特征，在综合投影指标值时，要求投影值 z_i 的散布特征应满足局部投影点尽可能密集，最好凝聚成若干个点团，而在整体上投影点团之间尽可能分散。投影指标 $Q(a)$ 的形式有很多，此处采用投影值的类间分散度 S_z 和类内密集度 D_z 的乘积，构造投影指标函数为

$$Q(a) = S_z D_z \quad (7\text{-}5)$$

其中，S_z 为 z_i 的标准差，D_z 为 z_i 的局部密度，即

$$S_z = \sqrt{\sum_{i=1}^{n}(z_i - \bar{z})^2 / (n-1)} \quad (7\text{-}6)$$

$$D_z = \sum_{i=1}^{n} \sum_{j=1}^{n} (R - r_{ij}) u(R - r_{ij}) \qquad (7-7)$$

其中，$\bar{z}$ 为 $\{z_i | i = 1, 2, \cdots, n\}$ 的均值；R 为局部密度的窗口半径，一般可取 R 为 $0.1 S_z$；r_{ij} 为任意两个样本之间的距离，$r_{ij} = |z_i - z_j|$；$u(t)$ 为单位阶跃函数，当 $t \geq 0$ 时，$u(t) = 1$，当 $t < 0$ 时，$u(t) = 0$。

（4）优化投影指标函数。不同的投影方向反映不同的数据结构特征，最佳投影方向就是最大可能地暴露高维数据某类特征结构的投影方向，通过求解投影指标函数最大化问题，可估计最佳投影方向，即

$$\max Q(\boldsymbol{a}) = S_z D_z \qquad (7-8)$$
$$\text{s.t.} \sum_{j=1}^{m} a_j^2 = 1$$

此类复杂非线性优化问题，一般采用基于实数编码的加速遗传算法（real coding based accelerating genetic algorithm，RAGA）求解（赵晓翠和王来生，2007）。

（5）伙伴排序。把最佳投影方向 a^* 代入式（7-4），得到各伙伴的投影值 z_i^*，从而可以对各伙伴进行排序，该值越大，伙伴贡献度就越大。

7.4 产业联盟专利收益分配方法

7.4.1 专利收益分配原则与流程

1. 专利收益分配原则

专利收益分配方案设计应遵循的原则如下：一是分配方案要与伙伴专利价值和实际贡献挂钩；二是分配方案结构合理并具有动态性；三是分配系数的确定应充分综合伙伴意见。

（1）分配方案要与伙伴专利价值和实际贡献挂钩。伙伴已有的专利价值是联盟在成立之初或签订契约时就可以确定的，而伙伴在联盟技术标准化运作过程中，会不断开发新专利或将新的专利不断纳入技术标准体系，新专利的价值需要后期评估确定，且各伙伴在协同开发新专利过程中的实际贡献也不相同。因此，分配方案不但要考虑伙伴投入的已有专利价值，还要对伙伴后期的贡献和专利产出进行激励，在分配过程中充分体现伙伴实际贡献度。

（2）分配方案结构合理并具有动态性。根据不完全契约理论，产业联盟契

约是不完全的，即契约不可能包含所有可能发生的情况。因此，联盟专利许可收益分配方案应包含固定部分和变动部分，具有动态调整性。在联盟伙伴签订的正式契约中，可以明确固定分配系数，由于伙伴在合作创新过程中，会有新的投入和专利产出，因此应该充分考虑标准专利构成的动态特性，后期根据纳入标准并实施许可的全部专利价值及伙伴的实际贡献，来确定固定部分和变动部分的权重及变动分配系数，以充分发挥伙伴的积极性和主动性。

（3）分配系数的确定应充分综合伙伴意见。产业联盟专利许可收益分配方案应由联盟标准管理者提出，但与此同时应遵循公平原则，充分考虑各伙伴的意见，使分配方案能够被所有伙伴接受。

2. 专利收益分配流程

产业联盟专利收益分配的流程如图 7-5 所示。由于技术标准是由专利群支撑形成的，在技术标准的形成、完善和升级过程中，技术标准的专利构成也不断发生变化，既包括前期的专利，又包括不断开发的新专利，不断有新的专利补充进来、旧的专利被淘汰。因此，联盟最终专利收益分配方案中，应明确固定和变动两个部分的权重及各部分中伙伴的分配系数。

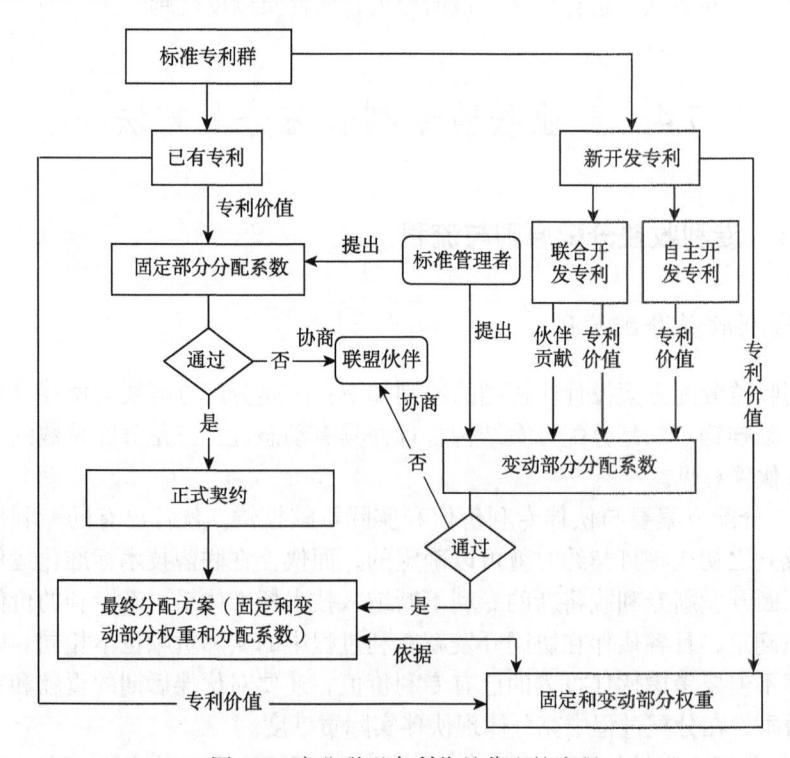

图 7-5 产业联盟专利收益分配的流程

（1）在前期契约中约定各伙伴的固定分配系数，仅涉及在已有专利的专利权人中进行分配，由联盟标准管理者根据各伙伴的专利价值提出初始的固定分配系数，然后由各伙伴发表意见协商确定正式分配系数。

（2）后期需要确定各伙伴的变动分配系数，仅涉及在新生专利的专利权人中进行分配，由联盟标准管理者提出并经伙伴协商后确定正式分配系数。新开发的专利包括两部分：一是伙伴联合开发的专利，变动分配系数需要以专利价值和各伙伴贡献度为参考依据；二是伙伴自主开发的专利，变动分配系数需要以其专利价值为参考依据。

（3）后期需要确定专利收益中固定部分和变动部分的权重，两部分的权重分别以已有专利和新开发专利的价值为参考依据。

最后能够达成一致的专利许可收益分配方案，一定是能够满足专利权人意愿和能够达成多方利益均衡的分配方案。

7.4.2 专利收益分配方案构成

由于一个伙伴既可能贡献已有专利，又可能在联盟发展过程中自主开发新专利或与伙伴合作开发新专利，并将新专利纳入标准对外许可的专利包中，因此，一个伙伴可能既要索取固定部分的收益，又要索取变动部分的收益。联盟专利收益分配方案的构成如表7-11所示。

表7-11 联盟专利收益分配方案的构成

项目	分配方案构成	
	固定部分	变动部分
权重确定依据	已有专利价值占标准全部专利价值的比重	新生专利价值占标准全部专利价值的比重
权重确定方式	由标准管理者根据已有和新生专利价值自主确定	
各伙伴分配系数确定依据	与伙伴贡献的已有专利价值有关	与伙伴新生专利价值和实际贡献有关
各伙伴分配系数确定方式	由联盟标准管理者提出，各伙伴协商确定	
专利收益	联盟实际获得的专利收益	

假设联盟中有 n 个伙伴参与专利收益中固定部分的分配，有 m 个伙伴参与收益中变动部分的分配，某一成员既参与固定部分的分配，又参与变动部分的分配，那么，该成员的固定分配系数为 a_k（$k=1,2,\cdots,n$），变动分配系数为 b_i（$i=1,2,\cdots,m$）。设联盟最终专利收益为 R，则该成员的收益分配额 $A_{ki} = (\omega^f a_k + \omega^v b_i) \times R$。固定部分和变动部分的权重 ω^f 和 ω^v 分别根据联盟已有和新生

专利价值来确定，$\omega^f + \omega^v = 1$，公式如下：

$$\omega^f = \frac{已有专利价值}{已有专利价值+新生专利价值} \times 100\% \qquad (7\text{-}9)$$

$$\omega^v = \frac{新生专利价值}{已有专利价值+新生专利价值} \times 100\% \qquad (7\text{-}10)$$

7.4.3 基于伙伴意见集成的分配系数确定方法

专利收益分配系数的确定过程是伙伴意见的综合集成过程，由联盟标准管理者给出各伙伴的初始分配系数，以此为基础，允许各伙伴给出调整意见，进而将伙伴意见综合集成，快速找到最优解或满意解。

1. 分配系数确定的基本流程

第一，联盟标准管理者提出初始分配系数；第二，各伙伴在限定的变动范围内提出自身的调整意见；第三，联盟标准管理者设定有关一致性、协调性和可靠性的条件，在一定的调整变动范围内，综合各伙伴意见建模；第四，利用计算机求解，如果有最优解，则确定最终分配系数，如果没有最优解，有以下三种途径可以选择，一是改变可靠性等条件，以获得解，二是让伙伴重新提出调整意见，重复后续步骤，三是重新调整初始分配系数，重复后续步骤。以固定分配系数为例，集成各伙伴意见确定最终正式分配系数的流程（李力，2014），如图7-6所示。

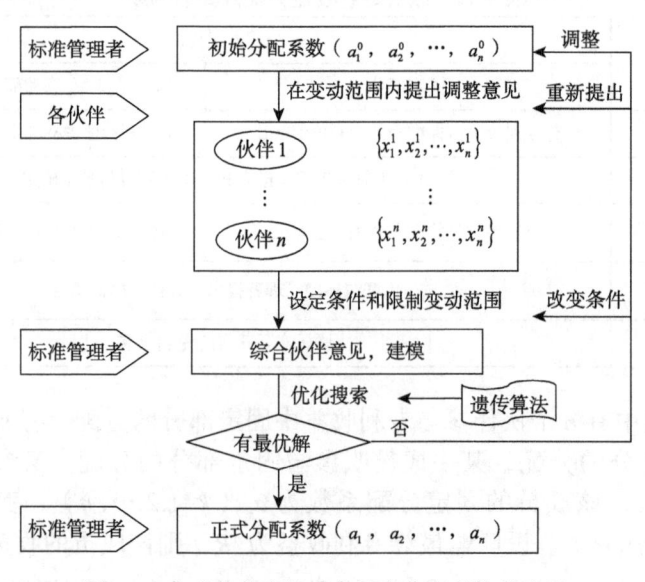

图7-6 集成伙伴意见确定固定分配系数的流程

该方法的优点在于：一是实现对伙伴的约束，要求伙伴只能在一定的变动范围内提出意见，如果伙伴提出的意见偏离太大，将得不到最优解或满意解；二是实现对联盟标准管理者的约束，伙伴针对初始分配系数提出调整意见，如果初始分配系数不合理，伙伴提出的意见偏差过大，将得不到最优解，另外，联盟标准管理者对伙伴意见进行调整也限定了变动范围，使得伙伴意见得到最大程度的保留；三是利用建模和计算机技术可以快速地得到最优或满意的分配系数，缩短了长期无效的协商过程。

2. 分配系数确定方法

仍然以固定分配系数为例，联盟伙伴分配系数的确定方法如下。

（1）提出初始分配系数。参与固定部分分配的共有 n 个伙伴，由联盟标准管理者提出初始分配系数集合 $a^0 = \{a_1^0, a_2^0, \cdots, a_n^0\}$。其中，$a_k^0$ 为第 k 个伙伴初始值（分配系数）（$k=1,2,\cdots,n$），$\sum_{k=1}^{n} a_k^0 = 1$。

（2）设定初始值变动范围，获得伙伴 k 的调整值。对于第 k 个伙伴的初始分配系数 a_k^0，允许其最大变动范围为 s_k，$s_k \geq 0$，a^k 为其调整值，对于第 k 个伙伴，全部伙伴都会给出该伙伴的调整值，因此伙伴 k 的调整值为 $a^k = \{a_1^k, a_2^k, \cdots, a_n^k\}$，其中，$a_l^k$ 表示在给定范围内对于伙伴 k 第 l 个伙伴给出的调整值（$l=1,2,\cdots,n$），$a_l^k = \{a_k^0, s_k\}$。以上，s_k 为 a_k^0 允许调整的最大范围，即要求各伙伴要在给定的初始分配系数上进行适度的调整，如果对伙伴调整初始分配系数不加以限制，各伙伴都会倾向自身，从而无法得到满意的方案。

（3）设定各伙伴调整值的变动范围，获得伙伴 k 的最佳分配集。对于伙伴 k，由第 l 个伙伴给出的调整值 a_l^k，允许其最大变动范围为 r_l，$r_l \geq 0$，进而得到伙伴 k 的分配集 $\{(a_1^k, r_1), (a_2^k, r_2), \cdots, (a_n^k, r_n)\}$。伙伴 k 的最佳分配集 $x^k = \{x_1^k, x_2^k, \cdots, x_n^k\}$，其中，$x_l^k$ 是对第 l 个伙伴的意见在给定范围内调整后的最终分配系数值（$l=1,2,\cdots,n$），由联盟标准管理者最终确定。r_l 为允许伙伴意见 a_l^k 调整的最大范围，即虽然由联盟标准管理者来决定最终分配系数，但是对其决策行为有所限制，从而最大限度地保留伙伴意见，寻求形成一致性意见，以便找到群体的最优解或满意解。

（4）对于伙伴 k，确定所有伙伴意见的可靠性、一致性和协调性。对于伙伴 k，分别用可靠度、峰度、变异系数、偏度表示伙伴意见的可靠性、一致性、群体评价值的协调性、伙伴意见关于加权均值的对称性（顾基发等，2007）。

（5）对于伙伴 k，建模求解最佳分配系数值。模型中目标函数为在给定范围

内搜索伙伴的最优调整方案，总调整量达到最小，目标函数表达式为

$$\min f\left(x^k\right) = \sum_{l=1}^{n} \left| x_l^k - a_l^k \right| \qquad (7\text{-}11)$$

模型的约束条件包括一致性要求、协调性、可信度（顾基发等，2007）。

解上述模型，得到最优解。如果没有最优解，则说明各伙伴意见分歧较大，需要降低可靠度要求，或调整初始值变动范围，或调整初始值。需要指出的是，优化搜索可采用遗传算法进行搜索（顾基发等，2007）。

（6）求得每一个伙伴的分配系数值，调整确定最终分配系数。通过以上计算，可求得全部伙伴分配系数值，其集合为 $x = \{x^1, x^2, \cdots, x^n\}$，由于 $\sum_{k=1}^{n} x^k \neq 1$，经过换算，确定最终分配系数 $a_1, a_2, \cdots, a_n$，$\sum_{k=1}^{n} a_k = 1$。

上述以固定分配系数为例，给出了基于伙伴意见集成的联盟专利许可收益分配系数确定方法。以初始分配系数为基础，综合考虑一致性和协调性要求，可以通过优化搜索减少伙伴意见反复调整的次数，不但最大限度地保留原始信息，而且在一定程度上综合了每个伙伴的意见，同时最大限度地避免各伙伴的主观倾向性，其计算可以利用遗传算法等优化搜索算法及计算机技术来快速地求解，结果可靠。

第 8 章 产业联盟专利冲突与风险管理方法

产业联盟以建立和推广应用自主标准、提升标准国际竞争力为主要目标，其技术标准与专利技术高度融合，技术标准化以强大的专利群及专利的高度共享为支撑，联盟内部成员之间进行联合研发、标准专利共享、标准体系共建等活动，联盟对外推动标准专利的许可实施。由于产业联盟参与主体众多、各成员资源基础不同、成员间关系复杂，各成员专利共享意愿、专利贡献、专利收益也各不相同，从而使联盟内部与专利有关的冲突尤为突出，主要体现在专利价值评估、专利筛选、专利许可、专利共享及专利收益分配等活动方面，这些专利冲突的存在势必会影响产业联盟的运行效率与稳定发展，使得联盟标准化进程缓慢，甚至导致联盟解散或标准化失败。在产业联盟发展过程中，会受到内外环境的影响，存在各种类型的风险，有些风险可以通过风险管理实现有效的防范和控制。因此，针对产业联盟的专利冲突和存在的不同类型专利风险，采取有效的方法、手段与策略加以防范和有效解决，对于提高联盟标准化效率和效果及促进联盟的健康快速发展具有重要意义。

8.1 产业联盟专利冲突类型与解决思路

有学者将联盟中的知识产权冲突类型划分为联盟过程冲突、联盟任务冲突和联盟关系冲突（王惠东和王森，2014），该划分对于联盟专利冲突分类研究具有借鉴意义，但对于产业联盟专利冲突分类管理并不完全适用，这是因为过程、任务和关系具有一定的相关性，而且产业联盟专利冲突的主体层次不同、冲突的性质不同，有些专利冲突来自共同目标与任务下合作的冲突，有些则来自成员各自利益竞争下的冲突。考虑冲突主体层次，并借鉴社会矛盾的冲突划分方法，将产业联盟的专利冲突划分为对抗性冲突和非对抗性冲突两大类。结合两个冲突维度，又可将产业联盟专利冲突分为成员—成员对抗性冲突、成员—联盟对抗性冲突、成员—成员非对抗性冲突和成员—联盟非对抗性冲突。

8.1.1 产业联盟专利冲突分类

1. 对抗性冲突

对抗性冲突包括成员—成员对抗性冲突和成员—联盟对抗性冲突。

（1）成员—成员对抗性冲突。该冲突是指在专利活动中，成员间因各自的利益不平衡或不相容而引发的冲突，如在专利的合作研发及转化过程中，成员间关于合作收益分配的直接利益冲突。成员一方利益的实现会引起其他成员利益的损失，冲突对抗性明显。

（2）成员—联盟对抗性冲突。该冲突是指在专利活动中，联盟与成员因在目标取向上的对立（成员追求自利性目标，联盟追求协同发展、公平性、联盟整体收益最大化目标）而引发的冲突，如联盟管理机构对联盟收益（如标准打包许可收益）分配比例的判定与成员对其自身应得利益认知之间可能存在不一致。该类冲突对抗性明显，达成和解状态较难，如果成员个体利益受损，成员退出联盟的概率较高。

2. 非对抗性冲突

非对抗性冲突包括成员—成员非对抗性冲突和成员—联盟非对抗性冲突。

（1）成员—成员非对抗性冲突。该冲突是指在专利活动中，成员认同并追求联盟发展的共同目标，且各成员根本利益目标一致，但成员之间在认知和行为等方面存在分歧或差异，进而发生的冲突，如主体协同冲突（即各成员在目标、资源、文化、地位等方面的不一致）、任务协同冲突（即成员在合作中的认知不同、成员之间任务进度不匹配）。在该类冲突中，成员个体目标的实现不一定引起其他成员的利益损失，冲突对抗性不明显。

（2）成员—联盟非对抗性冲突。该冲突是指在专利活动中，联盟与成员拥有追求联盟和成员互动发展的共同目标，但联盟与成员在各自的价值取向、认知、行为倾向等方面产生不一致，进而引发的冲突。成员单纯追求个体利益目标将在一定程度上损害联盟整体利益，或联盟整体利益目标的实现将使个别成员的利益受损。例如，联盟要求持有标准专利的成员开放共享其专利，而持有专利的成员不愿意将其关键专利共享；联盟规定由联盟进行标准专利的统一许可，而成员希望自身还能对外独立许可专利；成员对自身专利价值的认知与联盟对其专利价值的评价不同，进而会影响到这些专利纳入标准并参与分配。该类冲突可通过提升成员意愿或进行利益补偿得到缓解，冲突对抗性不明显。

8.1.2 产业联盟专利冲突解决思路

产业联盟专利冲突的识别特征和冲突产生的主要原因如表 8-1 所示。

表 8-1 产业联盟专利冲突的识别特征和冲突产生的主要原因

层面	专利冲突类型	冲突内涵	识别特征	典型冲突	主要原因
对抗性专利冲突	成员—联盟对抗性专利冲突	成员自利性与联盟整体利益的对立引发的冲突	成员个体目标的实现与联盟整体目标的实现是负相关关系；当成员个体目标未实现时，退出联盟或不参加许可的概率高	●联盟专利许可规定与成员许可行为的冲突 ●成员对联盟关于收益分配比例判定的认知冲突 ●关于实际贡献度的认知冲突	个体利益与集体利益的不协调
	成员—成员对抗性专利冲突	成员间因追求各自利益目标引发的冲突	成员个体目标的实现会引起其他成员的利益损失，继续合作的可能性小	●知识溢出冲突 ●新创造专利的权利归属冲突	个体利益与个体利益的不协调
非对抗性专利冲突	成员—联盟非对抗性专利冲突	成员与联盟在关于专利收益目标的认知和实现方式上的冲突	成员服从联盟的概率高，冲突解决的可能性大	●专利价值评估冲突 ●专利筛选冲突 ●联盟许可要求与成员许可意愿的冲突 ●成员不认同专利许可时间、方式等 ●共享意愿冲突	专利特性与联盟标准特性不一致
	成员—成员非对抗性专利冲突	成员与成员在关于专利收益目标的实现方式与过程的分歧	成员目标的实现不一定引起其他成员的利益损失，有合作的可能，冲突解决的可能性大	●任务认知冲突	成员在完成共同目标时，方式、方法等的选择存在分歧

成员—联盟对抗性专利冲突及成员—成员对抗性专利冲突通常是因为个体利益与集体利益不协调而产生的冲突，并常体现为资源分配问题，包括知识的分配、收益的分配等，当这两类冲突发生时，联盟成员或联盟均有可能面临实际的损失。

成员—联盟非对抗性专利冲突通常是因为个体专利特性与联盟标准特性不一致而产生的冲突，成员—成员非对抗性专利冲突是因目标实现方式或方法的选择不同而引发的冲突。当这两类冲突发生时，联盟成员和联盟并未因此而发生实际的收益或损失（王珊珊等，2019）。

产业联盟专利冲突及其解决思路如表 8-2 所示。

表 8-2　产业联盟专利冲突及其解决思路

专利冲突类型		主要专利冲突	和解的难易程度和解决思路
对抗性冲突	成员—成员对抗性冲突	成员间合作收益分配冲突	冲突对抗性明显，较难达成和解状态，需将对立转换为相容，可通过构建转换桥来解决
	成员—联盟对抗性冲突	联盟收益分配比例判定冲突	
非对抗性冲突	成员—成员非对抗性冲突	主体协同冲突 任务协同冲突	冲突对抗性不明显，较易达成和解状态，通过可拓变换来解决
	成员—联盟非对抗性冲突	专利专有性与联盟共享要求冲突 联盟统一许可要求与成员许可意愿冲突 专利价值认定冲突	

8.2　产业联盟专利冲突可拓模型与解决策略生成方法

8.2.1　可拓学用于解决产业联盟专利冲突的适用性

可拓学是以我国学者蔡文为首提出的一门采用形式化模型，分析事物拓展的可能性、发展的动态性和开拓创新规律与方法的学科；可拓基元模型包括物元模型、事元模型、关系元模型及混合元模型，用形式化的语言来描述一切静态或动态的事物；可拓集合是描述冲突状态的一类集合，冲突状态通过建立的关联函数的值来反映；可拓性分析与可拓变换是在可拓基元模型基础上进行的有规律的思维发散与元素调整配置，使冲突状态从不相容变为相容（蔡文等，2003）。部分学者运用可拓学设计了多主体间冲突解决方法，可拓学对于解决多主体的冲突问题具有适用性，产业联盟专利冲突作为多主体冲突的一种类型，同样可以运用可拓学方法来解决。

运用可拓学解决产业联盟专利冲突，可使联盟专利冲突管理更具科学性和有效性，其作用主要体现在两个方面：一是可拓模型能将专利冲突这样一类复杂问题的核心矛盾用形式化的语言清晰地表示出来，使冲突更加直观；二是为寻找冲突解决办法提供更为科学的依据，联盟通过可拓模型监测专利冲突状态，当冲突水平过高时，运用可拓分析方法发散思维，运用可拓变换方法进行元素配置与调整，生成有效且有针对性的联盟专利冲突应对策略。可拓学在产业联盟专利冲突管理中的运用，将为联盟冲突管理提供一个新的视角与思路，以及有效的冲突解决策略。

产业联盟非对抗性冲突可通过可拓变换来解决，对抗性冲突通过构建转换桥来解决。由于成员和成员之间、联盟和成员之间的冲突不同，因此运用可拓学解决冲突的方法也有所不同。

8.2.2 产业联盟专利冲突的可拓模型与可拓集合

选择每类专利冲突中有代表性的专利冲突事件，建立可拓模型，其他具体冲突事件的可拓模型均可依据代表性冲突事件的可拓模型构造思路来建立。

设 U 为论域，k 为 U 到实数域 $(-\infty,+\infty)$ 的一个映射，给定变换 $T=T_u$，T_u 是对元素 u 的变换，则称 $\tilde{A}(T)=\{(u,y,y')|u\in U, y=k(u)\in(-\infty,+\infty), y'=k(T_u u)\in(-\infty,+\infty)\}$ 为论域 U 上关于元素变换 T 的一个可拓集合，$y=k(u)$ 为 $\tilde{A}(T)$ 的关联函数，$y'=k(T_u u)$ 为 $\tilde{A}(T)$ 的可拓函数。

第一，当 $T=e$（e 为幺变换）时，记 $\tilde{A}(e)=\tilde{A}=\{(u,y)|u\in U, y=k(u)\leqslant 0\}$ 为静态可拓集合，可分为如下三部分。

$\tilde{A}$ 的正域：$A=\{(u,y)|u\in U, y=k(u)\geqslant 0\}$。

$\tilde{A}$ 的负域：$\hat{A}=\{(u,y)|u\in U, y=k(u)\leqslant 0\}$。

$\tilde{A}$ 的零界：$J_0=\{(u,y)|u\in U, y=k(u)=0\}$。

第二，当 $T\neq e$ 时，记

$A-(T)=\{(u,y,y')|u\in U, y=k(u)\leqslant 0, y'=k(T_u)\leqslant 0\}$ 为 $\tilde{A}(T)$ 的负稳定域；

$\ddot{A}-(T)=\{(u,y,y')|u\in U, y=k(u)\geqslant 0, y'=k(T_u)\geqslant 0\}$ 为 $\tilde{A}(T)$ 的负可拓域；

$\ddot{A}+(T)=\{(u,y,y')|u\in U, y=k(u)\geqslant 0, y'=k(T_u)\leqslant 0\}$ 为 $\tilde{A}(T)$ 的正可拓域；

$A+(T)=\{(u,y,y')|u\in U, y=k(u)\geqslant 0, y'=k(T_u)\geqslant 0\}$ 为 $\tilde{A}(T)$ 的正稳定域；

$J_0(T)=\{(u,y,y')|u\in U, y'=k(T_u)=0\}$ 为 $\tilde{A}(T)$ 的拓界。

1. 非对抗性冲突可拓模型与可拓集合

设 R_1 与 R_2 分别代表成员1与成员2；G 表示事件想要达到的目标状态；L 表示事件的现有状态（条件）；$G\uparrow L$ 表示所要达到的目标状态与当前的状态不相容。

1）成员—成员非对抗性冲突可拓模型与可拓集合

产业联盟典型的成员—成员非对抗性专利冲突是主体协同冲突，因此以主体协同冲突为例，建立该冲突的可拓模型和可拓集合，主体协同冲突表现为成员目标、资源、文化、权力等的不一致。

（1）建立可拓模型。模型建立过程如下。

G_1=[成员1，成员目标与联盟目标的差异程度，g_1]；

L_1=[成员2，成员目标与联盟目标的差异程度，g_2]；
G_2=[成员1，所得资源，r_1]；
L_2=[成员2，所得资源，r_2]；
G_3=[成员1，成员文化，c_1]；
L_3=[成员2，成员文化，c_2]；
G_4=[成员1，成员地位，l_1]；
L_4=[成员2，成员地位，l_2]。

产业联盟的主体协同冲突可表示为 $P=GL=[G_1 \oplus G_2 \oplus G_3 \oplus G_4] \uparrow [L_1 \oplus L_2 \oplus L_3 \oplus L_4]$。

（2）建立可拓集合。设成员在共同合作达成各自及联盟目标的过程中，以参与者各项特征的特征值为论域，冲突的可拓集合可分为四个子可拓集合，分别如下：以成员目标与联盟目标的差异程度为论域的可拓集合 A_1；以成员所得资源 R 为论域的可拓集合 A_2；以成员文化 C 为论域的可拓集合 A_3；以成员地位 L 为论域的可拓集合 A_4。

其中，对于任意元素 $g \in G$，$r \in R$，$c \in C$，$l \in L$，都有一实数 $k_i(v) = \dfrac{\rho(x,X)}{\rho(x,X) = \rho(x,X_0)} \in (-\infty, +\infty)$ 与之对应（$i=1,2,3,4$），则称 $\tilde{A}_i = \{g/r/c/l, y | g \in G/r \in R/c \in C/l \in L, y = k(g/r/c/l) \in (-\infty, +\infty)\}$ 为冲突的可拓集。其中，$k(v)$ 为关联函数；v 为成员分得的合作收益；$\rho(x,X) = \left| x - \dfrac{a+b}{2} \right| - \dfrac{b-a}{2}$ 为点 x 与区间 $X_0 = \langle a,b \rangle$ 之间的距离；λ_i 表示第 i 个冲突指标占整体冲突中的权重。$\sum\limits_{i=1}^{4} \lambda_i = 1$，$\lambda_i$ 可通过问卷调查法、专家打分法、层次分析法进行计算；v_0 为成员单独活动时所获得的收益，是一个常数；$\sum\limits_{i=1}^{4} \lambda_i k_i(x)$ 可用于表示冲突水平。

当冲突水平 $k(x)$ 属于负稳定域<-1, a>（$a \leq 0$）时，联盟成员关系非常恶劣，冲突处于爆发状态。

当冲突水平位于负可拓域<a, 0>内时，成员关系不稳定，冲突存在，采取有效措施能缓解冲突。

当冲突水平位于正可拓域<0, b>（$b \leq 1$）时，成员关系较为融洽，冲突处于潜在状态，采取有效措施能预防冲突的发生。

当冲突水平位于正稳定域<b, 1>时，成员关系融洽且稳定，冲突消失。

2）成员—联盟非对抗性冲突可拓模型与可拓集合

以专利专有性与联盟共享要求冲突为例，构建可拓模型与可拓集合。

（1）模型假设。提出如下假设。

成员1处于是否在联盟中将自己的专利开放共享的犹豫状态。

当成员发现其在联盟中的收益低于单独活动的收益时，将对联盟的强制性要求表示不满。

（2）建立可拓模型。冲突问题可用物元模型表述为 $P = GL = G \uparrow L$。

$$G = \begin{bmatrix} 联盟, & 专利回报, & v \\ & 投入, & c_0 \\ & 共享状态, & 是 \end{bmatrix}, \quad L = \begin{bmatrix} 成员1, & 专利回报, & v_0 \\ & 投入, & c_0 \\ & 共享状态, & 否 \end{bmatrix}。$$

（3）建立可拓集合。设成员在专利共享过程中实际收益 V 为论域。若对于任意 $v \in V$ 都有一实数 $k(v) = \dfrac{v - v_0}{v_0} \in (-\infty, +\infty)$ 与之对应，v 为成员分得的收益。其中 v_0 为成员单独活动时所获得的专利收益，是一个常数。

$\tilde{A}$ 的负域：$\hat{A} = \{v | 0 < v < v_0, v \in V\}$，此时 $-1 < k(v) < 0$。

$\tilde{A}$ 的正域：$A = \{v | v_0 < v < 2v_0, v \in V\}$，此时 $0 < k(v) < 1$。

$\tilde{A}$ 的零域：$J_0 = \{v | v = v_0, v \in V\}$，此时 $k(v) = 0$。

根据所定义的冲突的可拓集，对冲突程度作如下界定。

当冲突水平 $k(v)$ 属于负稳定域<-1, a>（$a \leq 0$）时，表明成员绝不把专利投入联盟中或联盟没有合作收益可分。前者可能是成员出于非利益因素的考虑而不把专利共享；后者可能是联盟运营管理过程中出现问题，导致无法实现收益。

当冲突水平位于负可拓域<a, 0>内时，表明冲突在可协调范围内，成员处于专利共享的犹豫阶段，此时可通过制度调整或可拓变换方法来缓解或解决冲突。

当冲突水平位于正可拓域<0, b>（$b \leq 1$）时，表明成员在联盟中开放共享其专利所获收益大于单独活动时所获收益，冲突转化为潜在矛盾，成员从联盟分得收益的增加会直接使成员专利共享欲望增强，增加得越多，冲突越趋于稳定的相容状态。

当冲突水平位于正稳定域<b, 1>时，表明成员将专利在联盟中共享的意愿非常强烈，冲突消失。

2. 对抗性冲突可拓模型与可拓集合

产业联盟对抗性专利冲突的发生主要与专利收益分配活动有关，涉及两个层面：一是成员与成员间的收益分配活动；二是联盟将其收益在成员间分配的活动。设计可拓模型和可拓集合，既适用于成员—成员对抗性冲突也适用于成员—联盟对抗性冲突。

1）对抗性冲突的可拓模型

（1）模型假设。

联盟内成员 1 与成员 2 参与收益分配。在合作过程中，成员 1 发现原有投资无法满足任务需要，于是追加投资，但却在最后完成任务后，未得到应得收益。因此，成员 1 对收益分配结果不满（暂不考虑由于收益分配比例模糊性带来的收益分配冲突问题，因为已有大量文献研究了收益分配系数的公正分配方法及适用类型）。

根据冲突发展的阶段论，将成员合作收益分配过程分为 3 个阶段，分别是收益分配比例初步拟定阶段（潜在冲突）、收益预期调整阶段（感觉冲突）、收益比例最终确定阶段（显性冲突）。其中，第 1 阶段各成员就合作收益的分配比例进行了初步拟定；第 2 阶段各成员开展实质性合作和投入，并可能追加投入和感知风险；第 3 阶段发生成员间合作收益的实际分配。

假设成员 1 与成员 2 均投入相同类型的专用性资产，且暂不考虑双方学习能力差异、知识特性、组织信息交流结构等导致的知识溢出不均衡现象，即假定某一成员的知识溢出能被另一成员全部吸收。

成员 1 和成员 2 在第 k（$k=1,2,3$）阶段的实际累计投入成本分别为 C_{1k} 和 C_{2k}，为成员合作时投入的可见成本（熊国强等，2008）；在第 k 阶段的专利收益分配比例分别为 r_{1k} 和 r_{2k}，其中，第 1 阶段是约定收益分配比例，第 2 阶段是预期收益分配比例，第 3 阶段是实际收益分配比例。成员合作成本分为显性成本与隐性成本，e 表示成员的努力程度（主要发生于第 2 阶段），这里主要是指成员的知识溢出水平。因此，对成员的投入公式进行修正，修正后的投入公式为 $C'_{1k} = \frac{C_{1k}}{1-e_1}$，$C'_{2k} = \frac{C_{2k}}{1-e_2}$。

成员 1 最终应获得的收益分配比例为 $r_1 = \frac{C'_{13}}{C'_{13} + C'_{23}}$，最终应获得的收益为 $y_1 = r_1 y$，成员 2 同理。

（2）建立可拓模型。

第一，潜在冲突阶段。成员 1 与成员 2 根据各自前期已有投入、新约定各自的专有性资产投入、约定的专利投入价值评估结果和可预期的风险大小，约定第 3 阶段结束时成员 1 和 2 各自的收益分配比例是 r_{11} 与 r_{21}。

冲突可拓模型的目的物元如下：

$$R_{01} = \begin{bmatrix} 分配, & 施动对象, & 联盟 \\ & 支配对象, & 合作收益 \\ & 约定收益分配比例集合, & \{r_{11}, r_{12}\} \\ & 收益分配阶段, & 1 \end{bmatrix}$$

$$R_{11} = \begin{bmatrix} 成员1, & 约定收益分配比例, & r_{11} \\ & 收益分配阶段 & 1 \end{bmatrix}$$

$$R_{21} = \begin{bmatrix} 成员2, & 约定收益分配比例, & r_{21} \\ & 收益分配阶段 & 1 \end{bmatrix}$$

冲突可拓模型的条件物元如下:

$$r_{11} = \begin{bmatrix} 成员1, & 预期投入, & c_{11} \\ & 预期风险系数, & x_{11} \\ & 收益分配阶段 & 1 \end{bmatrix}$$

$$r_{21} = \begin{bmatrix} 成员2, & 预期投入, & c_{21} \\ & 预期风险系数, & x_{21} \\ & 收益分配阶段 & 1 \end{bmatrix}$$

此时,联盟成员并未真正投入资产且分配收益,因此,联盟成员将在下一阶段,就各自约定的投入进行资产投入。此时,联盟中的收益分配处于相容状态,表示为$[R_{01} \odot (R_{11} \otimes R_{21})] \downarrow [r_{11} \otimes r_{21}]$。

第二,感觉冲突阶段。成员开始实质性的合作和投入,此时成员发现需要更多投入才能完成合作目标,因此,成员根据自己的实际付出,分别调整并确定自己在第 2 阶段的预期收益分配比例 r_{12} 和 r_{22}。

当成员 1 与成员 2 合作时,为了完成合作目标,成员 1 产生了额外的付出,导致 $C_{12} > C_{11}$,按照收益分配原则(多投多得),成员 1 的预期收益分配比例在第 2 阶段将由 r_{11} 增加为 r_{12};成员 2 仍然按照预先约定的进行投入,实际投入与约定投入无异,即 $C_{22} = C_{21}$,成员 2 的预期收益分配不变,即 $r_{22} = r_{21}$。此时,$r_{12} + r_{22} > 1$。

冲突可拓模型的目标物元如下:

$$R_{02} = \begin{bmatrix} 分配, & 施动对象, & 联盟 \\ & 支配对象, & 合作收益 \\ & 预期收益分配比例集合, & \{r_{12}, r_{22}\} \\ & 收益分配阶段, & 2 \end{bmatrix}$$

$$R_{12} = \begin{bmatrix} 成员1, & 预期收益分配比例, & r_{12} \\ & 收益分配阶段 & 2 \end{bmatrix}$$

$$R_{22} = \begin{bmatrix} 成员2, & 预期收益分配比例, & r_{22} \\ & 收益分配阶段 & 2 \end{bmatrix}$$

冲突可拓模型的条件物元如下：

$$r_{12} = \begin{bmatrix} 成员1, & 实际投入, & c_{12} \\ & 实际风险系数, & x_{12} \\ & 收益分配阶段 & 2 \end{bmatrix}$$

$$r_{22} = \begin{bmatrix} 成员2, & 实际投入, & c_{22} \\ & 实际风险系数, & x_{22} \\ & 收益分配阶段 & 2 \end{bmatrix}$$

此时，成员 1 感觉到合作收益分配比例在最后需要进行调整，但冲突尚未显现，冲突问题表示为$[R_{02} \odot (R_{12} \otimes R_{22})] \downarrow [r_{12} \otimes r_{22}]$。

第三，显性冲突阶段。这一阶段是合作收益的实际分配阶段。若分配活动按照公平公正的收益分配原则进行，则成员 1 在第 3 阶段结束之时的实际收益分配比例应为 $r_{13} > r_{11}$；但成员 2 得到了其预期的回报，即实际收益分配比例为 r_{23} 且 $r_{23} = r_{21}$，因此，成员 1 对收益分配决定产生不满。如果不进行分配比例的调整，冲突将正式发生。冲突问题表示为$[R_{03} \odot (R_{13} \otimes R_{23})] \uparrow [r_{13} \otimes r_{23}]$。

冲突可拓模型的目标物元如下：

$$R_{03} = \begin{bmatrix} 分配, & 施动对象, & 联盟 \\ & 支配对象, & 合作收益 \\ & 实际收益分配比例集合, & \{r_{13}, r_{23}\} \\ & 收益分配阶段, & 3 \end{bmatrix}$$

$$R_{13} = \begin{bmatrix} 成员1, & 实际收益分配比例, & r_{13} \\ & 收益分配阶段 & 3 \end{bmatrix}$$

$$R_{23} = \begin{bmatrix} 成员2, & 实际收益分配比例, & r_{23} \\ & 收益分配阶段 & 3 \end{bmatrix}$$

冲突可拓模型的条件物元如下：

$$r_{13} = \begin{bmatrix} 成员1, & 实际投入, & c_{12} \\ & 实际风险系数, & x_{12} \\ & 收益分配阶段 & 3 \end{bmatrix}$$

$$r_{23} = \begin{bmatrix} 成员2, & 实际投入, & c_{22} \\ & 实际风险系数, & x_{22} \\ & 收益分配阶段 & 3 \end{bmatrix}$$

其中，$\otimes$ 表示问题由 R_{ij}（$i,j=1,2,3$）联合表示。

2）对抗性冲突的可拓集合

以成员的实际收益分配比例 r_{i3}（第 i 个成员的收益分配比例）为论域，则对于任意 $r_{i3} \in R_3$ 都有一实数 $k(r_{i3}) = \dfrac{2r_{i3} - r_{i2}}{r_{i2}} \in (-\infty, +\infty)$ 与之对应，则称 $\tilde{A} = \{r_{13}, r_{23}, y | r_{13}, r_{23} \in R_3, y = k(r_{13}) \in (-\infty, +\infty), 且 r_{23} = r_{22}\}$ 为冲突的可拓集。其中 $k(r_{i3})$ 为关联函数，r_{i3} 为成员实际分得的合作收益，r_{i2} 为成员 i 期望获得（或本应获得）的收益分配比例，是一个常数。

显然，对于成员 1 来说，有如下结论。

$\tilde{A}$ 的负域为 $\hat{A} = \left\{ r_{13} \middle| 0 < r_{13} < \dfrac{1}{2} r_{12}, r_{13} \in R_3 \right\}$，此时 $-1 < k(r_{13}) < 0$。

$\tilde{A}$ 的正域为 $A = \left\{ r_{13} \middle| \dfrac{1}{2} r_{12} < r_{13} < r_{12}, r_{13} \in R_3 \right\}$，此时 $0 < k(r_{13}) < 1$。

$\tilde{A}$ 的零域为 $J_0 = \left\{ r_{13} \middle| r_{13} = \dfrac{1}{2} r_{12}, r_{13} \in R_3 \right\}$，此时 $k(r_{13}) = 0$。

根据所定义的对抗性专利冲突的可拓集，对冲突程度作如下界定。

当冲突水平属于负稳定域<-1, a>（$a \leqslant 0$）时，分配过程极为不公平，成员 1 不满程度高，冲突爆发。

当冲突水平位于负可拓域<a, 0>时，分配冲突依然存在，但此时冲突在可协调范围内，通过可拓变换或建立转换桥等方法能缓解或解决冲突。

当冲突水平位于正可拓域<0, b>（$b \leqslant 1$）时，分配过程较为公平，成员间关系融洽，分配冲突处于潜在状态，不会实质性爆发。

当冲突水平位于正稳定域<b, 1>时，分配过程公平，成员间关系融洽，分配冲突处于潜在且稳定状态，几近消失。

当冲突水平位于区间<1, c>（$c > 1$）时，由于收益的有限性，成员 1 过多的收益获取必将引起成员 2 收益处于可拓集的负域内，冲突依然存在。

8.2.3 产业联盟专利冲突解决策略生成方法

1. 非对抗性冲突的策略生成

以专利专有性与联盟共享要求冲突为例，通过可拓变换加以分析与解决。

1）成员合作投入与合作收益的可拓性分析

（1）成员合作投入。成员在合作中的投入蕴含系如图 8-1 所示。

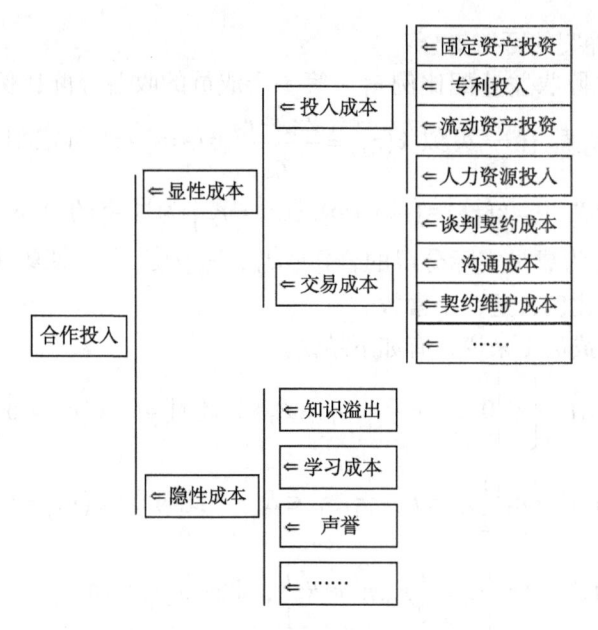

图 8-1　成员在合作中的投入蕴含系

（2）成员合作收益。成员获得的合作收益蕴含系如图 8-2 所示。

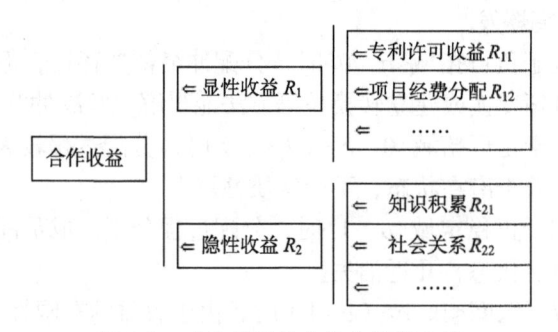

图 8-2　成员获得的合作收益蕴含系

（3）合作收益与成本的共轭性分析。从物元的显隐共轭性出发，成员分得的专利许可费与项目经费等可见部分视为合作收益的显部，记为 apC；因合作而获得的知识积累和社会关系等视为收益的隐部，记为 ltC。合作成本同理。

2）对冲突问题进行可拓变换

（1）改变 G，增加成员收益或降低成员投入，使 $k(x)>0$。可引导成员加强并合理运用合作中的社会关系资源，即增加合作收益的软部，物元的硬部也会相应地变换，即合作收益增加。此时，成员更愿意将专利投入联盟中进行共享。

如果联盟中有之前与自己合作过的伙伴或行业优势企业，将有效地减少成员的谈判、沟通等交易成本和学习成本，提高成员的专利共享意愿。

另外，通过科技计划项目经费支持、政府对联盟成员的各种补贴等方式，成员的收益增加，有利于提高其专利共享意愿。与此同时，考虑到政府作为技术标准化的重要利益相关者，政府的引导、协调和支持等行为会使成员的隐性收益（社会关系）提高，促使成员的专利共享意愿提高。

（2）改变L，降低成员单独占有专利时的收益，使$k(x)>0$。对L中成员选择不共享时的专利盈利进行相关性分析，建立成员单独占有专利的盈利相关网，如图8-3所示。

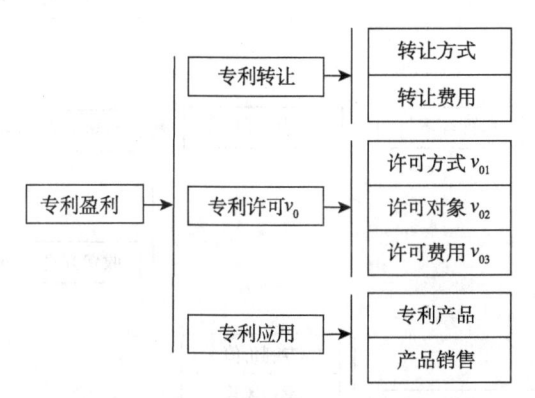

图 8-3 成员单独占有专利的盈利相关网

可以通过改变相关网中的下位元素，如$T_{v_{02}}$，则必有传导变换$_{v_{02}}T_{v_{02}}$，即通过行政干预影响专利许可对象的专利许可需求，成员独占专利并对外许可的难度加大，因而成员更愿意在联盟中共享专利；或者，可通过加大对专利实施条件以及专利产品销售渠道等的约束和限制，造成成员满足市场需求的难度加大或独自运营和实施专利的成本增加，从而使成员独占专利的意愿降低。

（3）变换关联函数。通过对关联函数式进行变换，使冲突趋近相容状态。只有当成员参与联盟合作时的合作收益至少等于成员独占专利所获的专利收益时，成员才愿意将专利在联盟中共享。可改变成员心理预期，即将关联函数由$k(v)=\dfrac{v-v_0}{v_0}$改为$k(v)=\dfrac{\varphi v-v_0}{v_0}$，$\varphi$表示成员的心理预期标准，如通过政府出面进行国际谈判、加强标准化基础设施建设、政策扶持、政府采购等行为增加成员对联盟未来前景的兴趣，从而降低成员加入联盟和共享专利的心理门槛，当$\varphi<1$时，$k(x)>0$更易达成。

2. 对抗性冲突的策略生成

对于对抗性冲突的策略生成，选取专利许可收益分配冲突作为典型冲突事件加以分析与解决。

1）成员专利许可收益分配的相关分析

对成员专利许可收益分配活动进行相关性分析，建立成员收益分配的相关网，如图 8-4 所示。

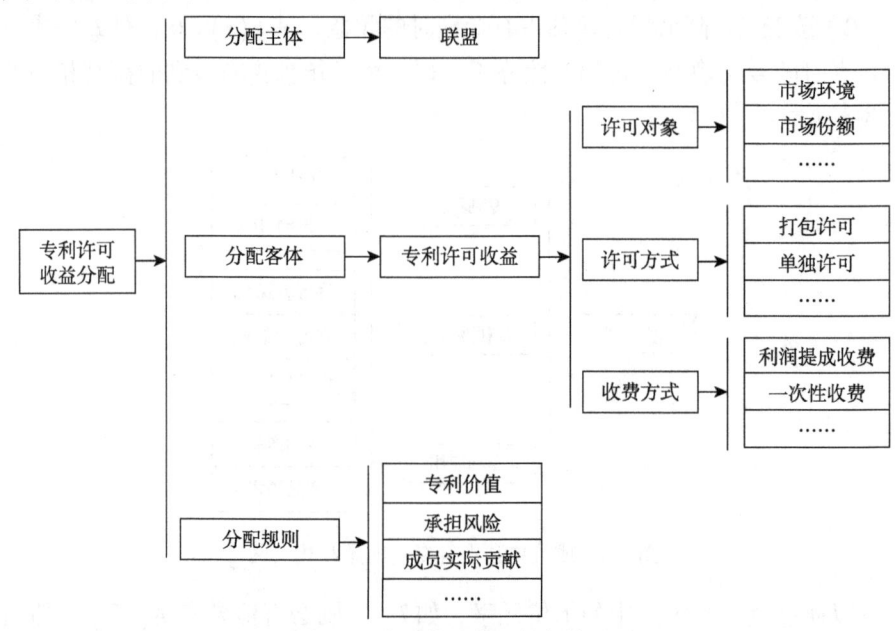

图 8-4 成员收益分配的相关网

2）化解专利许可收益分配冲突的转换桥构建

化解产业联盟中的专利许可收益分配冲突，可通过建立转换桥的方式来实现。转换桥 B 包括转折部 Z 与变换通道 L 两部分，即 $B=Z\otimes L$。根据转折部的不同，转换桥的构建又可分为基于目的转换的转换桥与基于条件变换的转换桥。

（1）构建基于目的转换的转换桥。对于冲突问题 $P= GL= [R_0\odot（R_1\otimes R_2）]\uparrow [r_1\otimes r_2]$，若存在物元 R_{1z} 和 R_{2z}，$R_{1z}\Leftarrow R_1$，$R_{2z}\Leftarrow R_2$，使 $G\downarrow L$，则称（$R_{1z}\odot R_{2z}$）为转折目的，记作 $Z=（R_{1z}\odot R_{2z}）$。在有些情况下，可以通过单蕴含化解冲突，转折目的记作 $Z=（R_{1z}\odot R_2）$ 或 $Z=（R_1\odot R_{2z}）$。下面以单蕴含通道为例，分析基于成员 1 目的转换的转换桥。

若因信息迟滞而引起分配冲突，联盟可依据契约中的收益分配规则，计算成员收益分配比例，解决冲突；若是其他因素导致的收益分配冲突，联盟可通过控制成员 1 的预期收益分配比例，缓解冲突。

成员 1 预期收益 r_{12} 不仅与其投入 c_1 和风险系数 X_1 有关，还与成员 2 的实际收益分配情况 r_{23} 有关。当伙伴 2 的实际收益高于伙伴 1 所认为的伙伴 2 应得到的收益时，伙伴 1 也会提高自身的收益预期，使得 r_{12} 增加。由物元的相关性可知，降低成员 1 的风险、均匀分摊联盟风险等行为,均有助于调节收益分配冲突。例如,通过政府的科技计划项目支持、资金补贴、专利奖励、专利质押融资、科技资源共享服务平台服务补贴等多种方式,降低成员 1 的投入成本、风险和外部资源获取成本,可减少成员 1 的预期收益分配比例。同时,对成员 2 的公正分配也有助于使成员 1 的预期收益处于一个合理范围内,因此,制定合理的、动态的联盟收益分配规则,进而增加成员公平感,可以防范或化解冲突。

(2) 构建基于条件变换的转换桥。在解决收益分配的冲突问题时,对所处条件的变换,也是解决冲突的有效途径。对于冲突问题 $P=GL=[R_0 \odot (R_1 \otimes R_2)] \uparrow [r_1 \otimes r_2]$,若存在 $r_{1z}=(T_m T_{m-1} \cdots T_1) r_1$,$r_{2z}=(T_n T_{n-1} \cdots T_1) r_2$,使得 $G \downarrow L$,则有 $Z=r_{1z} \otimes r_{2z}$,$L=(T_m T_{m-1} \cdots T_1) \otimes (T_n T_{n-1} \cdots T_1)$,基于条件变换的转换桥 $B[R_0 \odot (R_1 \otimes R_2)]=Z \otimes L$。产业技术标准联盟成员所承担的风险主要有市场风险、技术风险和合作风险等,每一种风险都包括若干风险因素,将风险在联盟成员之间合理分配和转移,是化解收益分配冲突的有效途径。因此,联盟构建公正合理的收益分配体系,是分摊成员风险、保证成员分配公平的必要条件。例如,转换专利评估活动的主体,建立独立的第三方专利价值评估机构,确保评估的专业性与公正性;健全专利许可收益分配规则,考虑成员前期贡献的专利价值和后期成员的实际贡献,确保收益分配的科学性(王珊珊等,2016d)。

产业联盟的成功运行是一项复杂的系统性工程,随着各个子系统的运行,联盟内必将有很多动态发展的矛盾问题亟待解决。运用可拓学原理解决联盟内专利冲突,不仅能适时监控联盟内冲突水平的变化,还能发散思维提出更有针对性的冲突解决对策,提高联盟运行效率并降低运行风险。

8.3 产业联盟专利冲突防范策略

在明确了产业联盟专利冲突类型之后,就要对不同类型冲突采取有针对性的防范策略,以避免专利冲突的发生。对于非对抗性专利冲突,可通过协商、建立联盟制度等方式防范冲突;对于对抗性专利冲突,由于冲突双方的根本(利益)目标对立,通过联盟协商与联盟制度能部分化解冲突,但还需找出冲突双方目标的平衡机制,使双方的对立目标相容。

8.3.1 成员—联盟对抗性专利冲突防范策略

对于成员—联盟对抗性专利冲突,主要是成员个体利益与联盟集体利益的不协调引发的，因此，通过建立具有协调功能的组织、健全相关制度和建立必要的补偿机制，可以防范冲突的发生。

（1）成立联盟专利（或标准）管理委员会。专利（或标准）管理委员会由联盟成员代表（或专利权人代表）构成，该委员会具有进言献策、咨询、评估、协调等职能，参与联盟专利价值评估、专利筛选、专利收益分配等工作，是一个融合价值观、凝聚共识、共同发展的决策平台，因此，专利管理委员会基本可以代表联盟整体利益及其成员的个体利益，其决策更易被联盟成员认同并接受。

（2）构建基于成员公平感的专利收益分配体系。完善联盟专利收益分配原则、流程、形式、分配比例拟定方法和调整方法，消除成员在利益分配时的不公平感。公平理论认为不公平感来源于将自身的收益-成本比与他人的收益-成本比进行评价比较，而在联盟专利收益分配中，应按照成员专利对标准的实际贡献度来确定收益，而非成本，在明确这一原则基础上，事前的专利收益分配比例拟定和事后的专利收益分配比例确定，均由联盟专利管理委员会按照成员专利贡献度的原则，组织专利收益分配决策会议并通过成员讨论协商而确定，但专利管理委员会应先提出基础的分配比例和明确分配比例可调整的范围，避免长期无效的协商过程。

（3）建立严厉的成员违规许可行为惩罚机制。对于联盟成员未按联盟集中许可要求规定、擅自对外独自许可专利而对标准产业化和商业化产生不良影响的，可按情节严重程度，实行罚款、退出标准专利包甚至退出联盟的不同程度的惩罚方式，加大惩罚机制的事前普及、事中监督和事后实施。

8.3.2 成员—成员对抗性专利冲突防范策略

成员—成员的对抗性专利冲突主要源自成员间个体利益的不协调，尤其体现在知识成果的使用和分配方面，因此，要通过健全联盟专利共享模式和失信惩罚机制，防范成员机会主义和利己行为的发生。

（1）明确专利内部许可（专利共享）模式。联盟内成员间专利许可也即专利共享的模式不同，决定了联盟成员的专利共享程度、知识溢出方式及成员面临的知识溢出风险程度不同，因此，联盟应明确成员可选择的专利共享模式及知识溢出回报。根据关系性知识产权的运用形式，主要存在三种专利共享模式，如表8-3所示。

表8-3 产业联盟专利共享模式

专利共享模式	定义	适用条件	知识溢出水平	回报方式
网络交融型	多个成员之间交叉许可专利	共享专利在联盟成员间互为需求、互为补充	一般	通常免费，但根据交叉许可专利重要程度可适当收费

续表

专利共享模式	定义	适用条件	知识溢出水平	回报方式
焦点辐射型	一个成员将专利与多个成员共享	共享专利多为标准的基础专利，成员在此专利基础上继续研发新的标准专利	高	成员免费或向许可人付费使用专利；当免费使用时，由于知识溢出水平高，可由联盟对许可人进行一定程度的补偿
集中打包型	多个专利权人将专利授权给联盟专利管理机构将专利打包后进行许可	集中打包的专利是标准实施的必要专利，可能构成某项子标准	低	打包专利许可费采取优惠价格供成员使用，由联盟收取并分配给专利权人

根据不同的专利共享模式及不同情况下的知识溢出水平，联盟应考虑对专利许可人知识溢出的合理回报，使知识受益方付出一定的费用或由联盟对专利许可人进行补偿，可减少因知识溢出效应不同而引发高溢出度成员的不满，达成知识溢出双方利益的均衡。

（2）建立成员失信惩罚机制。为了预防成员间失信行为导致的合作风险，对窃取其他成员核心知识或未按规定使用伙伴专利的行为，采取联盟成员举报、联盟专利管理委员会对成员信誉进行评级并加大惩罚力度的做法，提高其投机成本，约束机会主义行为。

8.3.3 成员—联盟非对抗性专利冲突防范策略

对于成员—联盟非对抗性专利冲突，主要是联盟成员对联盟的专利价值判定及许可要求、条件等的不完全认同，因此，建立有关专利制度、管理方法和激励机制是防范冲突发生的重要手段。

（1）建立科学的联盟专利价值评估体系和标准专利筛选规则。从专利的技术价值、经济价值和专利对于技术标准的价值等维度，构建科学的专利价值评估指标、方法和流程；建立必要专利认定指标和纳入标准的必要专利筛选规则。上述评估和筛选过程由联盟管理机构组织、专利管理委员会参加和监督，最终由专利管理委员会认定和公布结果，使认定过程具有公开、公正性和成员参与性，提高联盟决策的透明度，通过信息披露减少因信息不对称而引发的不必要冲突。

（2）制定专利许可制度、共享激励机制和利益补偿机制。联盟要建立完善的标准专利许可制度，包括许可形式、许可对象、许可范围、加入标准许可的条件和加入标准许可的要求，明确许可收益的形式。在联盟专利内部许可方面，建立联盟内集中许可、交叉许可等许可制度，明确成员专利共享的范围与程度，建立成员专利共享的激励和监督机制；在对外许可方面，完善标准专利集中许可和单独许可的有关规定、约束条件和违规惩罚措施，明确标准必要专利集中许可的要求及收益方式。另外，为了提高联盟成员的专利共享意愿及将其专利纳入标准的意愿，联盟可对部分成员贡献其重要专利（未能取得应有的回报）给予必要的补偿，激励成员加入标准和进行专利共享，从而使标准体系有更好的专利基础。

8.3.4 成员—成员非对抗性专利冲突防范策略

对于成员—成员非对抗性专利冲突，主要是联盟成员在完成共同目标的过程中因认知差异、方式方法等的选择不同而产生分歧，因此，提高联盟成员共识度、兼容性、信任程度和协调程度是防止冲突发生的有效手段。

（1）构建联盟成员准入条件和选择标准。在进入联盟时，将成员的信誉度、是否认同联盟标准化目标、是否同意加入标准许可、是否愿意在必要时共享专利作为联盟准入条件；在选择联盟成员时，要以成员对标准体系建设的必要性、联盟各成员的兼容性（竞争与合作的均衡）等作为成员选择标准，科学选择联盟成员，避免生态位重叠和缺位。通过上述手段，使联盟的标准链条不断优化，使进入联盟的成员有统一的联盟目标下互相兼容的个体目标，并能够与合作伙伴进行知识共享和合作交流，具有良好的信任基础。

（2）建立有效的成员协商机制。建立基于专利管理委员会的重要问题协商机制，以及基于矩阵结构（联盟成员基于任务的分工协作小组）的成员合作交流机制，使联盟成员形成网络交互式协商结构，并通过优化信息传递渠道如信息化平台、讨论会等促进成员知识交流与信息共享（王珊珊等，2019）。

8.4 产业联盟专利风险及其评价

8.4.1 产业联盟专利风险类型

在产业联盟技术标准化及其专利运作过程中，由于外部环境、产业竞争结构的变化，以及内部专利制度和专利活动等的不确定性，会给联盟带来利益损失或利益损失的可能性。从产业联盟专利风险的性质划分，可将联盟专利风险分为专利技术风险、专利权利风险、专利实施风险、合作风险、环境风险五个方面，存在于技术标准化及各个专利活动环节。

1. 专利技术风险

专利技术风险是指技术方面的因素（难度、复杂性与成熟度）及联盟专利技术投入产出水平导致的风险，与联盟专利技术特性和增长潜力有关。例如，如果联盟未加强前期专利信息分析和市场需求分析,而忽视了技术的先进性和独特性考察,其有待开发的专利技术已经有他人申请过专利或该项技术已过时,那么就会造成重复研究,从而造成时间和资源的浪费。

2. 专利权利风险

专利权利风险是指与专利权利的获得和保护有关的风险,包括专利申请过程中申请策略不当导致未能取得专利权,或保护范围不合适,或遭遇侵权等现象。其中,联盟遭遇的专利侵权问题应引起高度重视,如果联盟侵犯他人专利权,专利权人会通过诉讼保护其专利,从而使联盟不得不支付高昂的赔偿费用或许可费,陷入被动局面;如果他人侵犯联盟专利权,则会给联盟带来市场份额和经济利益的损失。

3. 专利实施风险

专利实施风险是指与专利实施过程和效果有关的风险,主要是由联盟将专利转化为产品、通过许可和转让实现专利价值、获得经济收益过程中存在的各种风险因素造成的。联盟需要考虑的是,专利能否转化为新产品或专利方法能否得到应用,专利收益能否抵偿专利投入的全部费用,专利实施中是否存在纠纷,以及纠纷能否解决,如果能够达到上述要求,则专利实施前景和效益较好,风险较低。

4. 合作风险

合作风险是指联盟伙伴在合作创新过程中由联盟制度、组织形式和关联方式带来的伙伴合作关系风险,可能是联盟制度不健全、契约设计不完善、信息不对称、伙伴缺乏诚信等多种因素导致的,这是由联盟自身特点决定的。对于联盟而言,联盟伙伴的合作关系风险应引起足够的重视,受到联盟专利管理水平和伙伴间协调程度的影响。在专利管理方面,健全的专利管理制度和完备的契约是防范和处理风险的有效手段。另外,由于各伙伴活动具有相对独立性,会造成信息的不对称,如果能够有效地解决信息不对称问题,就会提高合作创新成功率。联盟组建运行过程中,伙伴之间的关系是否融洽、能否相互配合和有机协调,将关系到联盟专利战略实施能否保持稳定性和持续性。在联盟的初始阶段,由于联盟各方彼此了解不够深入,需要进行有效的沟通,实现文化的融合,增强联盟各方的适应性;当联盟进入成熟运作阶段,有可能出现知识产权矛盾、冲突和各种突发事件,此时各方需要沟通和协调,达成共识从而及时有效地解决问题;在联盟运行过程中,伙伴的诚信问题不但影响了其他伙伴付出努力的积极性和长期合作的意愿,而且直接关系到联盟专利战略实施效果及联盟的可持续发展,如果联盟伙伴具有较高的诚信度,就能够按规定投入资源,在联盟伙伴之间实现知识共享和技术扩散，会提高专利研发速度和专利创造效果，如果部分联盟伙伴有失信和机会主义行为，也会给知识贡献方带来损失，从而可能会导致合作关系的提前终止。

5. 环境风险

环境风险主要是指外部环境通过环境介质传播给联盟的风险，外部环境（包括法律法规、政策、市场竞争环境等）影响联盟专利活动和效果，甚至对联盟专利活动构成威胁。由于专利有其自身的法律特性，联盟受所在国家或地区的知识产权政策法规、制度及其执行力度的影响较大，法律法规制度越健全，执法力度越大，则联盟的专利保护水平越高，其侵权和被侵权的风险降低。另外，在全球化竞争时代，联盟所处的技术环境越来越复杂，技术更新速度加快，技术生命周期缩短，如果联盟不能很好地把握技术动态和及时调整技术发展方向，将会丧失良好的发展机会并带来经济损失。同时，联盟同行竞争对手的技术进展、联盟所处竞争地位和市场需求的变化，也需要联盟专利战略能够与之相匹配，从而在动态变化的市场竞争中赢得竞争优势。

8.4.2 产业联盟专利风险评价指标

根据对联盟专利风险类型及风险因素的分析，依据科学性、系统性、实用性、定量化、可操作性等原则，设计专利风险评价指标（王珊珊等，2010d），如表 8-4 所示。

表 8-4 专利风险评价指标

评价目标	一级指标	二级指标	三级指标
专利风险 A	专利技术风险 B_1	技术特性 C_1	专利技术先进性 D_1
			专利技术独特性 D_2
		增长潜力 C_2	专利投入 D_3
			专利效率 D_4
	专利权利风险 B_2	专利结构 C_3	授权专利数 D_5
			专利类型结构 D_6
		专利保护 C_4	专利申请授权率 D_7
			专利成长率 D_8
			专利诉讼率 D_9
			专利覆盖范围 D_{10}
			专利法律状态 D_{11}
	专利实施风险 B_3	专利实施水平 C_5	专利自实施率 D_{12}
			专利外部转移率 D_{13}
		实施纠纷 C_6	专利实施许可纠纷 D_{14}

续表

评价目标	一级指标	二级指标	三级指标
专利风险 A	专利实施风险 B_3	实施效益 C_7	专利收益率 D_{15}
	合作风险 B_4	专利管理水平 C_8	专利制度健全性 D_{16}
			契约完备性 D_{17}
			信息对称性 D_{18}
		协调程度 C_9	伙伴变化 D_{19}
			伙伴交付速度 D_{20}
			伙伴诚信度 D_{21}
	环境风险 B_5	宏观环境 C_{10}	区域知识产权制度健全程度 D_{22}
			行业技术环境 D_{23}
		市场竞争环境 C_{11}	竞争态势 D_{24}
			专利相对产出率 D_{25}
			市场需求 D_{26}

对于联盟专利风险，要评价的对象是在联盟合作期间和合作技术领域内的全部专利，不在联盟合作范围内的专利及有关情况无须考虑。

（1）专利技术先进性。可用技术生命周期指标来反映联盟专利技术的先进程度，技术生命周期为联盟专利所引证的所有专利年龄的中位数，也可以理解为最新专利和最早专利之间的一段时间。若此数值较低，说明联盟专利是基于新技术而进行的创新，而且该技术创新速度较快，联盟专利能够贴近最新技术发展方向。不同的产业或技术领域技术生命周期差异较大，在运用该指标时，应结合联盟所属产业领域来分析。

（2）专利技术独特性。该指标是指联盟专利与该领域内其他竞争对手相比，其专利技术的独特性，可通过专利信息检索、定性分析（根据检索专利的技术特征）和引证其他专利数量（引证其他专利越多，在一定程度上反映出技术独特性越差）来综合分析。

（3）专利投入（万元）。在某一时期内，用于联盟专利活动的投入包括全部研发投入、专利申请投入和专利维护投入等，由于投入资源类型不同、量纲不同，应统一折算成资金。

（4）专利效率（项/万元）。该指标是指在一定时期内，联盟授权的专利数与专利投入之比，也即单位经费投入的专利产出数量，反映出在该段时期内联盟专利产出的能力和成本效率，该指标值越高，说明联盟的研发效率越高，创新能力越强。

计算公式：专利授权量/专利投入。

（5）授权专利数（项）。该指标是指在一段时期内，联盟拥有已授权的专利总量，能够反映出联盟自主知识产权总量大小。

（6）专利类型结构（%）。专利类型结构即联盟全部授权专利中，发明专利所占的比例，由于发明、实用新型和外观设计三种专利的保护范围、保护期、审批条件和程序不同，它们各自的价值也不同，发明专利最能代表技术水平，发明专利比例越高，专利结构越合理。

计算公式：（发明专利数/全部专利数）×100%。

（7）专利申请授权率（%）。该指标是指在一段时期内，专利授权量与申请量之比。只有获得授权的专利，才能证明其创造性和实用性，因此，专利申请授权率能够反映出专利技术的研发成效。

计算公式：（专利授权量/专利申请量）×100%。

（8）专利成长率（%）。该指标是指联盟专利数量在一定时期内随时间变化的增减变动百分率，可反映随着时间变化联盟的专利数量变化情况。根据实际情况，考核的时期可以是1年、2年甚至更多。

计算公式：（某一期获得专利数量/前一期获得专利数量）×100%。

（9）专利诉讼率（%）。该指标是指在某一时期内，联盟涉及专利侵权（包括侵权和被侵权）案件中所涉及的联盟专利数占联盟专利总数的比重。

计算公式：（涉诉的专利数/专利总数）×100%。

（10）专利覆盖范围（个）。该指标是指联盟专利覆盖的地域范围，可用联盟专利覆盖的国家数量来衡量。

（11）专利法律状态。该指标是指联盟的全部专利所处的法律状态，其目的是了解已申请的专利是否授权、已授权的专利是否有效及专利权人是否变更等情况。专利法律状态包括专利申请尚未授权、专利申请撤回、专利申请被驳回、专利权有效、专利权有效期届满、专利权终止、专利权无效等，可从上述方面整体判断法律状态正常或不正常。

（12）专利自实施率（%）。该指标是指在一定时期内，联盟自实施专利数占全部授权专利数的比重，反映出专利在联盟及联盟成员中的产品化和产业化应用情况。

计算公式：（自实施专利数/全部授权专利数）×100%。

（13）专利外部转移率（%）。该指标是指在一定时期内，联盟向外部转移的专利数占全部授权专利数的比重，反映出专利是否具有推广应用价值，其中专利转移包括专利使用权和所有权的转移，也即专利的许可和转让。根据联盟总体专利战略目标的不同，专利转移率有所不同。

计算公式：（向外转移的专利数/全部授权专利数）×100%。

（14）专利实施许可纠纷。该指标是指联盟在履行专利实施许可合同的过程中，合同各方关于权利和责任的履行、合同条款的解释及权利滥用行为等的争议，包括内部纠纷和外部纠纷。

（15）专利收益率（%）。该指标是指在一定时期内，联盟获得的全部专利收益与专利投入之比,其中专利收益包括将专利用于产品和生产为联盟带来的经济收益(已产生的和预期经济收益)以及专利许可和转让获得的收益;专利投入包括技术研发、专利申请和维护专利权的投入及其他支出(已发生的和预期发生的)。

计算公式:[(专利收益−专利投入)/专利投入]×100%。

(16)专利制度健全性。联盟的专利制度是激励伙伴创新、避免纠纷和实现利益均衡的保障机制,专利制度越健全,联盟伙伴的合作风险就越低。

(17)契约完备性。不完备的合作契约降低了对联盟伙伴的激励和约束,可能会造成伙伴投机行为和联盟的不稳定。虽然契约是不可能完备的,这源自信息的不对称、人的有限理性和未来的不确定性,但是应尽可能考虑到未来的各种可能情况,在契约中制定相关条款。

(18)信息对称性。信息对称性与联盟各伙伴掌握信息的差异化程度有关,也即与各伙伴掌握完全信息的均衡程度有关,信息不对称将使信息不充分的伙伴利益受损。

(19)伙伴变化。伙伴变化存在两种情况,一是伙伴在中途单方面提出退出,二是由于伙伴不诚信或能力不足,由联盟将该伙伴剔除。

(20)伙伴交付速度。该指标是指伙伴在合作过程中独立完成其所承担任务并向联盟提交任务成果的速度,伙伴交付速度需要和联盟其他伙伴交付时间及契约规定时间相比较。

(21)伙伴诚信度。该指标是指伙伴的诚实和信誉度,它既与伙伴的价值取向有关,又与伙伴的商誉有关。伙伴诚信具体表现为言行统一、责任感强、无违规行为等。

(22)区域知识产权制度健全程度。该指标是指区域的知识产权法律法规、政策和中介服务体系的健全程度,将对联盟各创新体的行为规范、联盟外部专利交易、联盟专利战略的制定与实施、联盟专利管理水平的提升产生深刻影响。

(23)行业技术环境。该指标是指联盟所处行业的科学技术发展动态,以及与技术直接相关的各类要素集合,包括技术生命周期、技术成熟度、技术发展趋势和技术资源等,决定了联盟专利技术研发方向和产业化前景。

(24)竞争态势。该指标是指联盟所在行业的竞争激烈程度和导向,与竞争者的数量、实力和各竞争者所占市场份额及领域专利集中度(垄断性)有关,联盟必须具有超越于竞争者的专利优势。

(25)专利相对产出率(%)。该指标是指联盟在某技术领域专利授权量占该领域全部专利授权量的比重,可在一定程度反映出联盟在行业竞争中所处的位置。

计算公式:(某领域联盟专利授权量/某领域全部专利授权量)×100%。

(26)市场需求。市场需求包括市场需求充分、市场需求不足、市场需求变化等情况，如果专利及其产品不符合市场需求或不能适应市场需求变化，则联盟将面临较高的风险，前期的专利投入将无法获得满意的回报。

8.4.3 基于云模型的专利风险评价方法

1. 云模型基本思想

李德毅院士提出的云理论是具有定性定量转换功能的有效方法，云模型是一种定性知识描述和定性概念与其定量数值表示之间的不确定性转换模型（李德毅和刘常昱，2004）。云模型的基本思想如下。

云的定性概念的数字特征用期望值 E_x、熵 E_n、超熵 H_e 三个数值表示，它们反映了定性概念整体上的定量特征。

设 $U=\{X\}$ 是一个用精确数值表示的定量论域，C 是对应于 U 空间上的定性概念，若定量值 $x\in U$，且是定性概念 C 的一次随机实现，x 对 C 的确定度（隶属度）$\mu(x)\in[0,1]$ 是有稳定倾向的随机数：

$$\mu: U \rightarrow [0,1] \quad \forall x\in U \quad x \rightarrow \mu(x)$$

则 x 在论域 U 上的分布称为云，记为 $C(X)$，每一个 x 称为一个云滴。

期望 E_x：表示最能代表这个定性概念的值，也就是完全隶属于该定性概念的值，通常是云重心对应的 x 值。

熵 E_n：是定性概念不确定性的度量，由概念的随机性和模糊性共同决定。熵一方面是定性概念随机性的度量，反映了能够代表这个定性概念的云滴的离散程度；另一方面又是定性概念亦此亦彼性的度量，反映了在论域空间可被概念接受的云滴的取值范围。

超熵 H_e：是熵的不确定性度量，即熵的熵，反映了云的离散程度，超熵的大小间接地反映了云的厚度大小，超熵越大，云滴的离散度越大，隶属度的随机性越大，云的厚度也就越大（马彬，2008）。

能够实现定性到定量的转换是正向云发生器（cloud generator），它根据云的数字特征产生云滴，积累到一定数量汇聚为云，云的形状反映了定性概念的基本特征。其输入为表示定性概念的期望值 E_x、熵 E_n、超熵 H_e、云滴数量 N，输出是 N 个云滴在数域空间的定量位置及每个云滴代表该概念的确定度。此时，把定性概念 $C(E_x, E_n, H_e)$ 变换为数值表示的云滴集合，实现了概念空间到数值空间的转换。相反，能够实现定量到定性转换的是逆向云发生器，它的作用就是从一些给定的云滴中，求出表征云形态的 3 个数字特征值 E_x、E_n 和 H_e（张光卫等，2008）。

2. 运用云模型评价联盟专利风险的思路与流程

由于联盟专利风险的评价指标数量较多，既包括定量指标，也包括定性指标，既包括正指标，也包括逆指标，还包括中性指标，而且各指标量纲不同，为简化评价流程，定量指标可由专家（可以是联盟伙伴、管理者或第三方）转化为定性评语。同时，定性指标由专家判断给出定性评语，而不需给出精确数值，因此，具有一定的模糊性和随机性。而且，结合评价需要，要求评价方法不仅可以有效地评价联盟专利的综合风险，还可以对单指标风险进行分析，而云模型则能够针对上述问题，有效地处理定性与定量映射中的模糊性和随机性，进行单指标和综合指标评价。因此，根据评价特点，联盟专利风险评价应采用正向云发生器，即实现从定性到定量的转换。

基于云模型的联盟专利风险评价流程如图 8-5 所示。

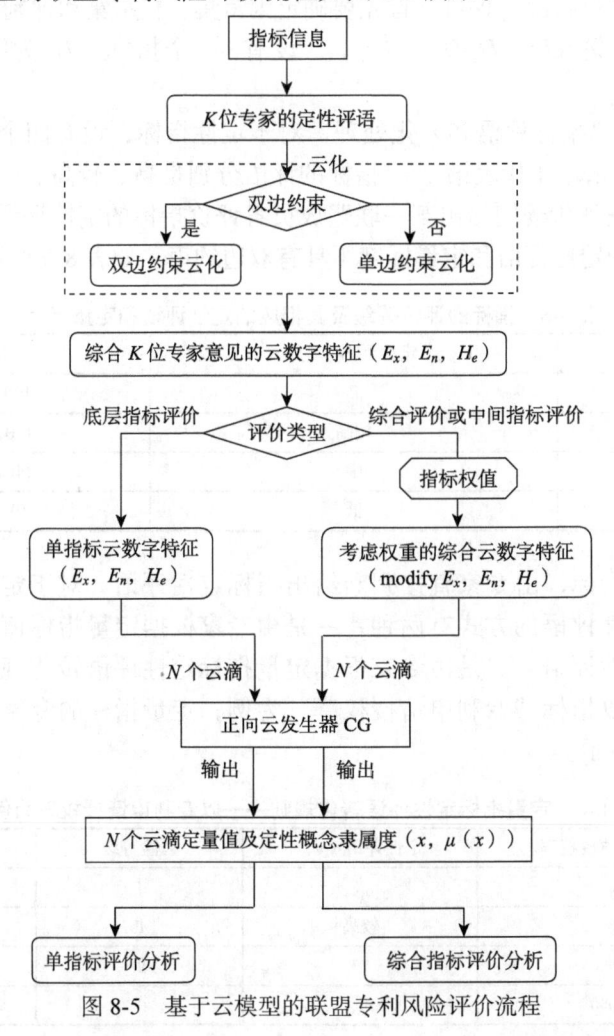

图 8-5 基于云模型的联盟专利风险评价流程

将指标的云数字特征值输入正向云发生器从而输出综合指标（目的指标或中间指标——一级、二级）或单指标（底层指标——三级）评价云图和评价值为止，是一个运用云模型的专利风险评价全过程。首先，根据多个专家的最底层（三级）指标定性评语，通过云化将其转换成云的数字特征值，并进一步求得多个专家意见集成的云数字特征；其次，如果指标非等权重，则需进一步确定考虑指标权重的综合云数字特征；最后，将云数字特征值输入正向云发生器，输出所需数量的云滴定量值及其定性概念隶属度。根据评价需要，既可以对单指标进行分析，也可以对综合评价指标进行分析。

3. 基于云模型的专利风险评价方法设计

运用云模型进行综合评价，首先要确定因素集、权重集和评判集。

（1）因素集 $U=\{U_1,U_2,\cdots,U_m\}$，设有 m 个指标，U_i 为第 i 个指标，$i=1,2,\cdots,m$。

（2）确定单指标评语和云化处理。对于定性指标，设有四个评价等级，评语 $v_i=\{v_\mathrm{I},v_\mathrm{II},v_\mathrm{III},v_\mathrm{IV}\}$ 代表第 i 个指标的评语分别是高、较高、中和低的模糊概念，由专家根据评价规则给出某一联盟成员各评价指标的定性评语，指标的评价等级及其相应的定性评语和定量标度（具有双边约束）如表8-5所示。

表8-5 指标的评价等级及其相应的定性评语和定量标度

风险等级	定性评语（v）	标度
I	高	[90, 100]
II	较高	[70, 90)
III	中	[40, 70)
IV	低	[0, 40)

对于定性指标，由专家直接判断给出指标定性评语。对于定量指标，将其数值转化为定性评语的方式有两种：一是由专家根据定量指标值并结合专家经验直接给出定性评语；二是由专家根据定量指标定性评语转化规则，给出指标的定性评语。以指标"专利申请授权率"为例，定量指标的专家定性评语转化规则如表8-6所示。

表8-6 定量指标定性评语转化规则——以专利申请授权率为例

指标值（专利申请授权率）	定性评语（v）	风险等级	标度
0~30%	高	I	[90, 100]
31%~50%	较高	II	[70, 90)
51%~70%	中	III	[40, 70)
71%~100%	低	IV	[0, 40)

表 8-6 给出的是以专利申请授权率指标为例的定量指标定性评语转化规则，由于各定量指标量纲不同，其指标值也不同，因此，按照该规则，由专家根据定量指标值来给出风险的定性评语和风险等级，通过定量指标的定性转化，可简化评价流程，减少专家的主观随意性，但是在一定程度上也限制了专家的思维。

本书给出的指标定性评语都具有双边约束，对于存在双边约束$[C_{min}, C_{max}]$的指标评语（如高风险的指标标度值为[90，100]），其云化处理可用期望值作为约束条件的中值来近似该评语，计算云特征值的公式为

$$\begin{cases} E_x = (C_{min} + C_{max})/2 \\ E_n = (C_{max} - C_{min})/6 \\ H_e = b \end{cases} \quad (8-1)$$

其中，b 为常数，可根据变量本身的模糊阈度来具体调整（杜湘瑜等，2008）。

需要指出的是，由于不同指标具有不同的特征和性质，每个指标的评语不局限于 4 个，因此，各指标的定性含义及标度也有所不同，其中标度既可以是连续的，也可以是离散的，但为了统一专家思想和符合表达习惯，可将不同量纲的指标划分为相同的等级、评语和标度。

（3）评价权重集$W=\{w_i\}$，w_i代表第i个指标的权值，由下一层依次向上求得下一层指标对上一层指标的权值，以及最底层指标对于评价目标的权值，可通过层次分析法、专家打分法等方法来确定。

（4）综合评判集$V=\{V_1, V_2, \cdots, V_m\}$，设有$k$个专家进行评判，对于每个指标，均有$k$个评语，则$V_i = \{C_i^1, C_i^2, \cdots, C_i^k\}$表示第$i$个指标的评价集，用$C_i^j$表示单指标$i$第$j$个专家评语的云模型（$i=1,2,\cdots,m$；$j=1,2,\cdots,k$）。

对于第i个指标，可以采用一个综合云来表征k个专家提出的k个云模型表示的定性变量，其数字特征如下：

$$\begin{cases} E_{xi} = \left(E_{xi}^1 \times E_{ni}^1 + E_{xi}^2 \times E_{ni}^2 + \cdots + E_{xi}^k \times E_{ni}^k\right) / \left(E_{ni}^1 + E_{ni}^2 + \cdots + E_{ni}^k\right) \\ E_{ni} = E_{ni}^1 + E_{ni}^2 + \cdots + E_{ni}^k \\ H_{ei} = \left(E_{ei}^1 \times E_{ni}^1 + E_{ei}^2 \times E_{ni}^2 + \cdots + E_{ei}^k \times E_{ni}^k\right) / \left(E_{ni}^1 + E_{ni}^2 + \cdots + E_{ni}^k\right) \end{cases} \quad (8-2)$$

根据式（8-2），可将 k 位专家意见综合值表示为 $C_1(E_{x1}, E_{n1}, H_{e1})$，$C_2(E_{x2}, E_{n2}, H_{e2})$，$\cdots$，$C_m(E_{xm}, E_{nm}, H_{em})$。

以三级指标相对评价目标为例，考虑到各指标的权重，指标D_i的权重w_i如果大于平均权重$1/m$，则该指标评语的期望值也会增大，因此，可以用$w_i \times m$作为比例因子，与原有的期望值相乘。令$\text{modify}(E_{xi}) = \min\{w_i \times mE_{xi}, \max E_x\}$，用$\text{modify}(E_{xi})$作为修正后的期望值，就能防止当$w_i \times m > 1$ 时，E_{xi}的修正值溢出上界。此时，考虑权重的综合评判云可表示为 sum$C=E\{[\text{modify}(E_{x1})$，modify

(E_{x2})，…，modify（E_{xm}）]，（E_{n1}, E_{n2}, …, E_{nm}），（H_{e1}, H_{e2}, …, H_{em}）}（范定国等，2003）。

根据上述规则集构造规则发生器，输入考虑指标权重进而修正的云数字特征和不考虑权重的云数字特征，可分别得到综合评价云图形 C_0 和单指标云图形 C_i。综合评价值的数值区间是[0，100]，高风险取值区间为[90，100]，较高风险取值区间为[70，90），中风险取值区间为[40，70），低风险取值区间为[0，40）。

一维正向云发生器可采用如下算法。

（1）生成以 E_n 为期望值，H_e 为标准差的正态随机数 E_n'。

（2）生成以 E_x 为期望值，E_n' 的绝对值为标准差的正态随机数 x。

（3）令 x 为定性概念的一次具体量化值。

（4）计算 $\mu(x) = \exp\left[-(x-E_x)^2 / 2(E_n')^2\right]$。

（5）令 $\mu(x)$ 为 x 属于该定性概念的确定度。

（6）组合[x，$\mu(x)$]，形成一个云滴。

（7）重复步骤（1）至（6）直至产生要求数目的云滴（李德毅和刘常昱，2004）。

按照生成云滴的算法，可得到评价云图，专利风险评价值越大，说明联盟专利风险越高（S. S. Wang and H. Q. Wang，2011）。

8.5 产业联盟专利风险控制策略

虽然产业联盟技术标准化及其专利活动面临着各种类型的风险，但是仍可以在对风险因素进行全面分析的基础上，通过树立风险意识、强化管理来防止风险的发生。具体而言，应针对不同类型的风险，制定具体的防范措施。

8.5.1 产业联盟专利技术风险控制策略

对于专利技术风险，应重点从以下几个方面加以防范与控制。

（1）建立专利信息库，加强前沿性研究和技术跟踪。为了能够始终保持联盟专利技术的先进性，应该做好前沿性研究，跟踪技术最新进展；结合专利信息库，利用专利地图分析方法，密切关注行业的专利技术发展动向。

（2）保证稳定的投入，提高投入产出率。专利投入是影响专利产出的重要因素，因此，应保持持续增长的专利投入，并通过 TRIZ 理论等创新方法的应用大幅提高研发效率，扩大专利产出。

8.5.2 产业联盟专利权利风险控制策略

对于专利权利风险，应重点从以下几个方面加以防范与控制。

（1）提高发明专利比例。联盟拥有的专利数量体现了联盟专利活动的活跃程度，虽然专利数量很重要，但是联盟更应关注专利质量，加强发明专利的研究与申请，这对于提高联盟竞争力具有重要意义，也体现了联盟专利的价值。

（2）充分利用专利信息预防专利侵权。专利侵权既包括他人侵犯联盟专利权，也包括联盟侵犯他人专利权。为了防止联盟侵权，应充分利用国家及国外的专利文献信息和非专利文献信息，掌握与联盟拥有专利技术相同或相似产品、方法的说明书和公开文件，尤其是要掌握竞争者的专利信息；为了防止联盟被侵权，则要尽量扩大专利保护范围，或及时公开有关技术信息，让他人无可乘之机。

（3）专利侵权管理。当联盟通过有关渠道发现有专利侵权或被侵权行为时，必须能够快速判断出是否真正构成了专利侵权或被侵权，应对措施如下。当联盟侵犯他人专利权时，在联盟收到外部专利权人的专利侵权指控或警告后，应该重点做好以下几个方面的工作：第一，仔细调查该专利权人的相关专利信息，重点查明专利的法律状态，并搜集其他相关信息；第二，咨询有关法律人员，提出合理抗辩的证据；第三，以不侵权和不视为侵权抗辩、自由已有公知技术抗辩、宣告专利权无效等法律手段解决；第四，如果确实构成侵权，可选择与该专利权人协商谈判解决专利纠纷，或者达成许可协议，或者进行赔偿。当他人侵犯联盟专利权时，如果联盟在检索非专利文献中，发现了与联盟专利技术相同或相似的产品或方法的广告、说明书、招投标书等；或是他人正在使用与联盟专利方法相同或相似的方法，或是他人正在使用、销售、进口依照联盟专利直接获得的产品，此时，应提供相应的证据（包括证明自己享有专利权以及他人侵权的证据），同样存在两种途径可以选择，一是自行协商解决，二是要及时提起专利侵权诉讼，避免贻误时机，此时要根据联盟受到的实际损失（包括直接损失和间接损失）确定赔偿额。

（4）合理运用专利申请策略，扩大专利保护范围。制定合理的专利申请策略：一方面，可以提高专利申请成功率；另一方面，可以扩大专利保护范围。例如，一项专利在多个国家申请，或将一项专利分解为多项专利，或是围绕联盟基本专利申请多项外围专利从而形成强大的专利网。同时，要掌握权利要求书的撰写策略，在权利要求书中应记载必要技术特征，防止专利权利要求缺陷造成的专利权保护范围过小，以上举措可以扩大专利的保护范围。

（5）密切关注专利法律状态，加强对非正常法律状态的专利管理。联盟不但要了解自身专利的法律状态，还要研究该领域全部专利的法律状态，进而为联盟专利研发方向和竞争战略的确定提供依据。联盟在提出专利申请后，应实时关注专利机构公布的信息，避免错过关键信息。对于联盟即将到期的专利，应做出是否扩展的决定，其决策的依据是专利是否有继续维持权利的价值。如果是有价值的专利应避免专利权非正常状态下失效，如果没有继续维持的必要，应果断决定不再缴纳专利费用，这也意味着该项专利无后续价值，联盟不再继续在该专利上投入，但同时应防止其他竞争者利用终止专利申请新专利而抑制联盟发展。为了防止专利权无效的情况发生，在申请专利时，应查询是否与他人的在先专利权利相冲突，明确合理的专利主题（能够解决特定技术问题、符合专利定义、属于授权范畴）和专利权利要求书（包含必要技术特征，以说明书为依据）。

8.5.3 产业联盟专利实施风险控制策略

对于专利实施的风险，应重点从以下几个方面加以防范与控制。

（1）密切掌握市场需求。密切关注行业技术动态和市场需求，使专利技术始终站在技术前沿、符合市场需求和适应市场需求的变化，从而有利于提高专利实施率，为联盟自身应用专利技术或转移专利技术提供更多的机会。

（2）完善专利许可制度。为了防止发生专利实施许可纠纷，联盟应健全专利许可制度，对专利许可的原则、方式、收费标准、违约责任等做出明确的规定，并严格执行。在专利许可模式上，最好是由联盟专门管理部门统一管理各伙伴专利，能够在一定程度上减少专利许可纠纷。

（3）及时处理专利实施许可纠纷。专利实施许可中的纠纷包括联盟内部纠纷和外部纠纷，如果发生内部许可纠纷（如伙伴机会主义行为、许可费用的分配不被伙伴接受、伙伴拒绝许可或独自许可等），应利用契约条款来约束伙伴，发挥专利管理机构的协调职能。如果发生外部许可纠纷，如联盟自身行为造成的对外专利许可收费定价不合理、标准不统一和权利滥用等现象，出现纠纷后，联盟要做出合理的回应和解释；被许可方行为造成的未按期支付专利使用费和提前终止许可合同等，联盟应聘请律师帮助审核许可合同，采取诉讼等方式维护权益。

（4）加强专利成本收益管理。结合专利定价和专利价值分析，加强对联盟专利收益的分析与预测，并将专利收益与投入加以比较，对于无法收回成本的专利不再继续增加投入；对于预期收益前景较好的专利可以加大投入。

8.5.4 产业联盟合作风险控制策略

对于联盟伙伴的合作风险，主要从以下几个方面加以防范与控制。

（1）合理选择合作伙伴。联盟伙伴选择是达成联盟的最重要的原因，也是防范合作风险的首要举措。合作伙伴应具备以下特征：①伙伴间具有较强的技术关联，或者是技术互补，或者是技术相关但非竞争关系，从而提高合作创新效率，避免恶性竞争；②伙伴具有较强的创新能力，由于联盟是以技术创新为根本目标的联合体，要求伙伴应具有较强的创新能力，或者能够参与共同研发，或者能够带来独特资源（必要专利、社会资本等），总之一定是能够为联盟整体目标做出贡献的；③伙伴具有相融的战略目标，即彼此的战略目标互不冲突，从而减少矛盾和不协调，降低时间内耗；④伙伴具有较强的合作意识，合作意识是伙伴愿意共享知识和付出努力的前提，有利于保障合作的顺利进行；⑤伙伴具有诚信度，没有任何不良信誉记录，这是防止机会主义行为发生和提高合作信任水平的前提。此外，对于有前期合作基础且取得良好合作绩效的伙伴，应优先选取。

（2）提高专利管理水平。提高专利管理水平以尽可能防止或将风险消除在萌芽之中。一是要建立专门的专利管理机构；二是健全专利管理制度，包括要完善专利的许可制度、分配制度和评估制度，以及超前部署、加强预测、建立专利预警机制和危机管理对策等；三是完善契约条款，明确各方的权责利，由于契约是控制合作伙伴的有效手段，有效的契约可以提高伙伴合作创新效率，防止机会主义行为等不诚信现象的发生。

（3）控制信息披露程度和共享范围。联盟不但要保证伙伴之间的信息透明度，还要遵循关键知识保密性原则，根据合作中不同的信息需要展露的程度，将知识分级保护：①对于根据联盟契约必须向合作伙伴提供并允许共享的知识和技术，主要保护该项技术仅限于联盟范围内使用，不得向第三方扩散，保护的主要手段是双方签订明确的保护条款；②对于伙伴不向联盟提供的关键知识和技术，盟友仍然可以通过参与试验、接触该伙伴核心技术人员、交流讨论等方式间接获得一些知识，此时主要依赖于伙伴的诚信，通过提高自身保密意识和签订限制性条款来进行保护；③对于需要控制向外界扩散范围的专利技术（如核心技术、构成技术标准的专利技术、科技计划项目支持产生的专利技术），应建立扩散机制，加强集中管理，如各伙伴的专利由联盟专利管理机构统一管理，规范许可行为，不允许伙伴独立向外许可；④建立保密制度，对于与联盟合作项目无关或在契约规定共享范围之外的知识和技术，参与合作研发的人员不得透露。

（4）建立备选伙伴库。由于在联盟运行过程中，伙伴可能中途退出，或是在合作的过程中发现伙伴并不是理想的合作伙伴，此时联盟需要调整伙伴，则联盟的整体进度就会受到影响。为了将伙伴变化给联盟带来的风险降到最低，在选择合作伙伴之初，应将所有进入筛选程序的伙伴信息（包括资源、能力及互补性和兼容性）储存起来，未被选择的企业或机构应作为备选伙伴储存到备选伙伴库之中。与此同时，要及时更新备选伙伴库，将其他新企业纳入联盟合作范围。当联盟中某一伙伴提前退出，可从备选伙伴库中选择能够承担退出伙伴相同任务的伙伴。

（5）实施并行工程。由于联盟各伙伴具有相对独立性等特点，为了缩短创新周期，提高创新效率，防止由于个别伙伴的任务完成质量不高或进度缓慢，而使其交付速度落后于其他伙伴和预定进度，进而影响联盟的总体研发任务进度，可借鉴并行工程管理思想，集成、并行地设计创新过程，组建能够协同工作的各职能项目组，对联盟任务及其执行过程、组织、资源、时间进度等进行控制，使各创新任务能够并行运行、有效衔接和及时反馈，进而大幅度提高运作效率和可控性，使联盟计划任务能够按预定的时间进度安排向前推进。

8.5.5 产业联盟环境风险控制策略

环境风险属于外生风险，虽然不能控制，但是可以通过有效的手段利用环境资源降低环境风险对联盟的负面影响，主要从以下几个方面加以防范与控制。

（1）密切关注和利用区域知识产权制度和政策。联盟对区域（包括联盟所在区域和将要拓展的区域，可以是国外、全国和各省区市的区域范围）知识产权制度和政策等的关注和熟悉程度以及对制度、政策的利用程度和适应性，将决定联盟专利战略的伸缩性、专利活动取向和专利产出绩效，如果联盟忽略法律法规的要求，可能要承担法律责任。因此，联盟要熟悉国内外知识产权制度和政策，提高对区域知识产权制度和政策的敏感性：一方面，要防止联盟行为与区域知识产权制度相悖；另一方面，要对有关政策加以有效利用。例如，随着专利质押制度的健全和专利质押工作的开展、政府对试点产业联盟的支持方式和管理手段不断强化以及区域专利信息平台的不断完善，联盟要与所在区域建立良好的公共关系和政府关系网络，并充分利用区域政策资源拓宽资金渠道和信息渠道，避免丧失好的发展机会。

（2）利用专利信息加强预测和论证。利用专利文献提供的技术信息，分析行业技术动态，对行业技术走向、市场需求等进行预测，把握技术前沿和市场前景。掌握竞争对手的技术水平和研发战略重点以及市场竞争结构的变化。采取集体决策的方式，对联盟专利研发和实施的可行性进行论证。利用专利信息加强预测和论证的目的：一是避免重复研究；二是找出自身的技术漏点；三是明确联盟的技术发展方向和竞争战略，以应对行业技术环境的快速变化与竞争者的挑战。

参 考 文 献

蔡文，杨春燕，何斌. 2003. 可拓逻辑初步[M]. 北京：科学出版社.
柴国荣，洪兆富，许瑾. 2008. R&D 型动态联盟的模块化与项目式集成管理研究[J]. 科学学与科学技术管理, 29（5）: 5-8.
陈劲，陈钰芬. 2006. 开放创新体系与企业技术创新资源配置[J]. 科研管理, 27（3）: 1-8.
陈劲，王鹏飞. 2011. 选择性开放式创新——以中控集团为例[J]. 软科学, 25（2）: 112-115.
陈立勇，张洁琼，曾德明，等. 2019. 知识重组、协作研发深度对企业技术标准制定的影响研究[J]. 管理学报, 16（4）: 531-540.
陈欣. 2007. 国外企业利用专利联盟运作技术标准的实践及其启示[J]. 科研管理, 28（4）: 23-29.
陈雪颂. 2011. 设计驱动式创新机理研究[J]. 管理工程学报, 25（4）: 191-196.
陈钰芬，陈劲. 2009. 开放式创新促进创新绩效的机理研究[J]. 科研管理, 30（4）: 1-9.
戴魁早. 2008. 产业组织模块化研究前沿探析[J]. 外国经济与管理, 30（1）: 31-38.
邓敬斐. 2012. 产业技术联盟技术标准化路径与管理方法研究[D]. 哈尔滨理工大学硕士学位论文.
丁俊武，韩玉启，郑称德. 2004. 创新问题解决理论——TRIZ 研究综述[J]. 科学学与科学技术管理, 25（11）: 53-60.
杜伟锦，韩文慧，周青. 2010. 技术标准联盟形成发展的障碍及对策分析[J]. 科研管理, 31（5）: 96-101.
杜湘瑜，尹全军，黄柯棣，等. 2008. 基于云模型的定性定量转换方法及其应用[J]. 系统工程与电子技术, 30（4）: 772-776.
范定国，贺硕，段富，等. 2003. 一种基于云模型的综合评判模型[J]. 科技情报开发与经济, 13（12）: 157-159.
冯永琴，张米尔. 2011. 基于专利地图的技术标准与技术专利关系研究[J]. 科学学研究, 29（8）: 1170-1175, 1215.
高俊光. 2012. 面向技术创新的技术标准形成路径实证研究[J]. 研究与发展管理, 24（1）: 11-17.

葛翔宇, 唐春霞, 周艳丽. 2014. 产品发明专利池的定价研究——基于跳扩散实物期权理论的模拟分析[J]. 中国管理科学, 22（S1）: 368-374.

龚艳萍, 董媛. 2010. 技术标准联盟生命周期中的伙伴选择[J]. 科技进步与对策, 27（16）: 13-16.

顾基发, 王浣尘, 唐锡晋, 等. 2007. 综合集成方法体系与系统学研究[M]. 北京: 科学出版社.

郭海, 韩佳平. 2019. 数字化情境下开放式创新对新创企业成长的影响: 商业模式创新的中介作用[J]. 管理评论, 31（6）: 186-198.

国家卫生计生委办公厅, 食品药品监管总局办公厅. 2015-08-21. 关于印发干细胞制剂质量控制及临床前研究指导原则（试行）的通知[EB/OL]. http://www.nhc.gov.cn/qjjys/s3581/201508/15d0dcf66b734f338c31f67477136cef.shtml.

韩少杰, 吕一博, 苏敬勤. 2020. 企业中心型开放式创新生态系统的构建动因研究[J]. 管理评论, 32（6）: 307-322.

侯建, 陈恒. 2017. 外部知识源化、非研发创新与专利产出——以高技术产业为例[J]. 科学学研究, 35（3）: 447-458.

姜红, 陆晓芳, 余海晴. 2010. 技术标准化对产业创新的作用机理研究[J]. 社会科学战线, （9）: 73-79.

金亮, 郑本荣, 胡浔. 2019. 专利授权合同设计与生产外包——基于企业社会责任的视角[J]. 南开管理评论, 22（3）: 40-53.

李德毅, 刘常昱. 2004. 论正态云模型的普适性[J]. 中国工程科学, 6（8）: 28-34.

李力. 2014. 新兴产业技术标准联盟协同创新机制研究[D]. 哈尔滨理工大学博士学位论文.

李薇, 李天赋. 2013. 国内技术标准联盟组织模式研究——从政府介入视角[J]. 科技进步与对策, 30（8）: 25-31.

李晓娣, 张小燕, 侯建. 2020. 高科技企业技术标准化驱动创新绩效机理: 创新生态系统网络特性视角[J]. 管理评论, 32（5）: 96-108.

李再扬, 杨少华. 2005. 移动通信技术标准化的国家战略与企业战略[J]. 科研管理, 26（4）: 45-51.

林欧. 2015. 技术标准制定组织的反垄断法律责任[J]. 中国科技论坛, （8）: 35-39.

林艳, 王宏起. 2008. TRIZ 理论促进企业创新的作用机理与策略[J]. 中国科技论坛, （12）: 57-60, 65.

刘利. 2010. 国际标准下的专利许可特性分析[J]. 科学学与科学技术管理, 31（6）: 16-22.

刘彤, 杨冠灿, 王世民. 2012. 高技术产业技术标准联盟对产业推动作用的实证研究——以 Wi-Fi 联盟为例[J]. 情报杂志, 31（3）: 112-117.

吕建秋, 王宏起, 王珊珊. 2019. 促进科技成果转化的产业政策功能研究[J]. 学习与探索, （10）: 135-140.

吕铁. 2005. 论技术标准化与产业标准战略[J]. 中国工业经济, （7）: 43-49.

马彬. 2008. 基于云理论的普适计算协同信任模型[J]. 计算机工程，34（9）：162-163，166.

莫愿斌，赵新泉，向书坚. 2012. 基于网络结构的专利池许可费计算方法[J]. 微计算机信息，28（7）：6-8.

倪长健，崔鹏. 2007. 投影寻踪动态聚类模型[J]. 系统工程学报，22（6）：634-638.

祁红梅，黄瑞华. 2004. 动态联盟形成阶段知识产权冲突及激励对策研究[J]. 研究与发展管理，16（4）：70-76.

曲斌. 2009. 通信产业技术标准联盟的模式与机制研究[D]. 山东大学硕士学位论文.

任声策，宣国良. 2007. 技术标准中的企业专利战略：一个案例分析[J]. 科研管理，28（1）：53-59.

盛立新，陈建新. 2008. 专利纳入标准过程中专利权滥用的规制[J]. 科学学与科学技术管理，29（4）：66-70.

宋河发，穆荣平，曹鸿星. 2009. 技术标准与知识产权关联及其检验方法研究[J]. 科学学研究，27（2）：234-239.

苏俊斌. 2008. 现代标准化组织的起源及其意义[J]. 自然辩证法研究，24（10）：58-64.

苏竣，杜敏. 2006. AVS技术标准制定过程中的政府与市场"双失灵"——基于政策过程与工具分析框架的研究[J]. 中国软科学，（6）：39-45.

苏世彬，黄瑞华. 2005. 合作联盟知识产权专有性与知识共享性的冲突研究[J]. 研究与发展管理，17（5）：69-74，86.

孙耀吾，贺石中，曾德明. 2006. 知识产权、基本要素与技术标准化合作[J]. 中国工业经济，（4）：81-87.

孙耀吾，赵雅，曾科. 2009. 技术标准化三螺旋结构模型与实证研究[J]. 科学学研究，27（5）：733-742.

谭劲松，林润辉. 2006. TD-SCDMA与电信行业标准竞争的战略选择[J]. 管理世界，（6）：71-84，173.

檀润华，张瑞红，曹国忠，等. 2005. 基于TRIZ的产品创新设想产生研究[J]. 管理工程学报，19（4）：141-143.

唐方成，仝允桓. 2007. 经济全球化背景下的开放式创新与企业的知识产权保护[J]. 中国软科学，（6）：58-62.

唐要家，尹温杰. 2015. 标准必要专利歧视性许可的反竞争效应与反垄断政策[J]. 中国工业经济，（8）：66-81.

陶爱萍，张丹丹. 2013. 技术标准锁定、创新惰性和技术创新[J]. 中国科技论坛，（3）：11-16.

王伯鲁. 2009. 萃思学（TRIZ）及其推广应用问题探析[J]. 科技进步与对策，26（18）：132-135.

王博，刘则渊，刘盛博. 2020. 我国新能源汽车产业技术标准演进路径研究[J]. 科研管理，41（3）：12-22.

王宏起, 李力, 王珊珊. 2014. 设计与技术双重驱动下的新兴产业创新链重构研究[J]. 科技进步与对策, 31（4）: 40-45.

王宏起, 吕建秋, 王珊珊. 2018. 科技成果转化的双边市场属性及其政策启示——基于成果转化平台的视角[J]. 科学学与科学技术管理, 39（2）: 42-51.

王宏起, 孙继红, 王珊珊. 2013b. 税收政策促进战略性新兴企业自主创新的机理研究[J]. 学习与探索, （2）: 117-121.

王宏起, 王珊珊. 2009. 高新技术企业集群综合优势发展路径与演化规律研究[J]. 科学学研究, 27（7）: 999-1004.

王宏起, 王珊珊, 王雪原, 等. 2011. 基于规则的高新技术产品认定方法及应用研究[J]. 科研管理, 32（4）: 51-58, 68.

王宏起, 赵敏, 王雪原, 等. 2013a. 科技资源共享服务平台集成管理研究：以黑龙江省科技创新创业共享服务平台为例[M]. 北京：科学出版社.

王惠东, 王森. 2014. 创新联盟各阶段知识产权冲突与对策研究[J]. 科技管理研究, 34（4）: 137-142.

王健, 梁正. 2008. 从WAPI看全球科技治理时代标准设定[J]. 科学学研究, 26（1）: 85-89.

王雎. 2010. 开放式创新下的占有制度：基于知识产权的探讨[J]. 科研管理, 31（1）: 153-159.

王珊珊, 邓守萍, Cooper S Y, 等. 2018a. 华为公司专利产学研合作：特征、网络演化及其启示[J]. 科学学研究, 36（4）: 701-713.

王珊珊, 邓守萍, 王宏起, 等. 2018b. 专利竞赛下的企业专利战略性运用与管理研究综述[J]. 软科学, 32（5）: 59-62.

王珊珊, 李玥, 王宏起, 等. 2015a. 产业技术标准联盟专利协同影响因素研究[J]. 科技进步与对策, 32（5）: 54-58.

王珊珊, 刘雪松, 林艳. 2016b. 技术标准化的政府功能定位与行为模式[J]. 科技管理研究, 36（19）: 40-44, 51.

王珊珊, 刘雪松, 许艳真. 2016a. 开放式创新下的技术标准化模式及其选择[J]. 中国科技论坛, （11）: 5-11.

王珊珊, 吕建秋, 汪英华. 2017a. 基于产业技术标准导向的科技计划项目管理[J]. 中国科技论坛, （5）: 35-40.

王珊珊, 任佳伟, 许艳真. 2014a. 开放式创新下新兴产业创新特点与能力评价指标研究[J]. 科技进步与对策, 31（19）: 57-61.

王珊珊, 任佳伟, 许艳真. 2014b. 国外技术标准化研究述评与展望[J]. 科技管理研究, 34（20）: 24-28.

王珊珊, 史宇, 吕建秋. 2017b. 技术标准联盟专利集中许可定价研究[J]. 科技管理研究, 37（20）: 174-180.

王珊珊, 史宇, 杨仲基, 等. 2016c. 基于技术标准的科技计划项目立项决策研究[J]. 科研管理, 37 (S1): 90-97.

王珊珊, 田金信. 2010. 基于专利地图的R&D联盟专利战略制定方法研究[J]. 科学学研究, 28 (6): 846-852.

王珊珊, 田金信, 唐宇. 2010a. 国外研发联盟研究述评[J]. 科技进步与对策, 27 (17): 153-157.

王珊珊, 田金信, 唐宇. 2010b. 基于R&D联盟发展演化特点的管理体系优化研究[J]. 科学学与科学技术管理, 31 (3): 56-60.

王珊珊, 王宏起. 2007. 现代高新技术企业集群发展模式与策略研究[J]. 中国科技论坛, (5): 62-65.

王珊珊, 王宏起. 2010. 黑龙江省推广应用TRIZ创新方法的战略研究[J]. 技术经济, 29 (8): 17-23.

王珊珊, 王宏起. 2012a. 技术创新扩散的影响因素综述[J]. 情报杂志, 31 (6): 197-201.

王珊珊, 王宏起. 2012b. 开放式创新下的全球技术标准化趋势研究[J]. 研究与发展管理, 24 (6): 80-86.

王珊珊, 王宏起. 2012c. 面向产业技术创新联盟的科技计划项目管理研究[J]. 科研管理, 33 (3): 11-17.

王珊珊, 王宏起. 2012d. 产业联盟应用TRIZ加速创新的机理与方法研究[J]. 情报杂志, 31 (5): 192-197.

王珊珊, 王宏起. 2012e. 基于投影寻踪的R&D联盟伙伴贡献度评价研究[J]. 科技进步与对策, 29 (3): 115-119.

王珊珊, 王宏起, 邓敬斐. 2012. 产业联盟技术标准化过程及政府支持策略研究[J]. 科学学研究, 30 (3): 380-386.

王珊珊, 王宏起, 高翔. 2014d. 我国干细胞产业技术标准化模式与策略研究[J]. 中国科技论坛, (10): 54-59.

王珊珊, 王宏起, 李力. 2015b. 技术标准联盟的专利价值评估体系与专利筛选规则[J]. 科技与管理, 17 (1): 1-5.

王珊珊, 王宏起, 唐庆丰. 2010d. 集群供应链风险评价指标体系研究[J]. 科技管理研究, 30 (7): 224-226.

王珊珊, 王宏起, 唐宇. 2010c. R&D联盟的动因与组建模式研究[J]. 商业经济与管理, (10): 37-42.

王珊珊, 武建龙, 王宏起. 2013. 产业技术标准化能力的结构维度与评价指标研究[J]. 科学学与科学技术管理, 34 (6): 112-118.

王珊珊, 武建龙, 王宏起, 等. 2019. 产业技术标准联盟专利冲突及其防范策略[J]. 中国科技论坛, (5): 19-25.

王珊珊, 邢东兵. 2010. "高溢出"环境下集群企业创新合作的博弈分析[J]. 科技进步与对策,

27（2）：70-73.

王珊珊，许艳真，李力. 2014c. 新兴产业技术标准化：过程、网络属性及演化规律[J]. 科学学研究，32（8）：1181-1188.

王珊珊，占思奇，王玉冬. 2016d. 产业技术标准联盟专利冲突可拓模型与策略生成[J]. 科学学研究，34（10）：1487-1497.

翁轶丛，陈宏民，孔新宇. 2004. 基于网络外部性的企业技术标准控制策略[J]. 管理科学学报，7（2）：1-6.

吴菲菲，米兰，黄鲁成. 2019. 基于技术标准的企业多主体竞合关系研究[J]. 科学学研究，37（6）：1043-1052.

吴文华，张琰飞. 2006. 技术标准联盟对技术标准确立与扩散的影响研究[J]. 科学学与科学技术管理，27（4）：44-47, 53.

席酉民，尚玉钒，井辉，等. 2009. 和谐管理理论及其应用思考[J]. 管理学报，6（1）：12-18.

熊国强，潘泉，张洪才. 2008. 技术创新联盟收益分配的群体协商模型及求解方法[J]. 科学学与科学技术管理，29（5）：69-71, 79.

熊磊，吴晓波，朱培忠，等. 2014. 技术能力、东道国经验与国际技术许可——境外企业对中国企业技术许可的实证研究[J]. 科学学研究，32（2）：68-77.

徐珊，胡振华，刘笃池. 2010. 专利保护不完善市场的创新产品专利许可定价[J]. 系统工程，28（6）：76-81.

徐绪松，魏忠诚. 2007. 专利联盟中专利许可费的计算方法[J]. 技术经济，26（7）：5-7, 119.

徐杨，梁正. 2010. 开放标准：企业创新的机遇与挑战——以长风开放标准平台软件联盟为例[J]. 科学学与科学技术管理，31（10）：84-87.

薛卫，雷家骕. 2008. 标准竞争——闪联的案例研究[J]. 科学学研究，26（6）：1231-1237.

杨伟，方刚，郑刚. 2013. 产业联盟中关系性知识产权的适用条件分析[J]. 科学学研究，31（12）：1841-1847.

姚远，宋伟. 2010. 专利标准化趋势下的专利联盟形成模式比较——DVD 模式与 MPEG 模式[J]. 科学学研究，28（11）：1683-1690.

袁健红，李慧华. 2009. 开放式创新对企业创新新颖程度的影响[J]. 科学学研究，27（12）：1892-1899.

袁晓东，孟奇勋. 2010. 开放式创新条件下的专利集中战略研究[J]. 科研管理，31（5）：157-163.

岳贤平，顾海英. 2005. 国外企业专利许可行为及其机理研究[J]. 中国软科学，（5）：89-94.

曾德明，朱丹，彭盾. 2007. 技术标准联盟成员专利许可定价研究[J]. 软科学，21（3）：12-14.

曾德明，邹思明，张运生. 2015. 网络位置、技术多元化与企业在技术标准制定中的影响力研究[J]. 管理学报，12（2）：198-206.

詹爱岚. 2008. 标准战略导向的通信产业创新协同机制研究[D]. 华中科技大学博士学位论文.

詹爱岚, 李峰. 2011. 基于行动者网络理论的通信标准化战略研究——以 TD-SCDMA 标准为实证[J]. 科学学研究, 29（1）: 56-63.

詹映, 张弘. 2015. 我国知识产权侵权司法判例实证研究——以维权成本和侵权代价为中心[J]. 科研管理, 36（7）: 145-153.

张光卫, 何锐, 刘禹, 等. 2008. 基于云模型的进化算法[J]. 计算机学报, 31（7）: 1082-1091.

张华, 蒋勇. 2018. 基于公平偏好的标准必要专利许可与利益协调[J]. 系统工程, 36（11）: 147-152.

张米尔, 冯永琴. 2010. 标准联盟的兴起及诱发技术垄断的机制研究[J]. 科学学研究, 28（5）: 690-696.

张米尔, 姜福红. 2009. 创立标准的结盟行为及对自主标准的作用研究[J]. 科学学研究, 27（4）: 529-534.

张米尔, 游洋. 2009. 标准创立中的大国效应及其作用机制研究[J]. 中国软科学, （4）: 16-23.

张米尔, 张美珍, 冯永琴. 2012. 技术标准背景下的专利池演进及专利申请行为[J]. 科研管理, 33（7）: 67-73.

张晓松. 2013-06-24. 专家呼吁建立干细胞制备和应用技术标准[EB/OL]. http://news.sciencenet.cn/htmlnews/2013/6/279226.shtm.

张运生. 2010. 高科技企业创新生态系统技术标准许可定价研究[J]. 中国软科学, （9）: 140-147, 172.

张运生, 杜怡靖, 陈瑟. 2019. 专利池联盟合作对高技术企业技术创新的激励效应研究[J]. 研究与发展管理, 31（6）: 1-12.

张运生, 张利飞. 2007. 高技术产业技术标准联盟治理模式分析[J]. 科研管理, 28（6）: 93-97, 129.

张肇中, 王磊. 2020. 技术标准规制、出口二元边际与企业技术创新[J]. 科学学研究, 38（1）: 180-192.

赵丹, 王宗军. 2010. 网络效应与多寡头市场技术许可竞争策略研究[J]. 中国管理科学, 18（1）: 107-112.

赵树宽, 余海晴, 姜红. 2012. 技术标准、技术创新与经济增长关系研究——理论模型及实证分析[J]. 科学学研究, 30（9）: 1333-1341, 1420.

赵晓翠, 王来生. 2007. 基于投影寻踪和支持向量机的模式识别方法[J]. 计算机应用研究, 24（2）: 86-88.

郑称德. 2002. TRIZ 的产生及其理论体系——TRIZ: 创造性问题解决理论（Ⅰ）[J]. 科技进步与对策, 19（1）: 112-114.

朱朝晖. 2009. 基于开放式创新的技术学习动态协同模式研究[J]. 科学学与科学技术管理, 30（4）: 99-103.

邹思明, 邹增明, 曾德明. 2020. 协作研发网络对企业技术标准化能力的影响——竞争-互补关系视角[J]. 科学学研究, 38（1）: 97-104.

Acemoglu D, Gancia G, Zilibotti F. 2012. Competing engines of growth: innovation and standardization[J]. Journal of Economic Theory, 147（2）: 570-601.

Agostini L, Caviggioli F. 2015. R&D collaboration in the automotive innovation environment: an analysis of co-patenting activities[J]. Management Decision, 53（6）: 1224-1246.

Aulakh P S, Jiang M S, Pan Y G. 2010. International technology licensing: monopoly rents, transaction costs and exclusive rights[J]. Journal of International Business Studies, 41（4）: 587-605.

Avagyan V, Esteban-Bravo M, Vidal-Sanz J M. 2014. Licensing radical product innovations to speed up the diffusion[J]. European Journal of Operational Research, 239（2）: 542-555.

Bader M A. 2008. Managing intellectual property in inter-firm R&D collaborations in knowledge-intensive industries[J]. International Journal of Technology Management, 41（3/4）: 311-335.

Bai Y P, O'Brien G C. 2008. The strategic motives behind firm's engagement in cooperative research and development: a new explanation from four theoretical perspectives[J]. Journal of Modelling in Management, 3（2）: 162-181.

Bekkers R, West J. 2009. The limits to IPR standardization policies as evidenced by strategic patenting in UMTS[J]. Telecommunications Policy, 33（1/2）: 80-97.

Chesbrough H W. 2003a. The era of open innovation[J]. MIT Sloan Management Review, 44（3）: 35-41.

Chesbrough H W. 2003b. Open Innovation: The New Imperative for Creating and Profiting from Technology [M]. Brighton: Harvard Business School Press.

Chesbrough H W, Crowther A K. 2006. Beyond high tech: early adopters of open innovation in other industries[J]. R&D Management: Research and Development Management, 36（3）: 229-236.

Cong H, Tong L H. 2008. Grouping of TRIZ inventive principles to facilitate automatic patent classification[J]. Expert Systems with Applications, 34（1）: 788-795.

Dohse D, Goel R K, Nelson M A. 2019. What induces firms to license foreign technologies? International survey evidence[J]. Managerial and Decision Economics, 40（7）: 799-814.

Duplat V, Coeurderoy R, Hagedoorn J. 2018. Contractual governance and the choice of dispute-resolution mechanisms: evidence on technology licensing[J]. Research Policy, 47（6）: 1096-1110.

Fomin V, Keil T, Lyytinen K. 2003. Theorizing about standardization: integrating fragments of process theory in light of telecommunication standardization wars[J]. Sprouts: Working Papers on Information Environments, Systems and Organizations, 3（1）: 29-60.

Frishammar J, Ericsson K, Patel P C. 2015. The dark side of knowledge transfer: exploring knowledge leakage in joint R&D projects[J]. Technovation, (41/42): 75-88.

Funk J L. 2009. The co-evolution of technology and methods of standard setting: the case of the mobile phone industry[J]. Journal of Evolutionary Economics, 19 (1): 73-93.

Gallini N. 2011. Private agreements for coordinating patent rights: the case of patent pools[J]. Economia E Politica Industriale, 38 (3): 5-29.

Gao P. 2007. Counter-networks in standardization: a perspective of developing countries[J]. Information Systems Journal, 17 (4): 391-420.

Grøtnes E. 2009. Standardization as open innovation: two cases from the mobile industry[J]. Information Technology & People, 22 (4): 367-381.

Hemphill T A. 2007. Firm patent strategies in US technology standards development[J]. International Journal of Innovation Management, 11 (4): 469-496.

Holgersson M, Granstrand O. 2017. Patenting motives, technology strategies, and open innovation[J]. Management Decision, 55 (6): 1265-1284.

Janssen M, Estevez E. 2013. Lean government and platform-based governance-doing more with less[J]. Government Information Quarterly, 30 (S1): S1-S8.

Jeon H. 2016. Patent litigation and cross licensing with cumulative innovation[J]. Journal of Economics, 119 (3): 179-218.

Jho W. 2007. Global political economy of technology standardization: a case of the Korean mobile telecommunications market[J]. Telecommunications Policy, 31 (2): 124-138.

Jung H J, Lee J J. 2014. The impacts of science and technology policy interventions on university research: evidence from the U.S. National Nanotechnology Initiative[J]. Research Policy, 43 (1): 74-91.

Köhler F. 2011. Patent cross-licensing, the influence of IP interdependency and the moderating effect of firm size[J]. Journal of Technology Transfer, 36 (4): 448-467.

Koski H, Kretschmer T. 2005. Entry, standards and competition: firm strategies and the diffusion of mobile telephony[J]. Review of Industrial Organization, 26 (1): 89-113.

Lea G, Hall P. 2004. Standards and intellectual property rights: an economic and legal perspective[J]. Information Economics and Policy, 16 (1): 67-89.

Lee H, Chan S, Oh S. 2009. China's ICT standards policy after the WTO accession: techno-national versus techno-globalism[J]. Info, 11 (1): 9-18.

Leiponen A E. 2008. Competing through cooperation: the organization of standard setting in wireless telecommunications[J]. Management Science, 54 (11): 1904-1919.

Lemley M A. 2007. Ten things to do about patent holdup of standards (and one not to) [J]. Boston College Law Review, 48 (1): 149-168.

Lichtenthaler U. 2008. Integrated roadmaps for open innovation[J]. Research Technology Management, 51（3）: 45-49.

Lin M, Li S J, Whinston A B. 2011. Innovation and price competition in a two-sided market[J]. Journal of Management Information Systems, 28（2）: 171-202.

Munari F, Toschi L. 2014. Running ahead in the nanotechnology gold rush. Strategic patenting in emerging technologies[J]. Technological Forecasting and Social Change, 83（1）: 194-207.

Noel M, Schankerman M. 2013. Strategic patenting and software innovation[J]. Journal of Industrial Economics, 61（3）: 481-520.

Ohori K, Takahashi S. 2012. Market design for standardization problems with agent-based social simulation[J]. Journal of Evolutionary Economics, 22（1）: 49-77.

Onwurah C. 2009. Standardising wholesale super-fast broadband access: the public role[J]. Info, 11（6）: 14-29.

Pil C J, Heiko G. 2015. Patent pools, litigation, and innovation[J]. Rand Journal of Economics, 46（3）: 499-523.

Risch M. 2013. Patent portfolios as securities[J]. Duke Law Journal, 63（1）: 89-154.

Rodon J, Ramis-Pujol J, Christiaanse E. 2007. A process-stakeholder analysis of B2B industry standardization[J]. Journal of Enterprise Information Management, 20（1）: 83-95.

Ruckman K E, McCarthy I P. 2017. Why do some patents get licensed while others do not?[J]. Industrial and Corporate Change, 26（4）: 667-688.

Rysman M, Simcoe T. 2008. Patents and the performance of voluntary standard-setting organizations[J]. Management Science, 54（11）: 1920-1934.

Sakakibara M. 2010. An empirical analysis of pricing in patent licensing contracts[J]. Industrial and Corporate Change, 19（3）: 927-945.

Santore R, Mckee M, Bjornstad D. 2010. Patent pools as a solution to efficient licensing of complementary patents? Some experimental evidence[J]. Journal of Law and Economics, 53（1）: 167-183.

Saugstrup D, Henten A. 2006. 3G standards: the battle between WCDMA and CDMA 2000[J]. Info, 8（4）: 10-20.

Seo I, Sonn J W. 2019. Conflicting motivations and knowledge spill-overs: dynamics of the market across space [J]. Geoforum, 105: 210-212.

Shapiro C. 2003. Antitrust limits to patent settlements[J]. Rand Journal of Economics, 34（2）: 391-411.

Sipp D. 2010. Hope alone is not an outcome: why regulations makes sense for the global stem cell industry[J]. The American Journal of Bioethics, 10（5）: 33-34.

Takahashi N. 2014. Four side views of blue LED patent pricing[J]. Annals of Business Administrative

Science, 13（6）: 299-313.

Techatassanasoontorn A A, Suo S. 2011. Influences on standards adoption in de facto standardization[J]. Information Technology and Management, 12（4）: 357-385.

Viardot E, Sherif M H, Chen J. 2016. Managing innovation with standardization: an introduction to recent trends and new challenges[J]. Technovation, 48/49: 1-3.

Waguespack D M, Fleming L. 2009. Scanning the commons? Evidence on the benefits to startups participating in open standards development[J]. Management Science, 55（2）: 210-223.

Wang S S, Wang H Q. 2006. Study on evaluation system of high & new technology superior enterprises[J]. Journal of Harbin Institute of Technology （New Series）, 13（6）: 662-666.

Wang S S, Wang H Q. 2011. Evaluation method on R&D alliance patent risk based on cloud model[R]//International Conference on Management Science and Industrial Engineering, Harbin, China, January 8-11.

Warner A G, Fairbank J F, Steensma H K. 2006. Managing uncertainty in a formal standards-based industry: a real options perspective on acquisition timing[J]. Journal of Management, 32（3）: 279-298.

Wegberg M V. 2004. Standardization process of systems technologies: creating a balance between competition and cooperation[J]. Technology Analysis & Strategic Management, 16（4）: 457-478.

Zhao K X, Xia M, Shaw M J. 2011. What motivates firms to contribute to consortium-based e-business standardization?[J]. Journal of Management Information Systems, 28（2）: 305-334.